梅文鼎全集

第四册

（清）梅文鼎 著
韓琦 整理

黄山書社

歷算叢書輯要卷二十二

平三角舉要四

或問三角大意。首卷略具。而入算仍有疑端。同學好問。
事事必求其所以然。故不憚為之詳複。以暢厥旨。

問各角正弦與各邊皆不平行。何以能相為比例。曰凡三角形。一邊必對一角。其角大者正弦大。而所對之邊亦大。角小者正弦小。而所對之邊亦小。故邊與邊之比例。如正弦與正弦也。

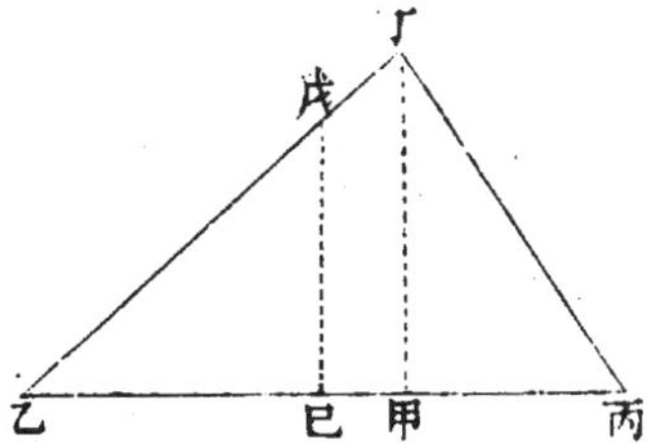

兩正弦為兩邊比例圖

乙丙丁三角形。丁乙邊大。對丙角。丁丙邊小。對乙角。術為以丁乙邊。比丁丙邊。若丙角之正弦。與乙角之正弦。

解曰。試以丁丙為半徑。作丁甲線。為丙角

正弦又截戊乙如丁丙半徑作戊己線爲乙角正弦丁甲正弦大于戊己故丁乙邊亦大于丁丙

問丁甲何以獨爲丙角正弦也曰此以丁丙爲半徑故也若以丁乙爲半徑則丁甲即爲乙角之正弦

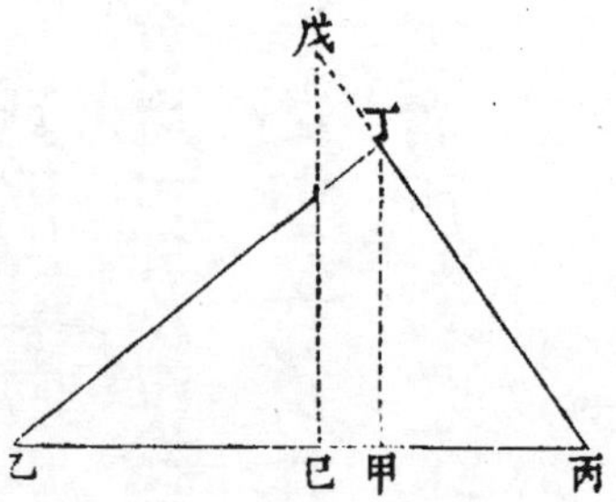

如圖用丁乙爲半徑作丁甲線爲乙角正弦又引丙丁至戊令戊丙如丁乙半徑作戊己線爲丙角正弦即見乙角之正弦丁甲小于戊己故丁丙邊亦小于丁乙

解曰正弦者半徑所生也故必兩半徑齊同始可以較其大小前圖截戊乙如丁丙此圖引丁丙如丁乙所以同之也

三正弦遞相爲三邊比例圖

乙丁丙鈍角形丁鈍角對乙丙大邊丙次大角對乙丁次大邊乙小角對丁丙小邊其各邊比例皆各角正弦之比例

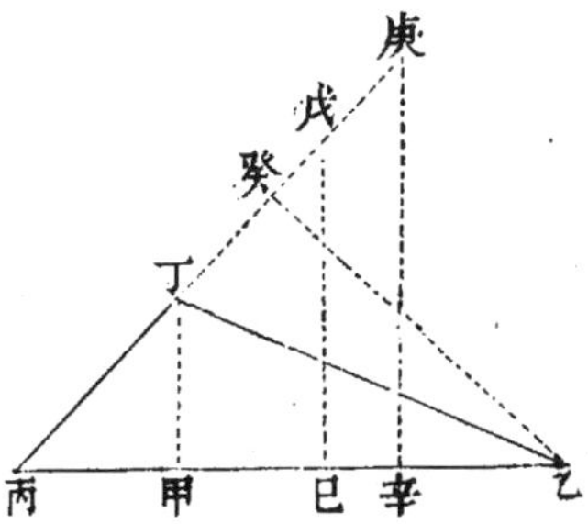

試以乙丁爲半徑作丁甲線爲乙小角之正弦又引丙丁邊至戊使戊丙如乙丁作戊己線爲丙角之正弦又展戊丙線至庚使庚丙如乙丙作庚辛線爲丁鈍角之正弦如此則三邊皆若弦三正弦皆若股其比例爲以乙丙大邊同庚丙比乙丁次邊同戊丙若丁鈍角之正弦庚辛與丙角之正弦戊己又以乙丁次大邊同戊丙比丁丙小邊若丙角之正弦戊己與乙角之正弦丁甲又以丁丙小邊比乙丙大邊同庚丙若乙

小角之正弦丁甲與丁鈍角之正弦庚辛

問庚辛何以爲丁角正弦曰鈍角以外角之正弦爲正弦試作乙癸線爲丁角正弦乙丁癸外角也故其正弦卽丁鈍角正弦必與庚辛等何也庚丙辛句股形與乙丙癸形等庚丙弦旣同乙丙又同用丙角辛與癸又同爲方角其形必等則庚辛必等乙癸而乙癸旣丁角正弦矣等乙癸之庚辛又安得不爲丁角正弦乎

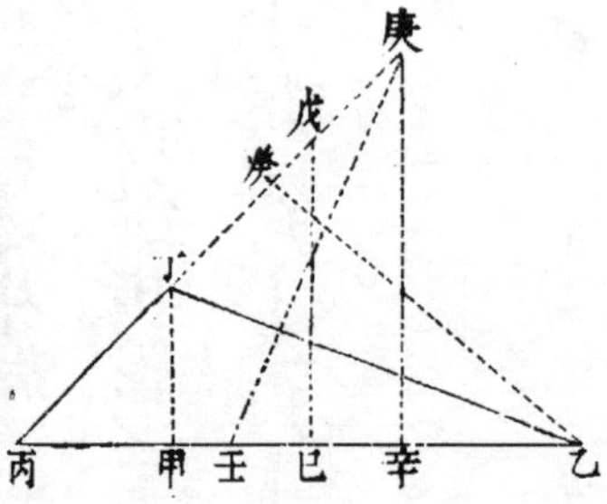

凡取正弦必齊其半徑此以丁甲爲乙角正弦是用乙丁爲半徑也而取丙角正弦戊己必引戊丙如乙丁其丁角正弦庚辛又卽外角之正弦乙癸是三半徑皆乙丁也

試取壬丙如丁丙作庚壬線卽同乙丁半徑則壬角同丁角壬外角卽丁外角而庚辛正弦之半徑仍爲乙丁庚壬同乙丁故

此以庚壬當乙丁易乙丁丙形爲庚壬丙

則庚辛正弦亦歸本位。與前圖互明。

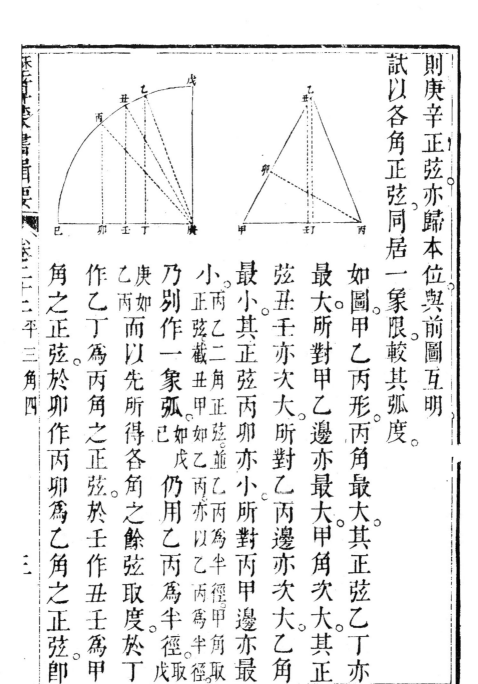

試以各角正弦同居一象限。較其弧度。

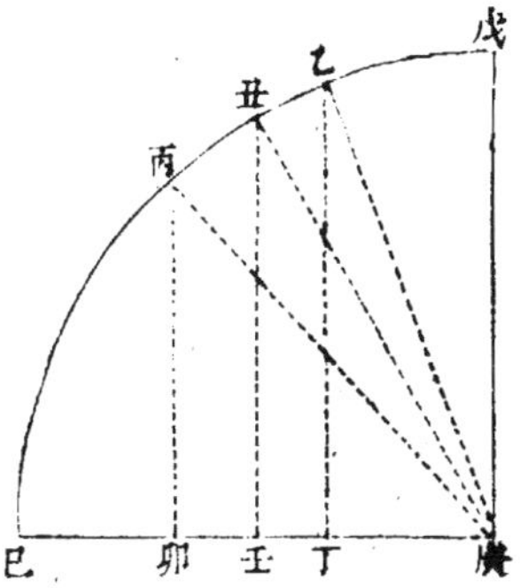

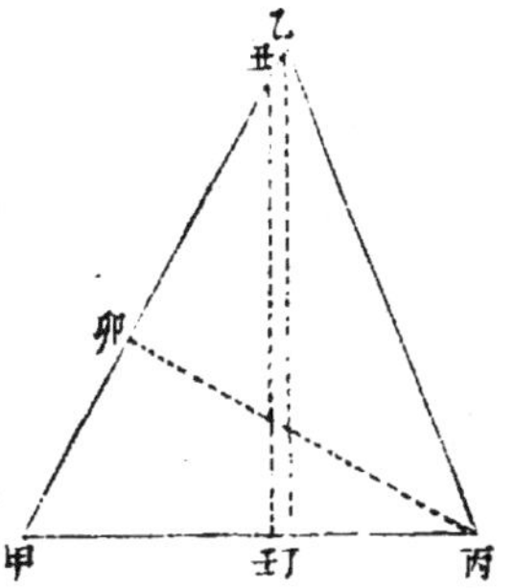

如圖甲乙丙形。丙角最大。其正弦乙丁亦最大。所對甲乙邊亦最大。甲角次大。其正弦丑壬亦次大。所對乙丙邊亦次大。乙角最小。其正弦丙卯亦小。所對丙甲邊亦最小。丙乙二角正弦。並乙丙為半徑。甲角取正弦。截丑甲如乙丙。亦以乙丙為半徑。

乃别作一象弧。如戊己仍用乙丙為半徑。取戊庚如乙丙而以先所得各角之餘弦取度。於丁作乙丁為丙角之正弦。於壬作丑壬為甲角之正弦。於卯作丙卯為乙角之正弦。即各如原度而各角之差數覩矣。戊庚半徑既同乙丙。則丁庚即丁丙。而爲丙角餘弦。又壬庚即甲壬。爲甲角餘弦。卯庚即卯乙。爲乙角餘弦。

解曰。角無大小。以弧而知其大小。今乙丁正弦。其弧乙巳。是丙角最大也。丑壬正弦。其弧丑巳。是甲角次大也。丙卯正弦。其弧丙巳。是乙角最小也。而對邊之大小亦如之。故皆以正弦爲比例也。

或疑鈍角之度益大。其正弦反漸小。而其所對之邊則漸大。何以能相爲比例乎。曰。此易知也。凡鈍角正弦。即外角之正弦。而外角度原兼有餘兩角之度。故鈍角之正弦必大于餘兩角。而得爲大邊之比例也。

如乙丙甲鈍角形。丙鈍角最大。其正弦乙丁亦最大。而所對乙甲邊亦最大。乙角次大。其正弦丙卯亦次大。而所對甲丙邊亦次大。甲角最小。其正弦丑壬亦小。而所對乙丙邊亦最小。截甲丑如乙丙。從丑作丑壬。即甲角正弦。

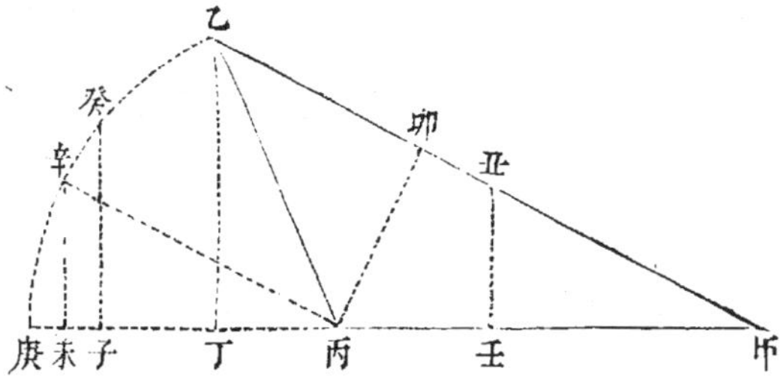

乃從乙作乙庚弧。以丙爲心。乙丙爲半徑。爲丙外角之度。又作辛丙半徑與甲乙平行。分乙庚弧度爲兩。則辛庚即甲角之弧度。其餘辛乙亦即乙角之弧度。從辛作辛未正弦與丑壬等。又自庚截癸庚度如辛乙。則癸庚亦乙角之弧。作癸子正弦與丙卯等。此顯丙外角之度。兼有乙甲兩角之度。其正弦必大於兩角正弦也。雖丙鈍角加大而外

角加小則乙甲兩角必又小于外角又何疑于鈍角正弦必爲大邊比例乎

試更以各角切員觀之則各角之對邊皆爲其對弧之通弦

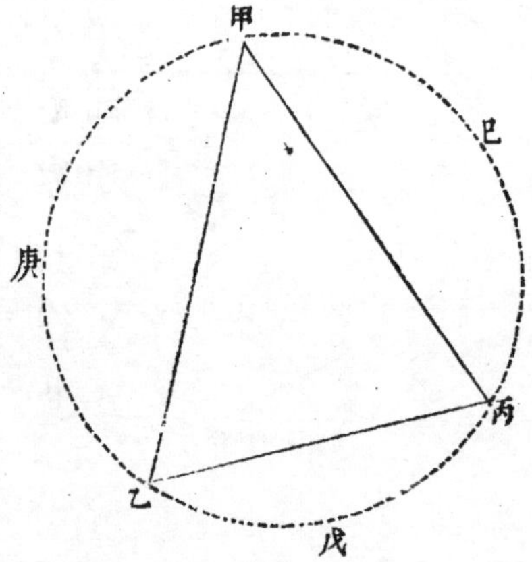

如圖三角形以各角切員則乙丙邊爲丙戊乙弧之通弦而對甲角甲丙邊爲丙已甲弧之通弦而對乙角甲乙邊爲乙庚甲弧之通弦而對丙角則是各角之對邊卽各角對弧之通弦也夫通弦者正弦之倍數則三邊比例卽三正弦之比例矣

又試以各邊平分之則皆成各角之正弦

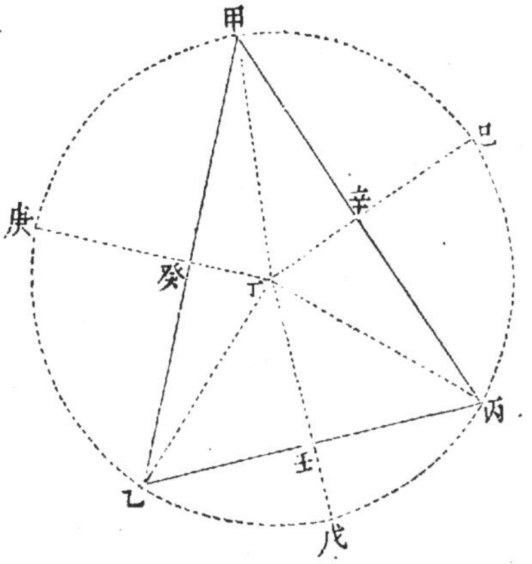

於前圖內更以各邊所當之弧皆平分之丙戊乙弧平分于戊點丙巳甲弧平分于巳點乙庚甲弧平分于庚點自員心丁各作半徑至其點即分各邊爲兩平分以丁壬戊半徑分乙丙邊于壬以丁辛巳半徑分甲丙邊于辛以丁癸庚半徑分甲乙邊于癸則所分之邊皆爲兩平分則弧之平分者即原設各角之度而邊之平分者即皆各角之正弦丙丁戊角以丙戊爲弧丙壬爲正弦而丙丁戊角原爲丙丁乙角之半必與甲角同大故丙戊半弧即甲角之本度丙壬半邊即甲角之正弦乙丁戊角亦然準此論之則甲丁巳角原爲甲丁丙角之半必與乙角同大故甲巳半弧即乙角之本度甲辛半邊即乙角之正弦巳丁丙角亦然又乙丁庚角原爲乙丁甲角之半必與丙角同大故乙庚半弧即丙角之本度乙癸半邊即丙角之正弦庚丁甲角亦然夫分其邊之半即皆成正弦則邊與邊之比例亦必如正弦與正弦矣全與全若半與半也

問三角之本度皆用半弧何也。曰量角度必以角爲員心，眞度乃見。今三角皆切員邊，則所作通弦之弧皆倍度也，故半之乃爲角之本度。

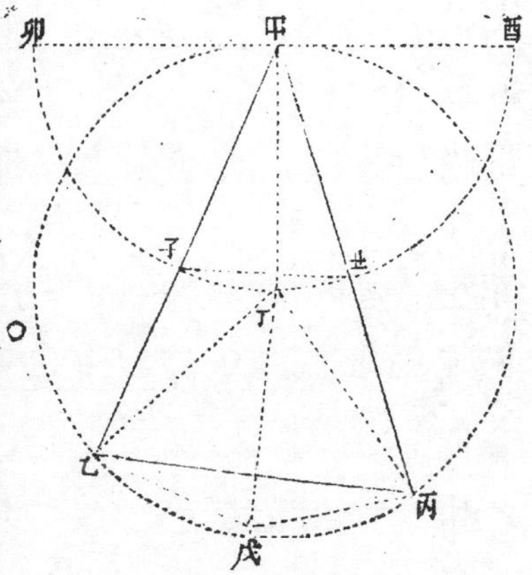

如圖以甲角爲心，甲丁爲半徑作員，則其弧丑丁子乃甲角之本度也。而平分之丙戊及戊乙兩弧並與丑丁子弧等（試作戊丙及乙戊兩弦必相等，又並與丑子弦等。凡弦等者弧亦等。）故乙戊丙弧必爲甲角之倍度。（餘角類推）

問三邊求角何以用和較相乘也。曰欲明和較之用，當先知和較之根。凡大小兩方以其邊相併謂之和，相減謂之較。和較相乘者，兩方相減之餘積也。

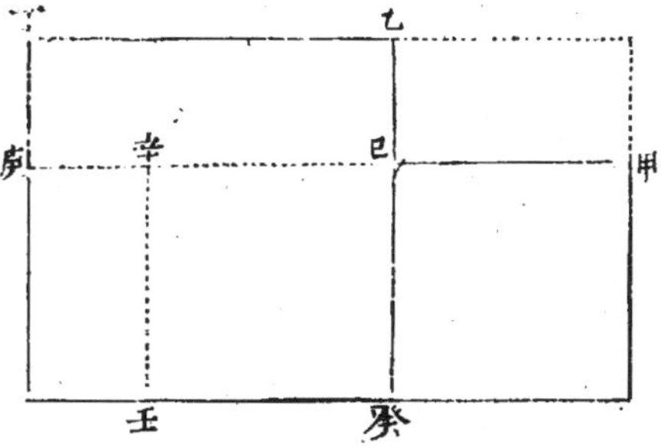

如圖甲癸小方丁癸大方於大方內依小方邊作己庚橫線又取己辛如小方邊作辛壬線成己壬小方與甲癸等大方內減己壬小方則所餘者爲乙庚及庚壬兩長方形夫乙己及丁庚及庚辛並兩邊之較也甲己庚則和也若移庚壬長方爲乙甲長方卽成丁甲大長方而爲較乘和之積故凡兩方相減之餘積爲實以和除之得較以較除之亦得和矣

依此論之若有兩方形相減又別有兩方相減而其餘積等則爲公積故以此兩方之和較相乘爲實而以彼兩方之和爲法除之得彼兩方之較或以彼兩方之較爲法除之亦必得和

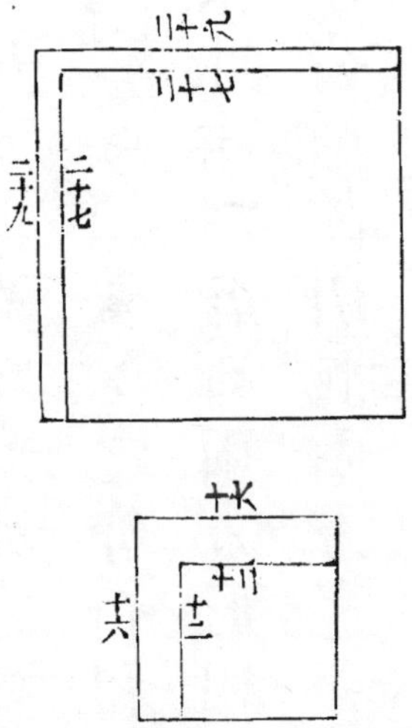

如圖有方二十九之冪八百四十一與方二十七之冪七百二十九相減成較二乘和五十六之積又有方十六之冪二百五十六與方十二之冪一百四十四相減成較四乘和二十八之積兩積同爲一百一十二故以先有之較二和五十六相乘爲實以今有之和二十八爲法除之卽得較四爲今所求數

是故三角形以兩弦之和乘較爲實以兩分底之和爲法除之得較者爲兩和較相乘同積也兩和較相乘同積者各兩方相減同積也

何以明之曰凡三角形以中長線分爲兩句股則兩形同以中長線爲股而各以分底線爲句是股同而句不同也句不同者弦不同也弦大者句亦大弦小者句亦小故兩弦上方相減必

與兩句上方相減之餘積等。而兩和較相乘亦等。

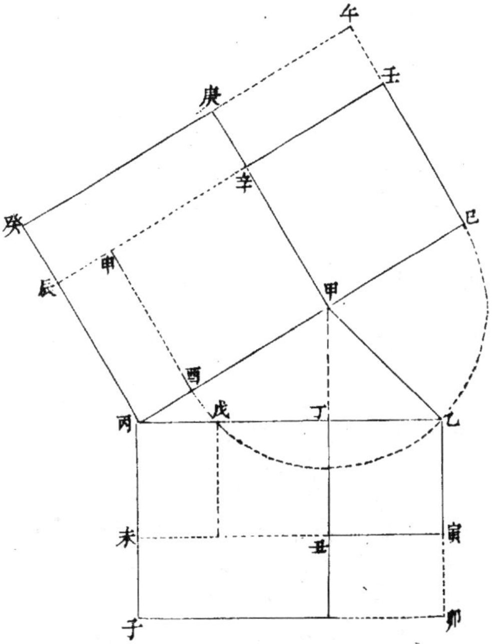

如圖甲乙丙三角形。以甲丁中長線分為兩句股形。則丙乙為兩句之和。未寅及子卯並同。丙戊為兩句之較。未子及寅卯並同。未卯長方為兩句之較乘和也。又丙己為兩弦之和。辰壬同。酉丙為兩弦之較。辰癸及辛庚壬午並同。癸壬長方為兩弦之較乘和也。此兩長方必等積。

問兩弦上方大於兩句上方。何以知其等積。曰依句股法。弦上方冪必兼有句股上方冪。是故甲丙弦冪內即癸甲大方必兼有甲丁股丙丁句兩羃乙甲弦羃內即辛己小方。亦兼有甲丁股乙丁句兩羃。則是甲丁股羃者兩弦羃所同也。其不同者句羃耳。股羃既同。則弦羃相減時。股羃俱對減而盡。使非句羃不同。已無餘積。然則兩弦羃相減之餘積于癸甲大方內。減己辛相同之申甲小方。所餘者癸辛申丙兩長方。成磬折形。豈不即爲兩句羃相減之餘積乎。于丁子方內減丁寅相同之戊丑小方。所餘者丑子及戊未兩長方。成磬折形。由是言之。兩和較相乘之等積信矣。于弦羃相減之癸辛申丙磬折形內。移申丙補庚壬。即成和較相乘之癸壬長方。又于句羃相減之丑子未戊磬折形內。移戊未補丑卯。即成和較相乘之未卯長方。兩磬折形既等積。則兩長方亦等積。

問和較之列四率與諸例不同何也。曰此互視法也。同文算指謂之變測。古九章謂之同乘異除。乃三率之別調也。何則凡異乘同除。皆以原有兩率之比例。爲今兩率之比例。其首率爲法。必在原有兩率之中。互視之術則反以原有之兩率爲二爲三。

以自相乘爲實。其首率爲法者反係今有之率。與異乘同除之序相反。故曰別調也。

然則又何以仍列四率曰以相乘同實也。三率之術二三相乘。與一四相乘同實。故可以以三率求一率。二三相乘。以一除之得四。以四除之卽仍得一。若一四相乘。以二除之亦可得三。以三除之亦仍得二。互視之術以原有之兩率自相乘。與今有之兩率自相乘同實。故亦以三率求一率。原兩率自相乘。以今有之率除之。得今有之餘一率。若今兩率自相乘。以原有之率除之。亦卽得原有之餘一率。但三率之術以比例成其同實互視之術則以同實而成其比例旣成比例卽有四率。故可以列而求之也。

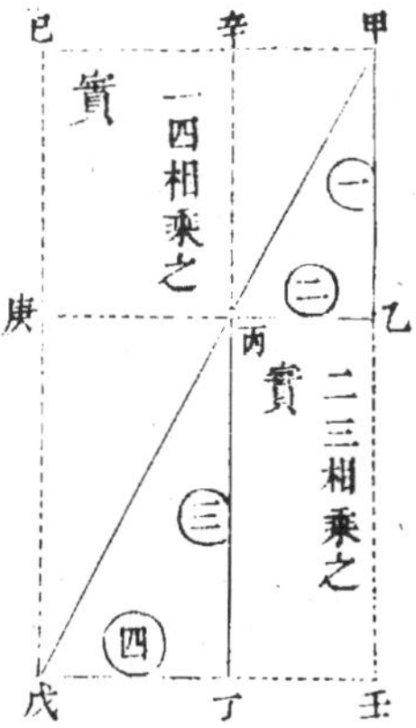

如圖長方形對角斜剖成兩句股則相

等而其中所成小句股亦相等。甲壬戊與甲己戊等。則甲乙丙與甲辛丙等。丙丁戊與丙庚戊等。並長方均剖故也。即所成長方之積亦必相等。于甲壬戊句股形內減相等之甲乙丙及丙丁戊兩小句股。存乙丙丁壬長方。又于甲己戊句股形內減相等之甲辛丙及丙庚戊兩小句股。存辛己庚丙長方。所減之數等。則所存之數亦等。故兩長方雖長闊不同。知其必為等積。今以甲乙為首率。乙丙為次率。丙丁為三率。丁戊為四率。則乙丁長方。即乙丙丁壬形。為二三相乘之積。此形以乙丙二率為闊。丙丁三率為長。是二率三率相乘也。辛庚長方。即辛己庚丙形。為一四相乘之積。此形以辛丙為長。丙庚為闊。而辛丙原同甲乙。乃一率也。丙庚原同丁戊。乃四率也。是一率四率相乘也。既兩長方相等。則二三相乘與一四相乘等實矣。此列率之理也。

在異乘同除本術。則甲乙及丙乙為原有之數。丙丁為今有之數。戊丁為今求之數。其術為以原有之甲乙股比原有之丙乙句。若今有之丙丁股與戊丁句也。故于原有中取丙乙句與今有之丙丁股以異名相乘爲實又于原有中取同名之甲乙股爲法除之即得今所求之丁戊句是先知四率之比例而以乘除之故成兩長方二率乘三率成乙丁長方以首率除之必變爲辛庚長方故曰以比例成其同實也

互視之術則乙丙與丙丁爲原有之數甲乙爲今有之數丁戊爲今求之數術爲以乙丙較乘丙丁和之積若丙庚較即丁戊乘丙辛和即甲乙之積故以原有之乙丙較丙丁和自相乘爲實以今有之甲乙和即辛丙爲法除之即得今所求之丁戊較即丙庚是先知兩長方同積而以四率取之故曰以同實成其比例也

然則又何以謂之互視曰三率之用以原有兩件自相比之例爲今有兩件自相比之例是視此之差等爲彼之差等故大句

比大股。若小句比小股。大句小于大股幾倍。小句亦小于小股幾倍。又大句大于小句幾倍。大股亦大于小股幾倍。

互視之用。以原有一件與今一件相比之例。爲今又一件與原又一件相比之例。是此視彼之所來以往。彼亦視此之所往以來。如互相酬報。故弦之較比句之較。反若句之和比弦之和。弦之和大于句。故句之較反大于弦。若和之數弦大于句幾倍。則較之數句大于弦亦幾倍。是以別之爲互視也。

三率圖

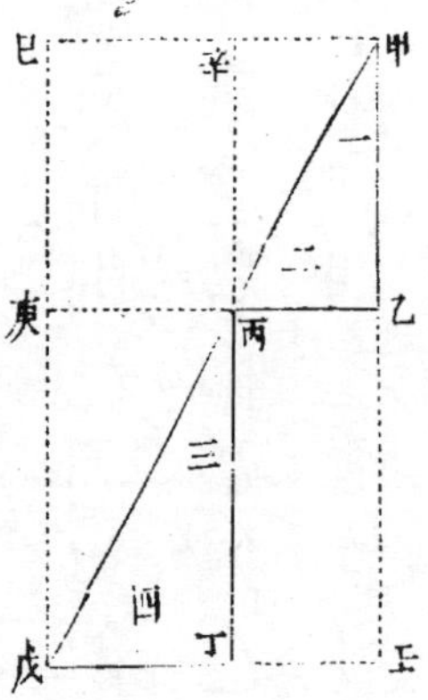

互視圖

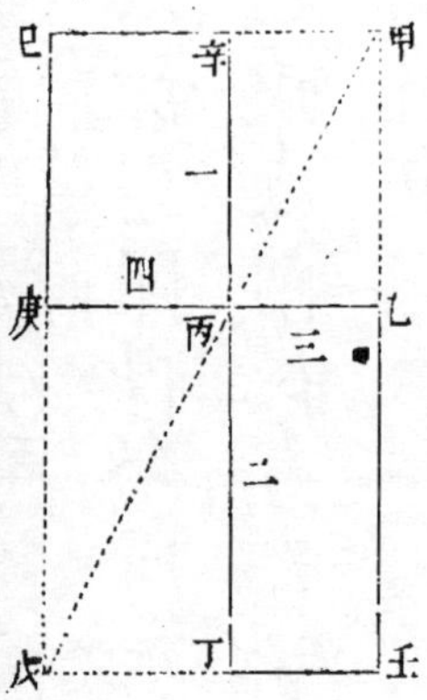

如圖。以甲乙爲一率。丙乙爲二率。丙丁爲三率。丁戊爲四率。作甲戊弦。成兩句股。次引甲乙及丁戊會于壬。成乙丁長方。爲二三相乘之積。亦引乙丙至庚。引丁丙至辛。作甲辛及戊庚線。並引長之。會于巳。成辛庚長方。爲一四相乘之積。是先有比例。而成同實之長方。

如次圖。乙丙乘丙丁爲乙丁長方。辛丙乘丙庚爲辛庚長方。兩長方以角相連于丙。次引己辛及乙壬會于甲。引己庚及壬丁會于戊。乃作甲戊線。則辛丙與丙丁。若乙丙與丙庚。是先知同實而成其比例也。

問三角形兩又術用外角切線何也。曰此分角法也。一角在兩邊之中。則角無所對之邊。邊無所對之角。不可以正弦爲比例。今欲求未知之兩角。故借外角分之也。然則何以用半較角。曰較角者本形中未知兩角之較也。此兩角之度合之即爲外角之度。必求其較角。然後可分。而較角不可求。故求其半。知半較知全較矣。此用半較角之理也。

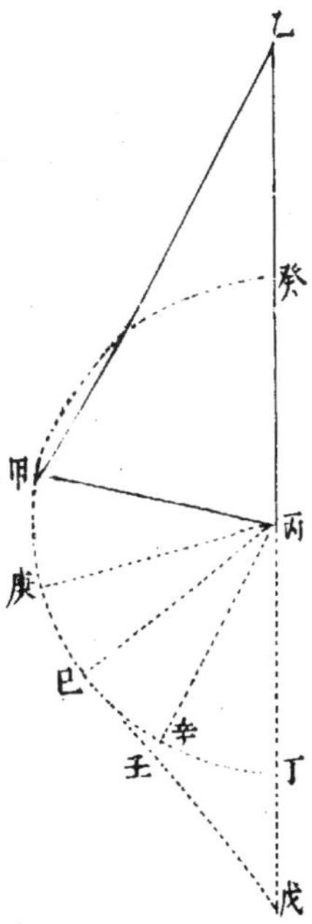

如圖甲丙乙形。先有丙角。則甲丙丁爲外角。外角內作丙辛線與乙甲平行。則

辛丙丁角與乙角等。辛丙甲角與甲角等。其辛丙庚角爲兩角之較。而辛丙已角其半較也。已丙丁及已丙甲皆半外角也。以半較角與半外角相減成乙角。于丁丙已内減辛丙已。其餘丁丙辛即乙角度。若相加亦成甲角。于已丙甲加辛丙已。成辛丙甲。即甲角度。

半較角用切線何也。曰此比例法也。角與所對之邊並以正弦爲比例。今既無正弦可論。而有其所對之邊。故即以邊爲比例。角之正弦可以例邊。則邊之大小亦可以例角。是故乙丁者兩邊之總也。乙癸者兩邊之較也。而戊已者半外角之切線也。壬已者半較角之切線也。以乙丁比乙癸。若戊已與壬已。故以切線爲比例也。

然則何以不徑用正弦。曰凡一角分爲兩角。則正弦因度離立。不同在一線。不可以求其比例。其在一線者。惟切線耳。而邊之比例與切線相應切線比例又原與正弦相應故用切線實用正弦也。

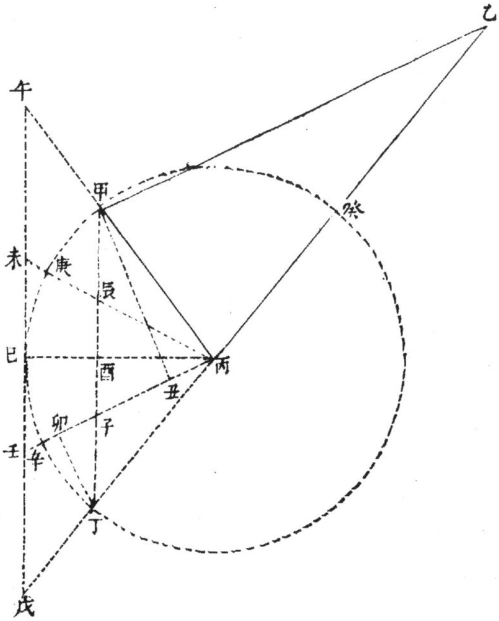

如圖甲丙丁外角其弧甲巳丁於辛作辛丙線分其角爲兩則小角之弧丁辛其正弦卯丁大角之弧辛甲其正弦甲丑小角正弦當乙角之對邊甲丙。大角正弦當甲角之對邊乙丙。

今欲移正弦之比例於一線先作甲丁通弦割分角線於子則子甲與子丁若甲丑與卯丁甲丑子與丁卯子兩句股形有子交角等。丑卯皆正角。即兩形相似而比例等。然則子甲者大形之弦。子丁者小形之弦。而甲丑者大形之股。卯丁者小形之股也。弦與弦若股與股。故子甲比子丁。若丑甲與卯丁。而甲丁即兩正弦之總。甲丁為子甲子丁之總。亦即為甲丑卯丁之總。辰子即兩正弦之較。以子丁減子甲。其較辰子。是辰子為子甲子丁之較。亦即為甲丑卯丁之較。平分甲丁半之於酉。則酉丁為半總。酉子為半較。其比例同也。全與全若半與半。故甲丁與辰子為兩正弦之總與較。則半之而為酉丁與酉子。亦必若兩正絃之總與較。於是作午戊切員線。引平分線丙酉至巳。分甲巳丁弧于巳。自巳作午戊線與巳丙。巳丙為十字垂線。即此線為切員線。與甲丁平行。引諸線至其上。引丙甲至午。引丙丁至戊。引丙辰割庚點至未。引丙卯割辛點至壬。則午戊切線上比例。與甲丁通弦等。而正弦之比例在切線矣。先以甲丁與辰子當兩正弦之總與較。今午戊與未壬亦可當兩正弦之總與較。則先以酉丁與酉子為半總半較者。今亦以巳戊與巳壬為半總半較矣。故曰用切線實用正弦也。切線與正弦。所以能同比例者。以有通弦作之合也。

問三較連乘之理。曰亦句股術也。以句股爲比例而以三率之理轉換之。則用法最精之處也。故三較連乘。即得容員半徑上方乘半總之積。

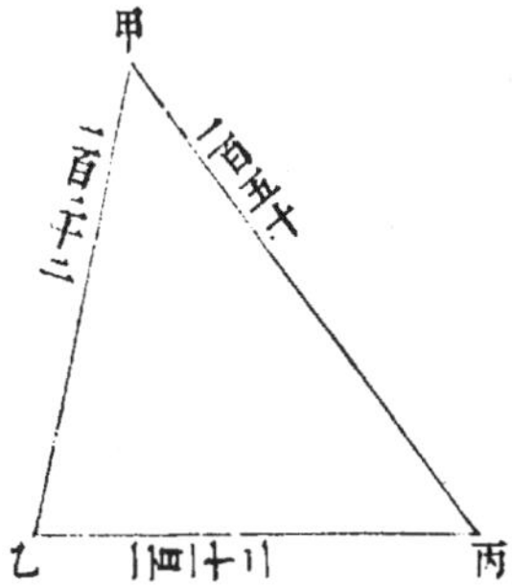

假如甲乙丙三角形。甲丙邊。一百五十甲乙邊。一百二十二乙丙邊一百一十二術以半總一百九十二較各邊。得甲丙之較。四十二甲乙之較。七十乙丙之較。八十三較連乘得數。二十三萬五千二百即容員半徑自乘又乘半總之積也。

置三較連乘數。以半總除之。得數。一千二百二十五平方開之。得容員半徑。三十五倍之得容員徑。七十

置三較連乘數。以半總乘之。得數。四千五百一十五萬八千四百平方開之。得三角形積。六千七百二十若如常法求

得中長線一百二十。以乘乙丙底而半之所得積數亦同。

然則何以見其爲句股比例。曰試從形心如法作線。分爲六句股形。形心即容員心。又引甲丙邊至卯。使卯丙如乙戊。引甲乙邊至辰。使乙辰如己丙。則甲卯甲辰並半總。六小句股形之句。各于其兩相同者而取其一。即成半總。而丙卯爲甲丙邊之較。即乙戊或乙辛。乙辰爲甲乙邊之較。即己丙或辛丙。甲己爲乙丙邊之較。己丙同辛丙。又丙卯同乙辛。則卯己同乙丙。而甲己爲其較。若用辰戊以當乙丙。則甲戊爲其較亦同。又從卯作卯壬十字垂線至壬。此線與丁己員半徑平行。引甲丁分角線出形外。遇于壬。成甲卯壬大句股形。與甲己丁小句股之

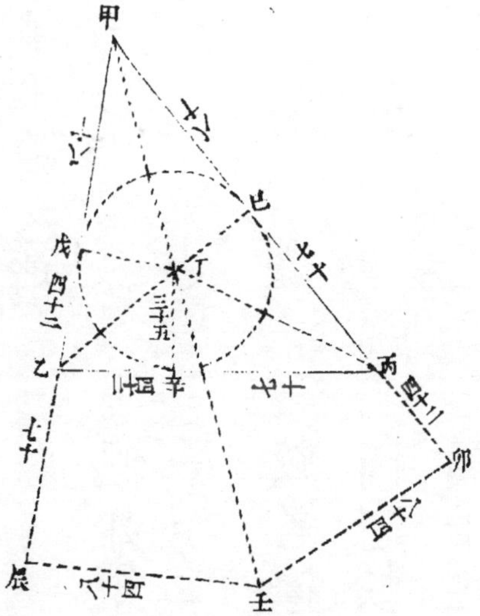

比例等。從辰作辰壬綫。成甲辰壬大句股。與甲戊丁。小句股爲比例。亦同。術爲以丁己比壬卯。若甲己與甲卯也。次以丁己自乘方爲一率。以丁己乘壬卯之長方爲次率。則其比例仍若甲己三率與甲卯四率也。乘之者並丁己。故所乘之丁己與壬卯。比例不變也。

以數明之。甲己八十。甲卯一百九十二。爲二倍四分比例。丁己三十。五。壬卯八十四。亦二倍四分比例。丁己自乘一千二百二十五。丁己乘壬卯二千九百四十。亦二倍四分比例。故曰比例等。

又移辛點至癸。截丙癸如丙卯。則乙癸亦如乙辰。引丙卯至午。使卯午同乙辰。乙癸亦同。引乙辰至未。使辰未同丙卯。丙癸亦同。則午丙及未乙並同乙丙。又作丙壬。乙壬。午壬。未壬四綫。成午丙壬及

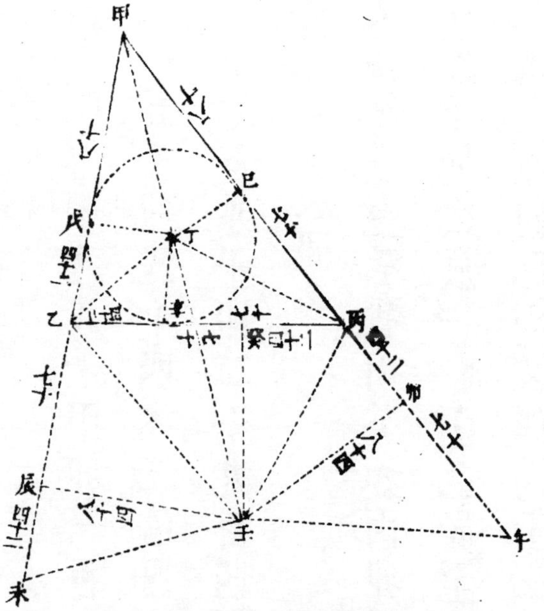

乙未壬及乙丙壬各三角形皆相等。丙卯壬句股形與未未壬。又午卯壬句股形與乙辰壬等。則午壬等乙壬。而午丙壬及乙未壬。兩三角形必等矣。其乙丙壬三角形。既以乙丙與兩三角形同底。又同用丙壬乙壬兩弦。亦不得不等。于是自癸作癸壬垂線壬卯辰壬並垂線。故癸壬亦必垂線。成丙癸壬句股形與丙卯壬形等。即成癸丙卯壬四邊形與丁己丙辛小四邊形爲相似形。卯與癸俱方角。而小形之己與辛亦方角。則大形之丙角與壬角。合之亦兩方角也。而小形之丙角。原爲大形丙角之外角。合之亦兩方角也。則小形之丙角與大形之壬角等。而小形之丁角。亦與大形之丙角等。是大小兩形之四角俱等。而爲相似形。則丁己丙句股形與丙卯壬形亦相似而比例等大小兩四邊形各約。剖其半以成句股。則其相似之比例不變。全與全若半與半也。術爲以丁己比己丙若丙卯與卯壬也

一　丁巳

二　己丙

三　丙卯　即甲丙之較戊乙

四　卯壬

凡三率法中二三相乘一四相乘其積皆等則己丙乘丙卯之積即丁己乘卯壬之積可通用也先定以丁己自乘比丁己乘卯壬若甲己與甲卯今以三率之理通之爲以丁己自乘比己丙乘丙卯亦若甲己與甲卯

一　丁己自乘方　即容員半徑自乘

二　己丙乘丙卯長方　卽甲乙之較乘甲丙之數

三　甲巳　卽乙丙之較

四　甲卯　卽半總

復以三率之理轉換用之。則三較連乘之積。以己丙較乘戊乙較爲二率。又以甲己較爲三率乘之。是二三相乘卽三較連乘。卽容員半徑自乘方乘半總之積也。以丁己半徑自乘爲首率。以甲卯半總爲四率乘之。是一四相乘也。凡一四相乘。必與二三相乘之積等。

以數明之。丁己三十五卯壬八十四相乘得二千九百四十。己丙七十丙卯四十二相乘亦二千九百四十。故可通用。

己丙乘丙卯二千九百四十。又以甲巳八十乘之得二十三萬五千二百。丁己自乘一千二百二十五。又以甲卯一百九十二乘之亦二十三萬五千二百。故可通用。

問三較之術可以求角乎曰可其所求角皆先得半角卽銳鈍通爲一術矣

術曰以三邊各減半總得較各以所求角對邊之較乘半總爲法以餘兩較各與半徑全數相乘又自相乘爲實法除實得數平方開之爲半角切線檢表得度倍之爲所求角

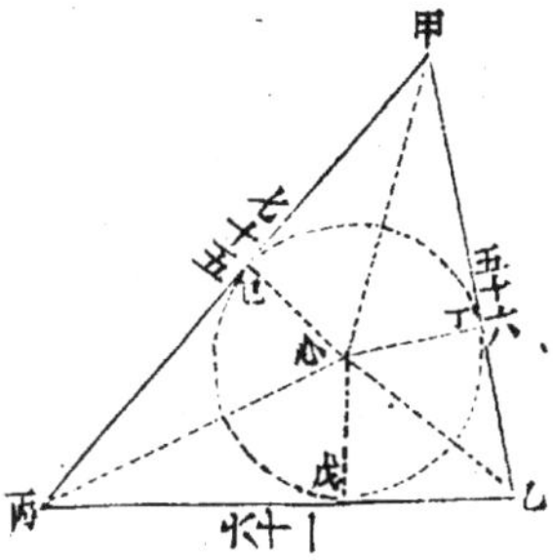

假如甲乙丙三角形甲丙邊七十五甲乙邊五十六乙丙邊六十一與半總九十六各相減得甲丙之較二十一甲乙之較四十乙丙之較三十五

今求乙角術以乙角所對邊甲丙之較二十一乘半總九十六得數二〇一六爲法以餘兩較甲乙較四〇乙丙較三五各乘半徑全數又自相乘得數一四

○○○○○○○○○○○○為實法除實得數六九四四四四四四。平方開之得數八三三三三為半角切線撿表三十九度四十八分一十九秒。倍之得乙角七十九度三十六分三十八秒。

次求丙角術以丙角所對邊甲乙之較。四○乘半總得數三八四○為法餘兩較甲丙二一乙丙三五。各乘半徑全數又自相乘得數七三五○○○○○○○○○○為實法除實得數一九一四○六二五○。平方開之得半角切線四三七五○。撿表二十三度三十七分五十二秒半。倍之得丙角四十七度一十五分四十五秒。

次求甲角術以甲角所對邊乙丙之較。三五乘半總得數三三六○為法餘兩較甲丙二一甲乙四○。各乘半徑全數又自相乘得數八四○○○○○○○○○○○○為實法除實得數二五○○○○○○○○。平方開之得半角切線五○○○○。撿表二十六度三十三分五十三秒。倍之得甲角五十三度○七分四十六秒。

曆算叢書輯要　卷二十二平三角四

問前條用三較連乘今只用一較爲除法何也曰前條求總積故三較連乘今有專求之角故以對邊之較爲法也然則用對邊何也曰對邊之較在所求角之兩旁爲所分小句股形之句今求半角切線故以此小句爲法也

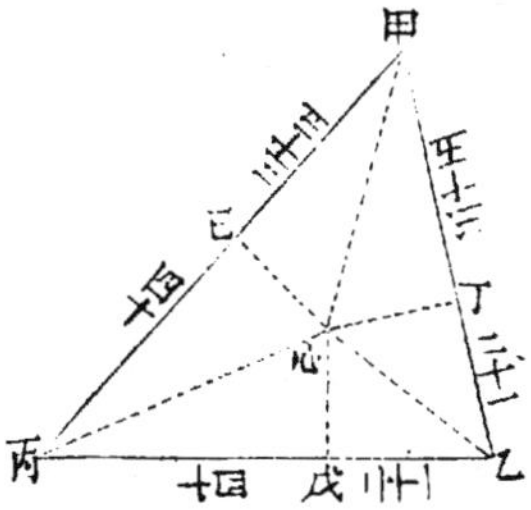

如求乙半角則所用者角旁小句股（心戊乙或心丁乙）其句（乙戊或乙丁）並二十一即對邊甲丙之較也術爲以乙戊比心戊若半徑與乙角（小形之角卽半角也）之切線

其與半總相乘何也曰將以半總除之又以小形句（卽對邊之較）除之今以兩除法（一半總一對邊之較卽小形句）相乘然後除之變兩次除爲一次除也（古謂之異除同除）

用兩次除亦有說乎。曰：前條三較連乘，必以半總除之，而得容員半徑之方冪。今欲以方冪爲用，故亦以半總除也。然則又何以對邊之較除？曰：非但以較除也，乃以較之冪除也。何以言之？曰：原法三較連乘爲實，今只以兩較乘，是省一乘也。既省一對邊之較乘，又以對邊之較除之，是以較除兩次也，即如以較自乘之冪除之矣。

餘兩較相乘，先又各乘半徑，何也？曰：此三率之精理也。凡線與線相乘除，所得者線也；冪與冪相乘除，所得者冪也。先既定乙戊句爲首率，心戊股（即容員半徑）爲次率，半徑爲三率，乙角切線爲四率，而今無心戊之數，惟三較連乘中有心戊（即容員半徑）自乘之冪（即三較連乘半總除之之數）。故變四率並爲冪，以乙戊句冪爲首率（即對邊之較除兩次。心戊股冪爲次率。即半總除連乘數。半徑之冪爲三率。即半徑自乘。得半角切線之冪爲四率。即分形之乙角。故得數開方即爲切線。

又術以三較連乘半總除之開方爲中垂線。即容員半徑。以半徑全數乘之爲實。各以所求角對邊之較除之。即得半角切線。

一	乙戊（乙角對邊之較）	丙戊（丙角對邊之較）	甲己（甲角對邊之較）
二	心戊中垂線	心戊中垂線	心己中垂線（亦即心戊）
三	半徑全數	半徑全數	半徑全數
四	乙半角切線	丙半角切線	甲半角切線

此即用前圖可解。乃本法也。

論曰。常法三邊求角。倘遇鈍角。必于得角之後又加審焉。以鈍角與外角同一八線也。今所得者既爲半角。則無此疑。實爲求角之捷法。

補遺

問以邊求角。句股第二術因和較乘除而知正角乃定其爲句股形。何也。曰古法句弦較乘句弦和開方得股。今大邊丁壬與小邊丁癸以和較相乘爲實。癸壬邊爲法除之而仍得癸壬。是適合開方之積也。則大邊小邊之和較卽句弦之和較。而癸爲正角成句股形矣。凡句股形。弦爲大邊。而對正角。今丁壬邊最大。卽弦也。故所對之癸角爲正角。

試再以丁壬與壬癸之和較求之。

如法用丁壬壬癸相加得和。一百九十六丈。相減得較。一十六丈。較乘和三千一百三十六丈爲實。丁癸五十六丈爲法除之。亦得五十六丈。何則股弦較乘和亦開方得句故也。

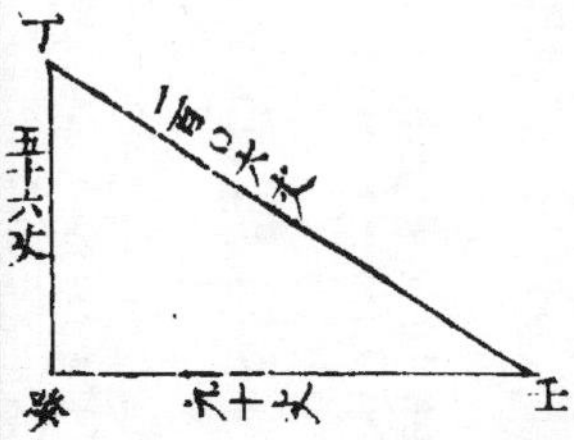

然則句股弦和較之法又安從生。曰生于割圜。

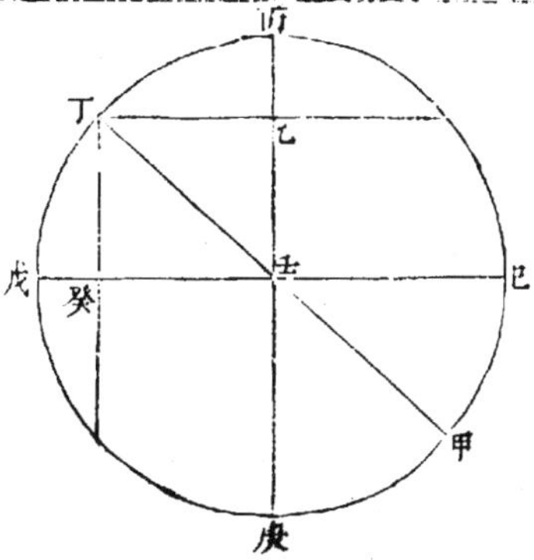

試以丁壬弦爲半徑。作戊丁丙己圜。全徑二百一十二。半徑一百〇六。乙丁正弦九十。即癸壬股。乙壬餘弦五十六。即癸丁句。丙乙正矢五十。即句弦較。乙庚大矢一百六十二。即句弦和。正矢乘大矢。得數八千一百。開方得正弦。即句弦和乘較開方得股。

然則此八千一百者。既爲正矢大矢相乘之積。又爲正弦自乘之積。故以正弦自乘爲實。而正矢除之。可以得大矢。大矢除之。亦得正矢。即乙丁股自乘爲實。而以句弦較丙乙除之。得乙庚爲句弦和。若以句弦和除之。亦得句弦較。實之。則正矢乘大矢爲實。以正弦除之。仍得正弦矣。即句弦較丙乙。乘句弦和乙庚爲實。以乙丁股爲法除之。而仍復得股。

論曰句股形在平圜內其半徑恒爲弦若正弦餘弦則爲句爲股可以互用故其理亦可互明。以丁壬及丁癸二邊取和較求壬癸邊爲句弦求股以丁壬及壬癸二邊取和較求丁癸邊爲股弦求句。一而已矣。問數則合矣其理云何曰仍句股術也。

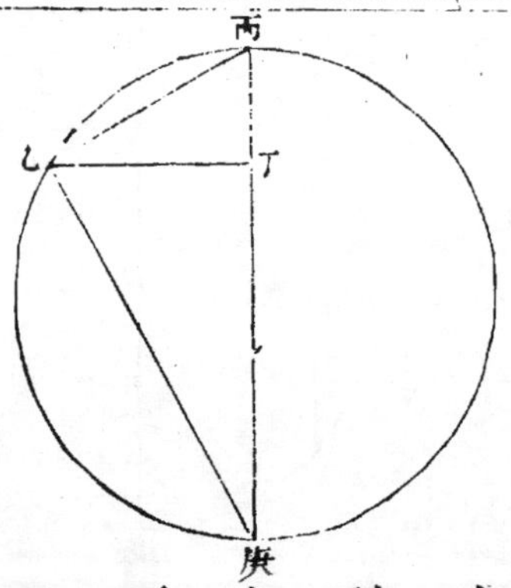

如上圖于圜徑兩端如丙如庚。各作通弦線至正弦丁乙之鋭。如庚乙丙乙。成丙乙庚大句股形又因中有正弦。成大小兩句股形。乙丁庚爲大形。乙丙丁爲小形。而相似。以乙丁線分正角爲兩則小形乙角爲大形乙角之餘。而與庚角等。即大形乙角。亦與小形丙角等。故兩形相似。則乙丁正弦。既爲小形之股又爲大形之句。其比例爲丙丁小形句。與乙丁。小形股。若乙丁大形句與丁庚大形股也。故正矢丁丙乘大矢丁庚與正弦乙丁自乘等積。

丙庚全徑。為正弦所分。其一丁丙正矢。為小形之句。而乙丁正弦為其股。其一丁庚大矢。為大形之股。而乙丁正弦為其句。

論曰。凡割員算法。專恃句股。古法西法所同也。故論句股者必以割圜。而論割圜者仍以句股。如根株華實之相須。非旁證也。

或疑切線分外角以正弦為比例。恐不可施于鈍角。作此明之。

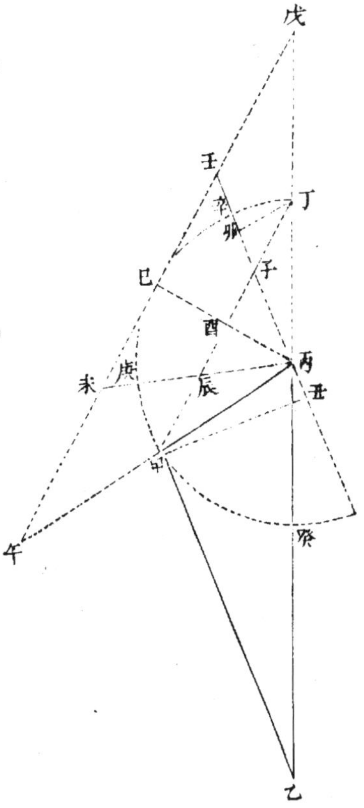

甲丙乙鈍角形。有兩角及丙甲丙乙二邊。求餘角。法為丁乙邊總與癸乙邊較。若己戊半外角切線與壬己半較角切線。

論曰。試作壬丙線。與乙甲平行。分外角為兩。則壬丙丁即乙角。其正弦卯丁。又甲丙壬即甲角。其正弦甲丑。以兩句股丑子甲卯子丁。

相似之故能令兩正弦丑甲卯丁。之比例移於遒茲以成和較丑甲與卯丁。既若子甲與子丁。則丁甲即兩正弦之和。辰子即兩正弦之較。而半外角半較角之算以生半外角爲和。半較角爲較。並與兩正弦之和較同比例。即與兩邊之和較同比例。並如銳角。

又論曰此所分大角爲鈍角故甲丑正弦作於形外然雖在形外而引分角線至丑適與之會即能成丑子甲句股形與卯子丁相似而生比例

又圖

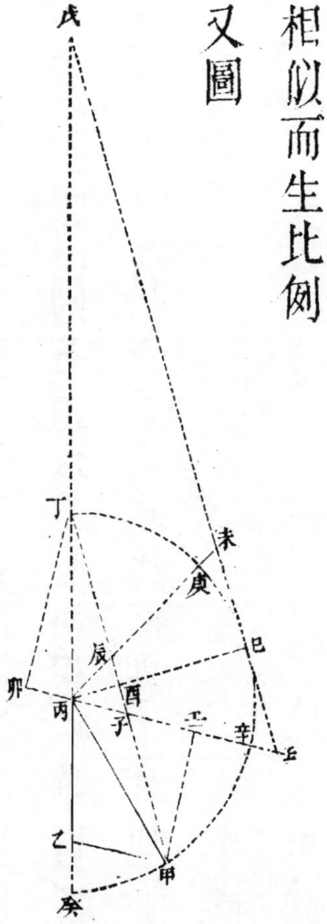

丙乙甲形。先有丙角。求餘角。

法爲邊總丁乙。與邊較乙癸。若半外角切線戊巳。與半較角切線未巳。

此亦因所分爲鈍角。故卯丁正弦在形外。又大邊爲半徑。故乙癸較亦在形外。而丁乙爲和。餘並同前。

問平三角形以一邊爲半徑得三正弦比例不識大邊亦可以爲半徑乎。小邊次邊爲半徑。已具前條。故云。曰可。

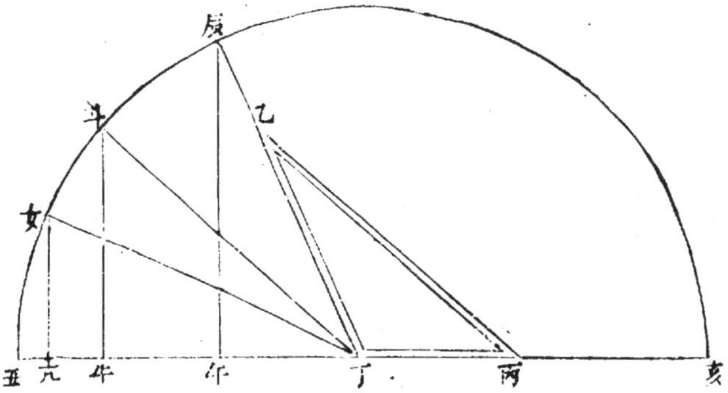

如乙丙丁鈍角形引乙丁至辰。如乙丙大邊而用爲半徑以丁爲心作丑辰亥半弧。從辰作辰午爲丁鈍角正弦。又作丁斗半徑。與乙丙平行則斗牛爲丙角正弦。又截女丑弧如辰斗作女丁半徑則女亢爲乙角正弦。合而觀之。丁角正弦午辰最大故對邊乙丙亦大。丙角正弦牛斗居次。故對邊乙丁亦居次。乙角正弦亢女最小故對邊丁丙亦小。

又問若此則三邊任用其一皆可爲半徑而取正弦是已然此

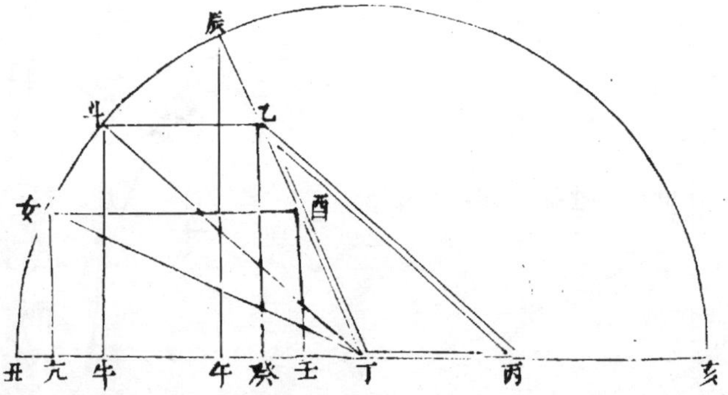

乃同徑異角之比例也若以三邊爲弦三正弦爲股則同角異邊之比例也兩比例之根不同何以相通曰相通之理自具圖中乃正理非旁證也試於前圖用乙丁次邊爲弦其股乙癸與斗牛平行而等則丙角正弦也又截酉丁如丁丙小邊爲弦其股酉壬與女亢平行而等則乙角正弦也又辰丁大邊爲弦即乙丙其股辰午原爲丁大角正弦也於是三邊並爲弦三對角之正弦並爲股成同角相似之句股形而比例皆等可以相求矣

此如先得大邊。乙丙即辰丁。與所對大角。丁故用辰午丁大句股形為法。求餘二句股也。乙癸丁。酉壬丁。皆同用丁角而形相似。故法可相求。其實三正弦皆大邊為半徑所得。故其理相通。未有理不相通而法可相求者。故曰皆正理。非旁證也。

丁鈍角

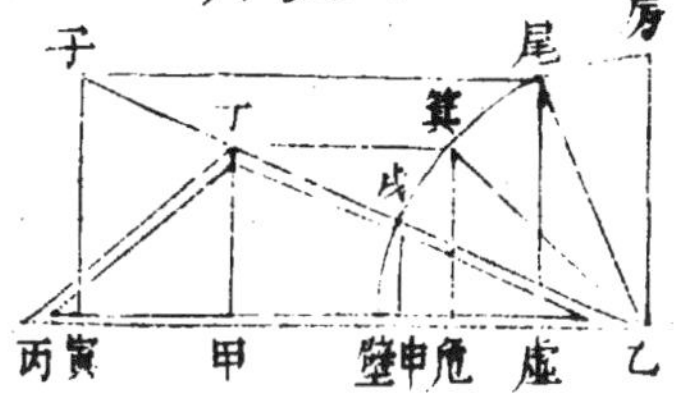

丁鋭角

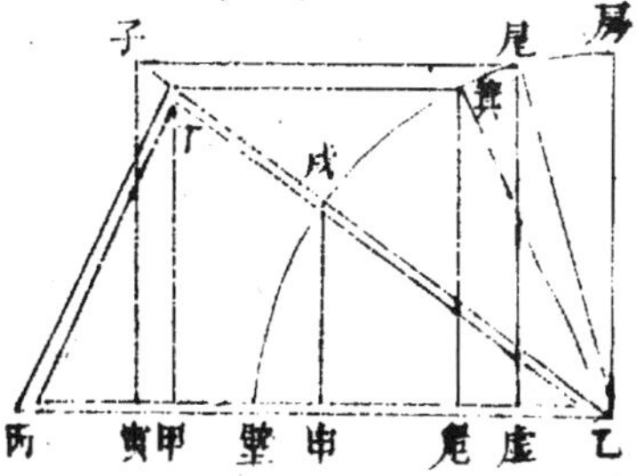

又試於乙丙丁形。或鈍角。或鋭角。同理。以丁丙小邊為半徑。作房箕壁象弧。以乙為心如上法。取三正弦。以尾壁弧為丁角度。其正弦尾虛。又箕壁弧為丙角度。其正弦箕危。又戌壁弧為乙角度。其正弦戌申。成同徑異角之比例。又如法用三邊為弦。三正弦為股。乙戌即丁丙小邊。配乙角正弦戌申。原如弦與股。又本形乙丁次邊為弦。則丁甲為股。與箕危平行而等。丙角正弦也。又引乙丁至子。成子乙即乙丙大邊。以為弦。則子寅為

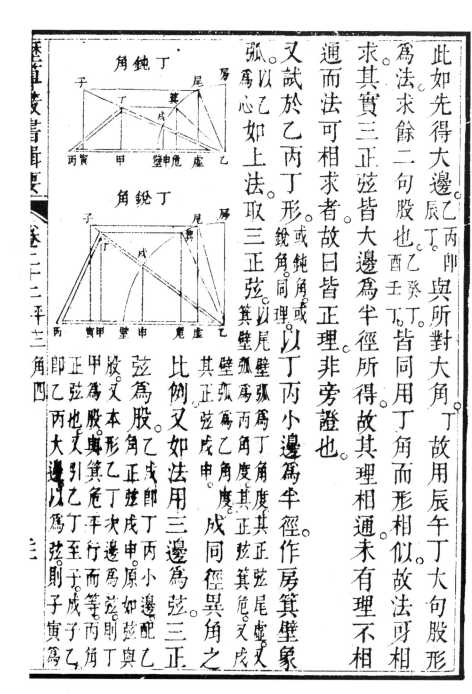

股。與尾虛平行而等。丁角正弦也。則並爲相似之句股形而比例等。

又試以乙丁次邊爲半徑作象限如前。以丙爲心取三正弦。張婁爲丁角弧度。張井其正弦。氐婁爲丙角弧度。氐參其正弦。室婁爲乙角弧度。室奎其正弦。成同徑異角之比例。又仍用三邊爲弦。三正弦爲股。引丁丙至翌。與大邊乙丙等。成翌丙弦。其股翌胃。與張井平行而等。丁角正弦也。又乙丁次邊成氐丙弦。其股氐參。原爲丙角正弦。又丁丙小邊爲弦。其股丁柳。與室奎平行而等。乙角正弦也。卽復成相似之句股形而比例等。

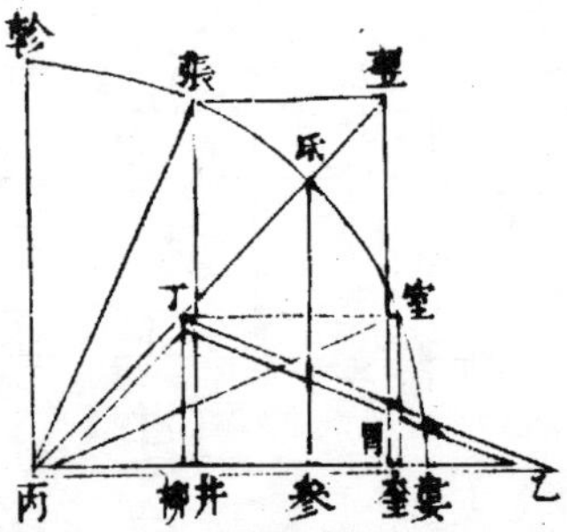

問員內三角形。以對弧爲角倍度。設有鈍角小邊何以取之。或問內原設鈍角。兩邊並大于半徑。故云。

曰。法當引小邊截大邊。作角之通弦。如後圖。乙甲丙鈍角形在平員內。以各角切員。而乙甲邊小于半徑。則引乙甲出員周之外。乃以甲角爲心。平員心丁爲界。作子丁丑弧。截引長邊于子。截大邊于丑。則丑甲。子甲並半徑。與丁甲等。而丑子爲通弦。

又平分對邊。作兩通弦。從員

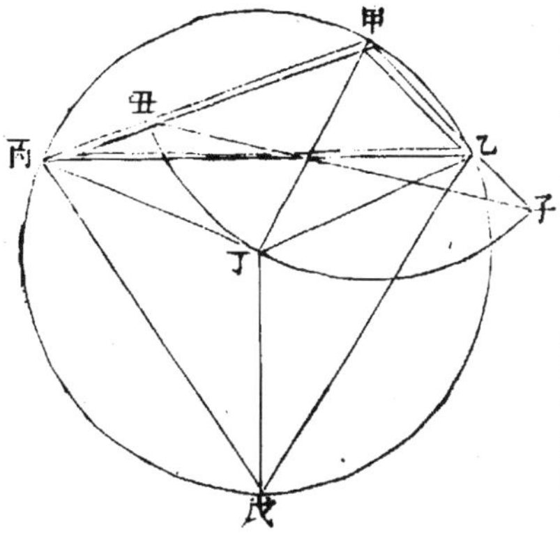

心作丁乙。丁丙兩半徑。截乙戊丙員周。爲甲角對邊所乘之弧。而半之于戊。作乙戊丙戊二線。成兩通弦。則此兩通弦自相等。又並與丑子通弦等。夫子丁丑弧。甲角之本度也。丙戊弧乙戊弧。皆對弧之半度也。而今乃相等。通弦等者弧度亦等。是甲角之度。適得對弧乙戊丙之半。而乙戊丙對弧。爲甲角之倍度矣。

[illegible]

歷算叢書輯要卷二十三

平三角舉要五

測量（三角用法算例已具兹則舉高深廣遠以徵諸實事亦與算例互相補備也。）

三角測高第一術　自平測高

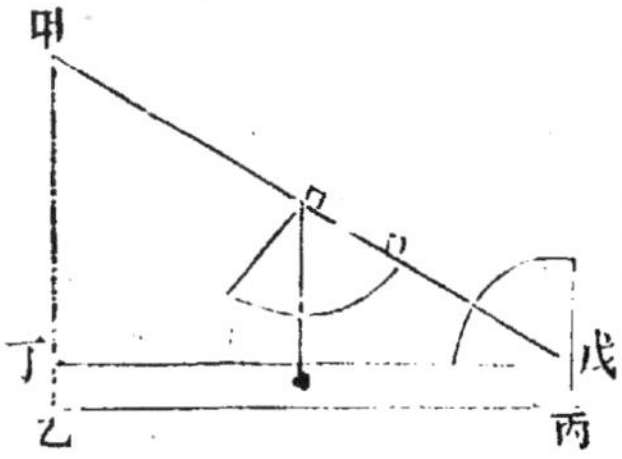

假如有塔不知其高。距三十丈。立表一丈。用象限儀測得高二十六度三十四分弱。依法求得塔高一十六丈。法爲半徑一○○○○○與戊角切線五○○○○。若距塔根丙乙（即戊丁三十丈）與塔頂高甲丁（是截算表端以上。）十五丈。加戊丙表一丈。（即丁乙。）共得塔高十六丈。（甲乙。）

凡用象限儀以垂線作角。與用指尺同理。（指尺即闚衡。亦曰闚管。亦曰闚筩。）

若戊丙表立于高所。當更加立處之高。以爲塔高。

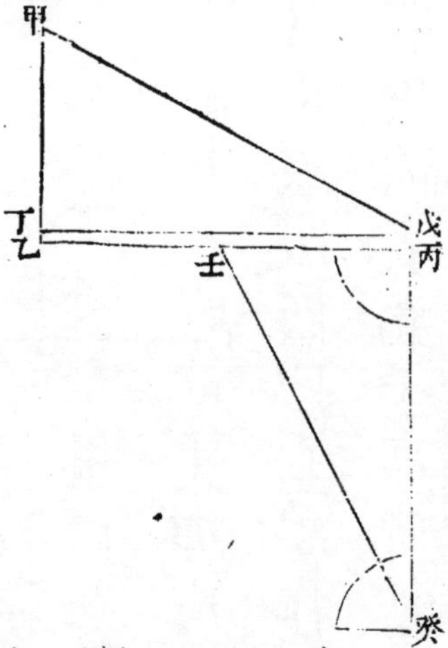

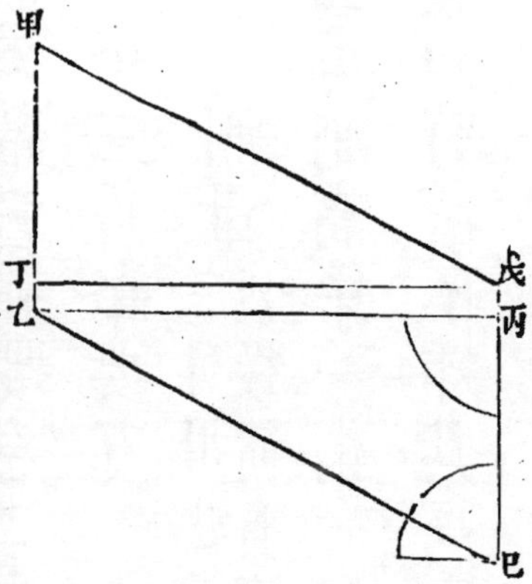

省算法。從表根丙平安象限。以一邊指塔根乙。一邊指癸。乃順丙癸直線行至癸。得三十丈。與丙乙等。復于癸平安象限。作癸角與戊角等。邊指丙。尺指壬。則壬丙遠即甲丁之高。亦加丁乙為塔高。

論曰。癸角同戊角。丙癸同丙乙。丙與乙並正角。則兩句股等。立面與平面一也。

又術。自丙向癸却行。以象限平安邊指丙。尺指乙。求作戊之餘角。得巳丙之距。即同甲丁之高。

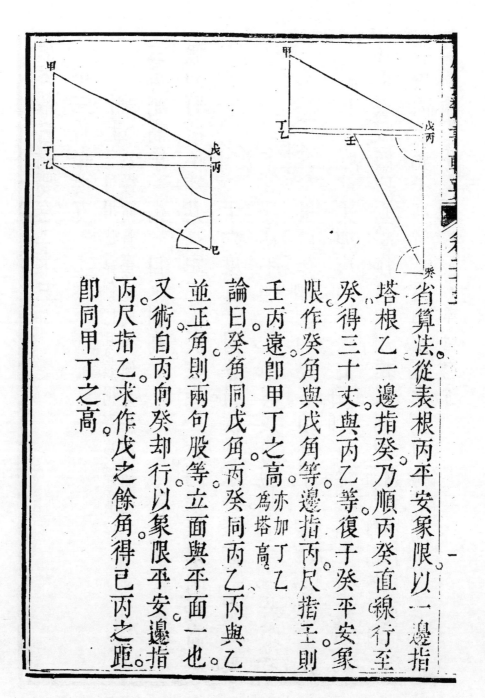

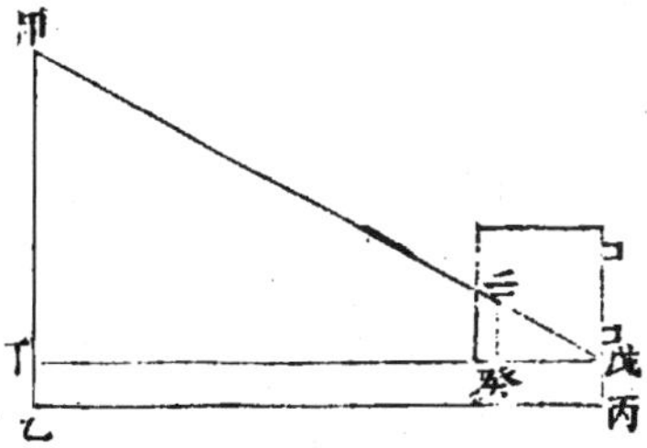

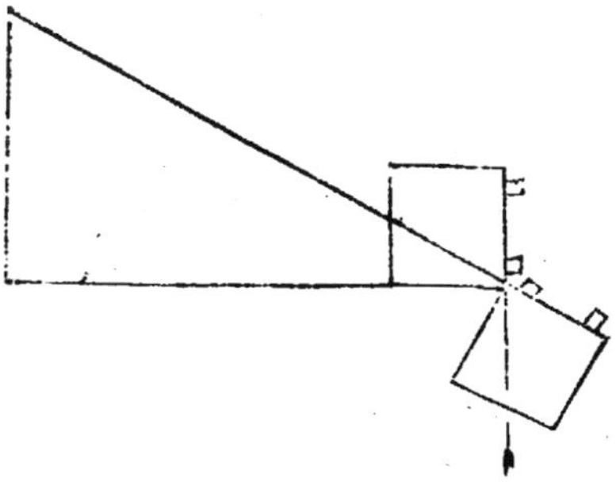

又省算法。用有細分矩度。自戊數至癸。命其分如丙乙之距。或兩倍三倍。從癸數壬癸直線之分。即甲丁之距也。先以二分爲丈或三分爲丈。今亦同之。

用距度以垂線作角。其用亦同。

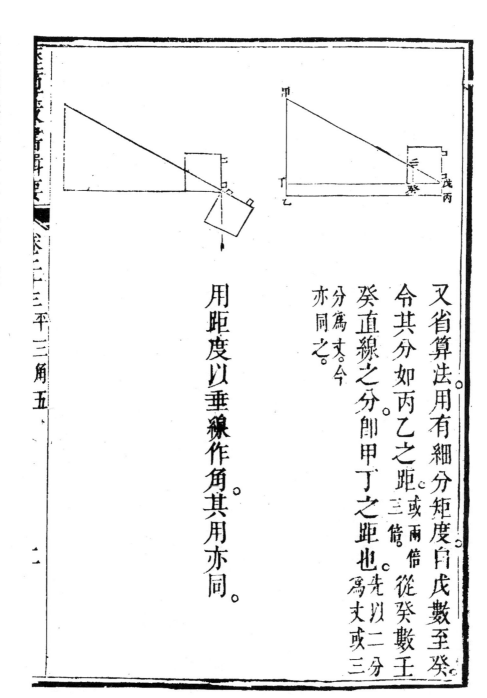

三角測高第二術

平面測不知遠之高。法用重測。

假如有山頂、欲測其高而不知所距之遠。依術立二表相距一丈二尺。用象限儀測得高六十度十九分。退測後表得五十八度三十七分。查其兩餘切線以相減得較數爲法。表距乘半徑爲實。算得山高三十一丈。

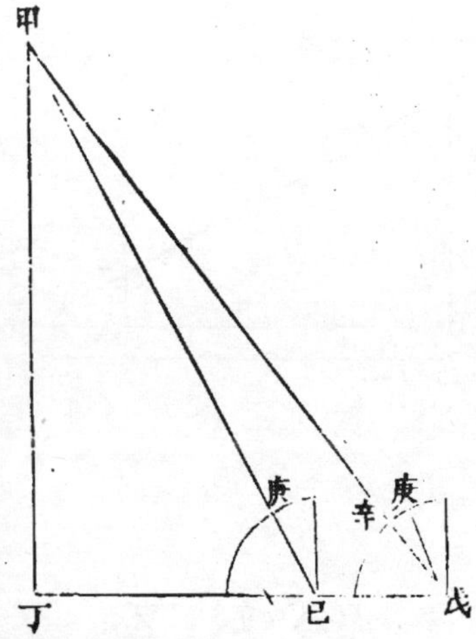

一　餘切線較　○○四○○○

二　半徑　一○○○○○

三　表距戊己　一丈二尺

四　山高甲丁　三十丈

加表一丈共三十一丈

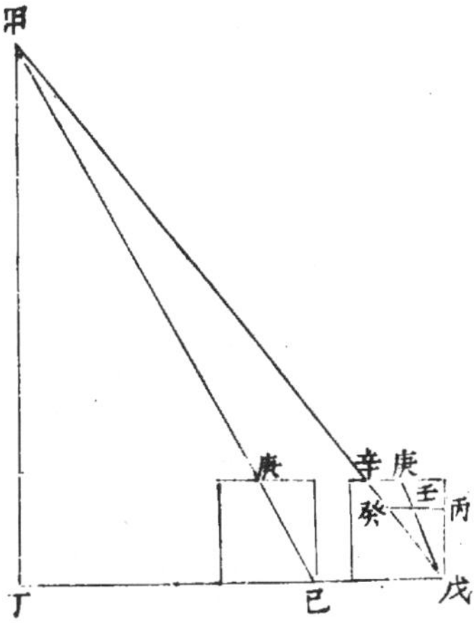

省算法用矩度假令先測指線交於辛後測指線交于庚戊辛庚戊三角形法于兩指線中間以兩測表距即戊己變爲分如壬癸小線引長之至丙即丙戊所當測高

論曰此即古人重表法也或隔水量山或于城外測城内之山並同

三角測高第三術

從高測高又謂之因遠測高

假如人在山巔欲知此山之高但知山左有橋離山半里用象限測橋得遠度一十八度二十六分強依切線法求得山高一

里半。

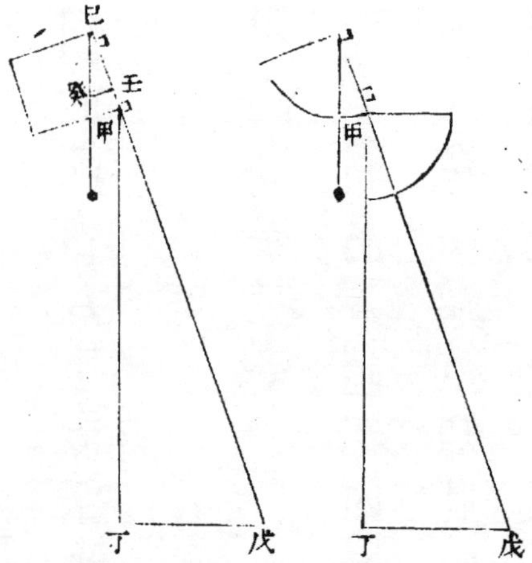

一　甲角切線 ╳ 半徑一〇〇〇〇〇
二　半徑　甲角餘切三〇〇〇二八
三　橋遠戊丁　一百八十步
四　山高甲丁　五百四十步〇五尺
省算法。用矩度。作壬癸線以當戊丁。
則己壬當甲丁。

三角測高第四術

從高測不知遠之高。法用重測。

假如人在山上。欲知本山之高。然又無可據之遠。但山有樓或塔。量得去山二十一丈。以象限儀指定一處。于樓下測得五十

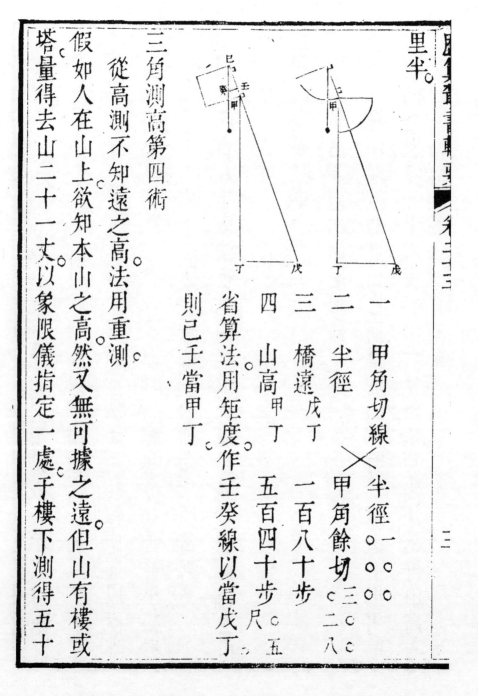

五度二十六分。又于樓上測得五十三度五十分。用餘切線。求得山高三百四十四丈五尺。

一　兩餘切較　〇四六

二　下一測餘切　六八九

三　樓高兩測之距　二十一丈

四　山高　三百四十四丈五尺

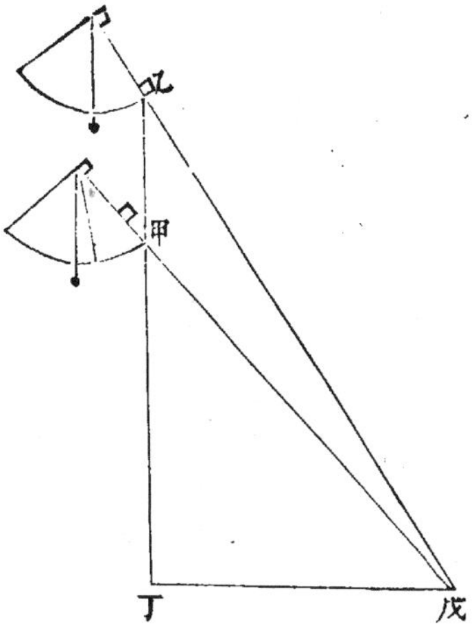

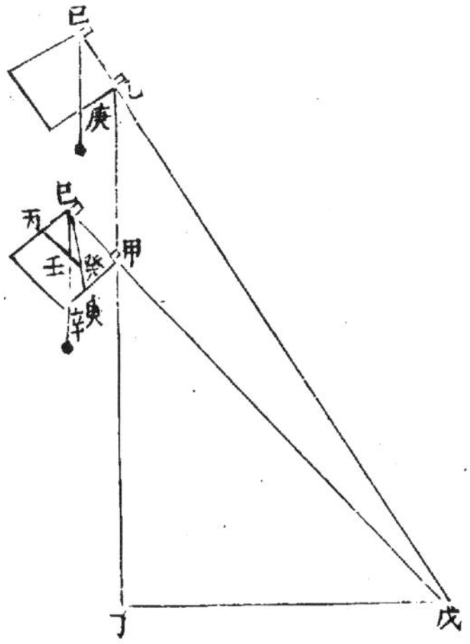

省算法。用矩度。上測交庚。下測交辛。成辛己庚三角形。法于兩指線中間以上下兩測之距變爲分。如壬癸小線。引長之至丙。即壬丙當所測本山之高。

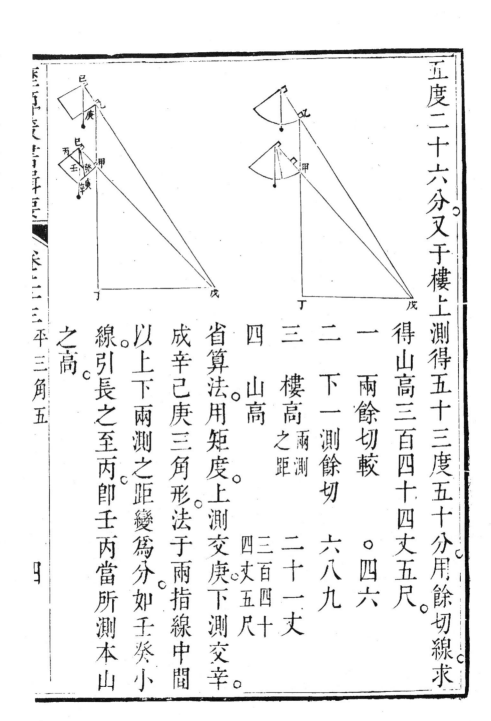

三角測高第五術

若山上無兩高可測。則先測其弦。但山上有兩所可以並見此物。卽可測矣。

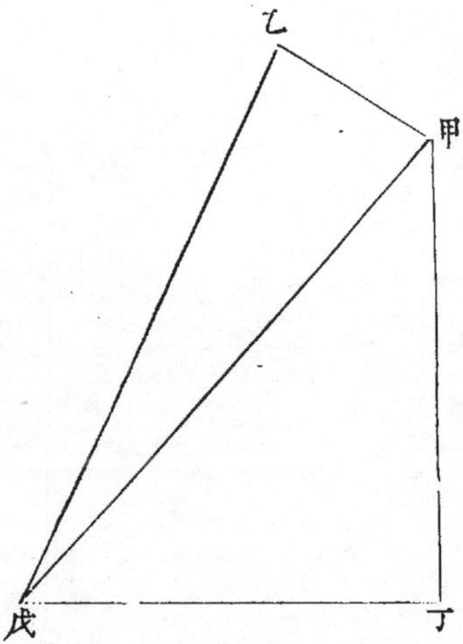

甲乙爲山上兩所。但取直線不拘平斜。任指一處如戊。於甲於乙用器兩測之。成甲乙戊形。此形有甲乙兩角。又有甲乙之距。爲兩角一邊。可求甲戊邊。法爲戊角之正弦與甲乙邊。若乙角之正弦與甲戊。再用甲戊丁句股形。爲半徑與甲戊。若甲角餘弦與甲丁。卽山之高也。

三角測高第六術

借兩遠測本山之高。

有山不知其高亦無距山之遠但山前有大樹從此樹向山而行相去一百八十五丈又有一樹人在山上可見兩樹如一直線即於山上以象限儀測此二樹一測遠樹四十三度三十二分一測近樹三十度〇七分用切線較得本山高五百丈

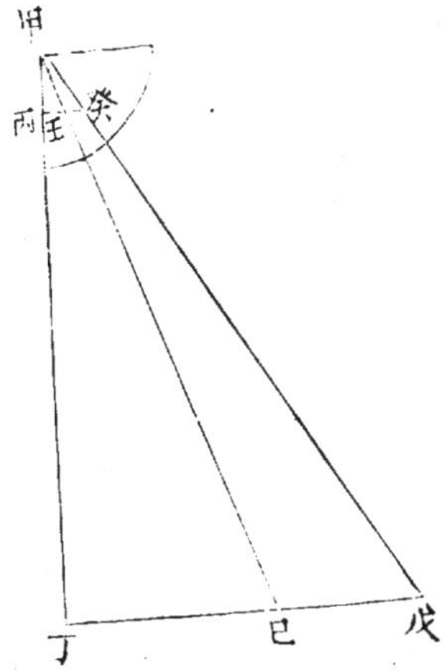

一	切線較	〇三七〇〇〇
二	半徑	一〇〇〇〇〇
三	兩遠之較	一百八十五丈
四	本山高	五百丈

省算作壬癸小線當兩遠之距己戊而丙甲當本山高丁甲

三角測高第七術

用山之前後兩遠測高

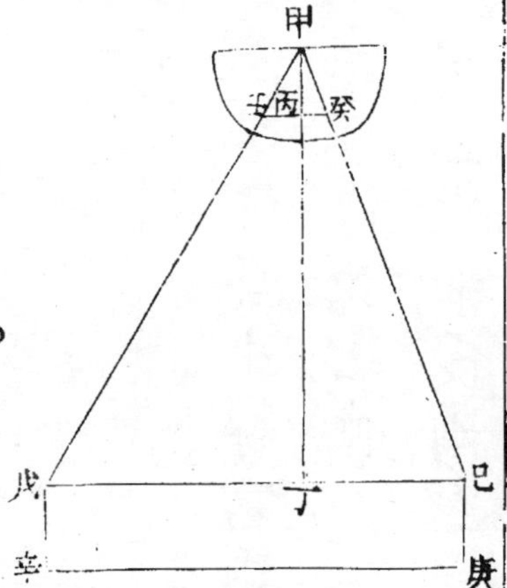

甲爲山顛。可見戊己兩樹。其樹與山參相直。如山南樹直正子。北樹直正午。而不知其距。但山外有路與此樹平行。爲庚辛。其長三里。如兩樹正南北。此路亦自南向正北行。即借庚辛之距。爲兩樹之距。以兩切線并爲法求之。

先從甲測己。得甲角一十七度。四分。又從甲測戊。得甲角二十四度三十四分。法爲兩切線并與己戊。若半徑與甲丁也。

一率兩切線并○九九六○○

二率半徑一○○○○○

三率己戊即庚辛三里

求得四率甲丁三里○四步又三之一強

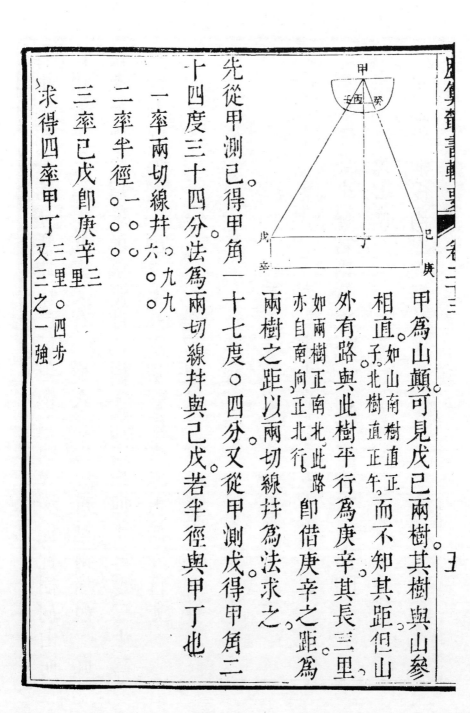

三角測高第八術

測山上之兩高

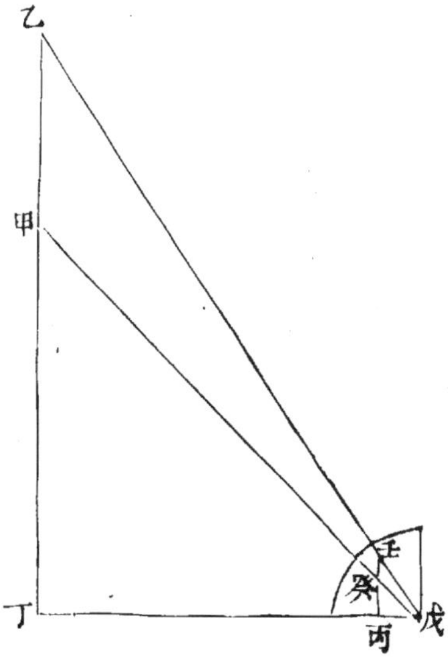

甲山上有塔如乙。欲測其高如乙甲之距。於戊安儀器測乙測甲。得其兩戊角之度。一乙戊丁。二甲戊丁。各取其切線相減得較。法爲半徑比切線較若戊丁與乙甲。

省算法。數戊丙之分。以當戊丁。作壬癸丙小線。則壬癸之分。卽當乙甲。用矩度亦同。

三角測高第九術

隔水測兩高之橫距。

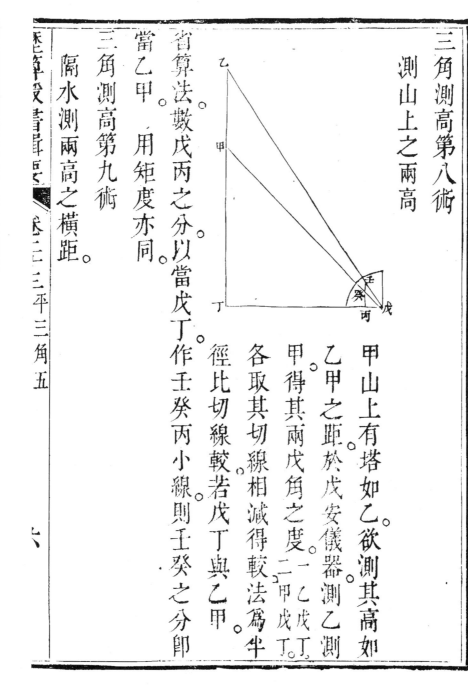

有甲乙兩高在水外。欲測其相距之遠。任於丙用儀器以邊向丁。闚筩指甲。得甲丙丁角。一百二十五度。又指乙。得乙丙丁角。五十度。次依丙丁直線行至丁。得一百步。再用儀器以邊向丙闚筩。指甲。得甲丁丙角。三十九度。又指乙。得乙丁丙角。一百零八度。又甲丁乙角。六十九度。得三角形三。一甲丁丙。二乙丁丙。三甲丁乙。

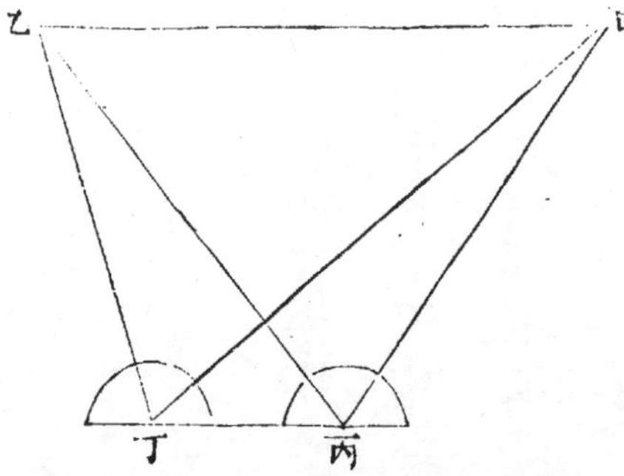

今算甲丁丙形。有丁丙邊。丁丙二角。求甲丁邊。

一率甲角。一十六度。正弦。二七五六四。二率丁丙。一百步。三率丙角。一百二十五度。正弦。八一九一五。求得四率甲丁邊。二百九十七步。

次乙丁丙形。有丁丙邊。丙丁二角。求乙丁邊。

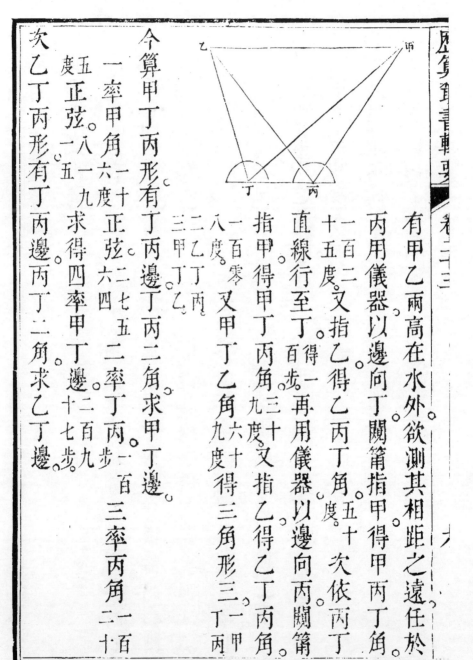

一率乙角二十二度正弦○三七四六一　二率丁丙邊一百步　三率丙角五十度正弦○七六六○四　求得四率乙丁邊二百○四步○

求乙丁甲形有甲丁邊二百九十七步乙丁邊二百○四步○丁角六十九度先求甲角○

一率兩邊之總○五百○一步○　二率兩邊之較○九十三步　三率半外角五十五度半切線○一四五五○一　求得四率半較角切線○二七○九○　查表得一十五度○七分弱○以減半外角得甲角四十度二十三分強○

次求甲乙邊○

一率甲角正弦○六四七九○　二率乙丁邊○二百○四步○　三率丁角正弦九三三五○九　求得四率甲乙邊二百九十四步弱○

論曰此所測甲丁及乙丁皆斜距也○或甲乙兩高並在一山之

上。于山麓測之。或甲乙分居兩峰。于兩峰間平地測之。或甲在水之東。乙在水之西。於一岸測之。並同。

若用有度數之指尺。並可用省算之法。

三角測高第十術　隔水測兩高之直距。

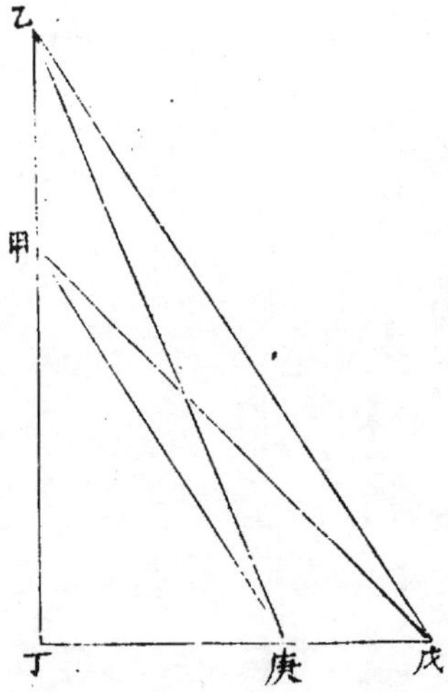

有兩高。如乙與甲。于戊于庚測之。

先以乙庚戊形。求乙庚斜距。次以甲庚戊形。求甲庚斜距。末以乙甲庚形。有乙庚邊。甲庚邊。及庚角。求乙甲邊。即所求。

三角測高第十一術

若山之最高巔。爲次高所掩。則用遞測。

山前後左右地勢不同。則用環測。環測者。從高測下。與測深同。

太高之山則用屢測

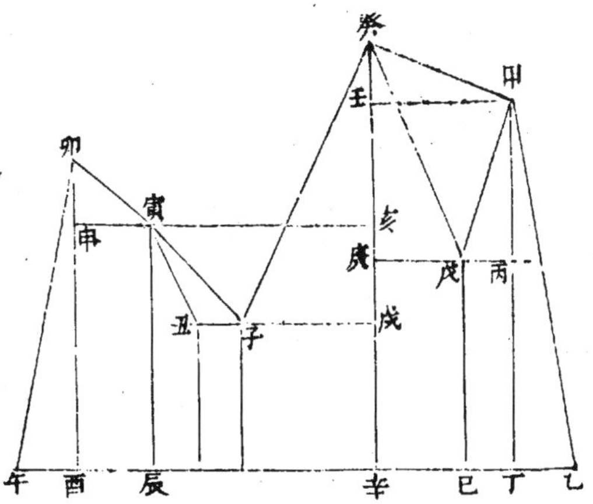

癸極高爲甲次高所掩。則先測甲。復從甲測癸。謂之遞測。

乙丁與子丑。居癸山之下爲地平。而各不等。則從癸四面測之。如測癸辛之高。以辛乙爲地平。又測癸戊之高。以戊子丑爲地平。則乙丁與子丑之較爲戊辛。謂之環測。

若山太高太大。則于乙測甲。又于甲測癸。或先測卯。又測寅。又測丑測子。再從子丑測癸。細細測之。則眞高自見。而地之高下。亦從可知矣。謂之屢測。

三角測遠第一術

平面測遠。

有所測之物如乙。於甲立表安象限。以邊指乙。餘一邊對丁。從甲乙直線上。任取九步如丁。於丁復安象限。以邊對甲。闚管指乙。得丁角七十一度三十四分。用切線。算得乙距甲二十七步。

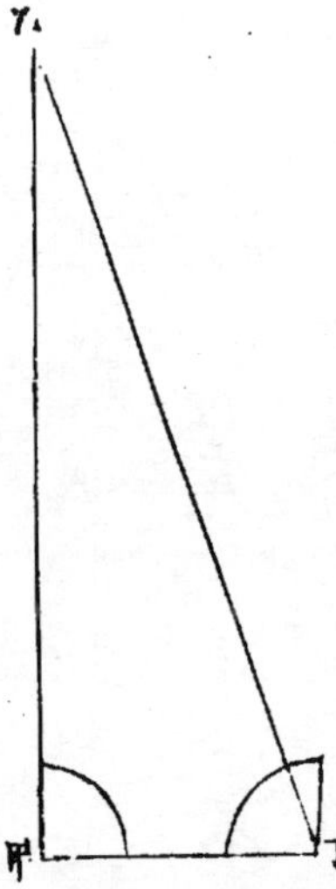

法爲半徑與丁角切線。若丁甲與乙甲。若欲知丁乙之距。依句股法。甲丁甲乙各自乘。并而開方。即得乙丁。

若徑求乙丁。則爲以半徑比丁角之割線。若甲丁與丁乙也。是爲以句求弦。

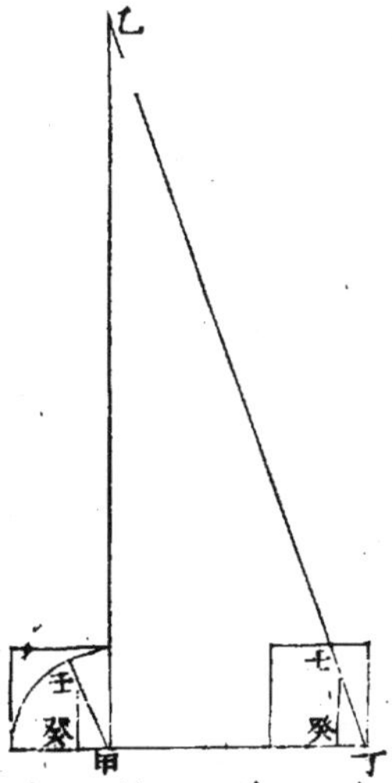

省算用矩度自丁數至癸。取丁癸之分。如丁甲之距。或以分當步。或二分或三分當一步。皆可。作壬癸丁小句股。則壬癸之分即乙甲也。或一分當步。或二分三分。並如丁癸之例。而丁壬亦即當丁乙。若先從丁測。則以測器向甲指尺向乙。作丁角。亦依丁甲直線行至甲。務令測器之一邊順丁甲。餘一邊指乙。則甲為正方角。如前算之。即得。若甲非正方角。則于丁甲直線上。或前或後移測。求為正方角乃止。

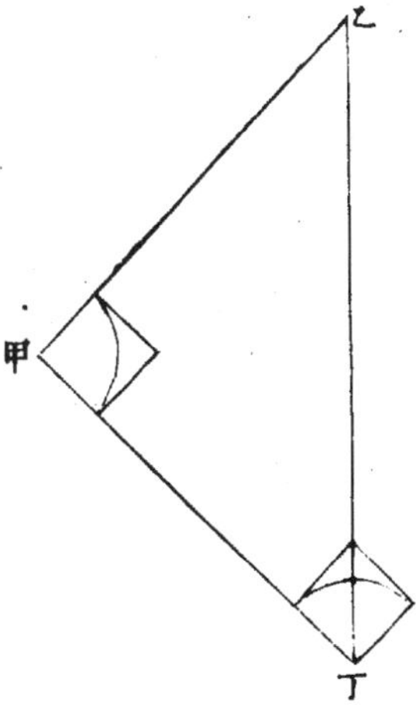

三角測遠第二術　省算法

人在甲欲測乙之遠。於甲置儀器。一邊向乙。一邊向丁。成正方角。乃依甲丁直線行至丁。以邊向甲。闚管指乙。

作四十五度角即甲丁與甲乙等　若用矩度以乙丁線正對方角則丁角為正方角之半而甲丁等乙甲

論曰丁角為正方角之半則乙角亦正方角之半而句與股齊故但量甲丁即知甲乙

又省算法

於甲置儀器以邊向丁闚管指乙作六十度角順甲丁直線行至丁復作六十度角則甲丁等甲乙

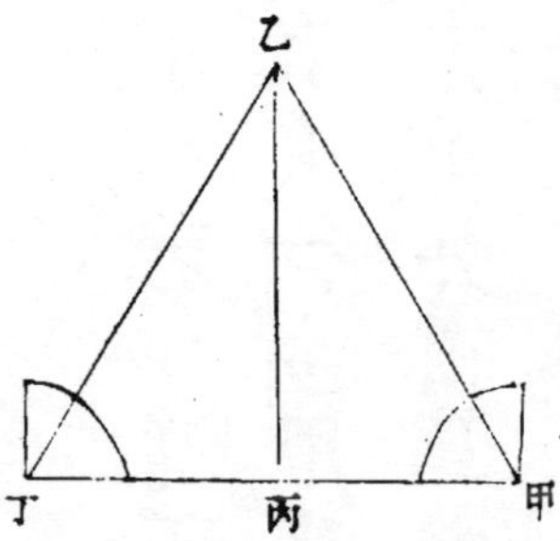

論曰甲角丁角俱六十度則乙角亦六十度矣故三邊俱等

若丁不能到則於甲丁線上取丙以儀器二邊對甲對乙成正方角則甲丙為乙甲之半

三角測遠第三術

平面測遠用斜角。

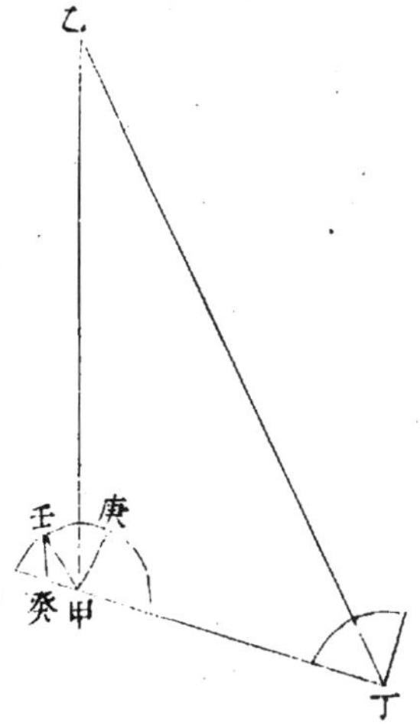

人在甲測乙而兩旁無餘地可作句股。則任指一可測之地。如丁。量得丁甲二十丈。於丁安儀器。以邊向甲。窺簫指乙。得丁角四十六度。又於甲安儀器。以邊指丁。窺簫指乙。得乙甲庚角。二十一度加象限。九十度得甲鈍角。一百一十一度法爲以乙角之正弦二十三度乃甲丁二角減半周之餘。比丁甲。若丁角之正弦與乙甲。算得乙甲三十六丈八尺二寸。

若求乙丁。則爲以乙角之正弦比丁甲。若甲角之正弦與乙丁。算得乙丁四十七丈七尺八寸。甲爲鋭角法同。

省算法於儀器作壬甲線與乙丁平行作壬癸線與乙甲平行成壬癸甲小三角形與丁乙甲等則甲癸當甲丁而壬癸當甲乙又壬甲當乙丁用矩度同但于象限內作橫直分用同矩度

論曰壬角既同乙角壬甲與乙丁平行壬癸與乙甲平行則作角必相等癸鈍角又同甲角則兩三角相似而比例等

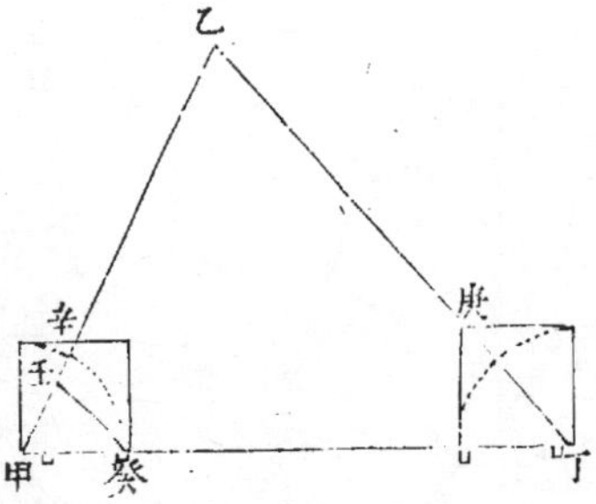

銳角形於甲測乙用矩度之邊指丁作甲角另用一矩度其矩須於兩面紀度從丁測之以邊向甲闚箭指乙作丁角末移丁角作癸角於器上作壬癸線與乙丁平行則癸甲當丁甲而壬甲當乙甲壬癸當乙丁

三角測遠第四術

平面測遠借他線爲比例。

甲乙爲兩所。順甲乙直線行。任取若干步至丙。又於丙任作直線至丁。得若干步。於丁安儀器。以邊對甲。闚衡指丙。作丁角。順此直線至戊。復安儀器。邊對乙。衡指丙。作戊角。令與丁角等。則丙丁比丁戊。若丙甲與甲乙。

省算法。於乙甲直線上取丙。又從丙作丙戊直線。截丁丙如乙丙。於丁用象限闚乙。作丁角。再於戊闚甲。作戊角。令與丁角等。則丁戊卽甲乙。

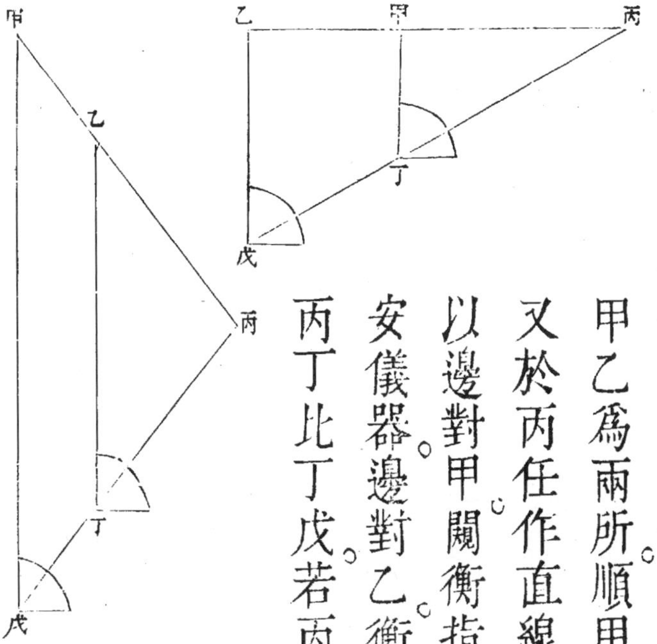

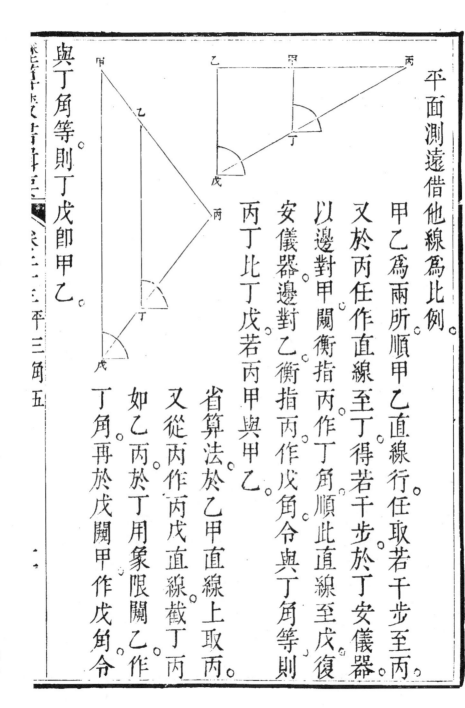

又法甲置儀器指乙指丁作角以減半周成外角巳戊爲甲角之度庚戊爲外角之度丙於丁置儀器指甲指乙使丁角如半外角之度但量甲丁即得甲乙

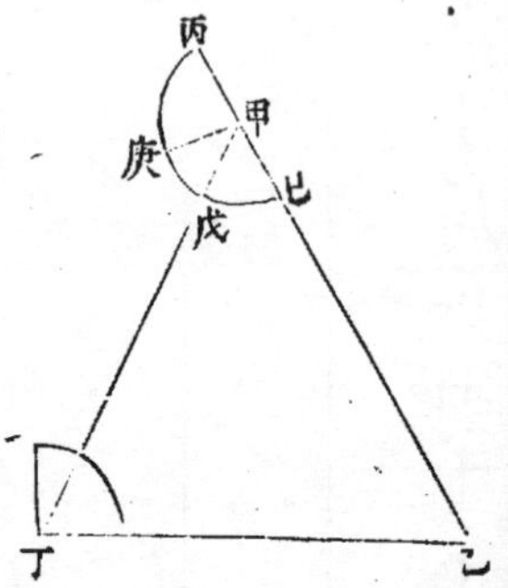

論曰凡外角能兼內餘二角丁乙之度丁角既爲外角之半則乙角亦外角之半矣角等者所對之邊亦等故甲丁等甲乙

三角測遠第五術　平面測遠借他形爲比例

從甲測乙任立一表於丙從甲用儀器以邊向乙闚管指丙得甲角復於丁加儀器以邊向戊闚管指丙使丁丙甲爲一直線而作丁角與甲角等乃順儀器邊取直線至戊令戊

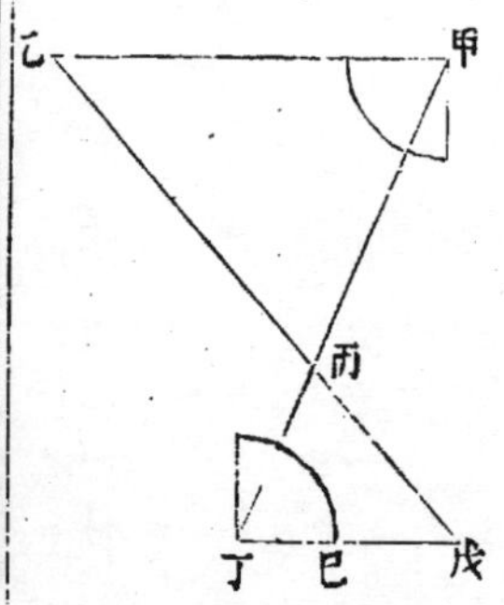

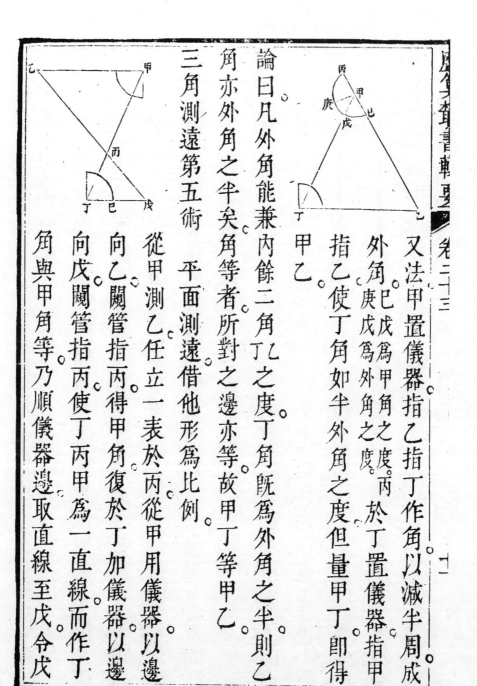

丙乙爲一直線則丁丙與丁戊若丙甲與甲乙。鈍角形。句股形。並同一理。

鈍角形

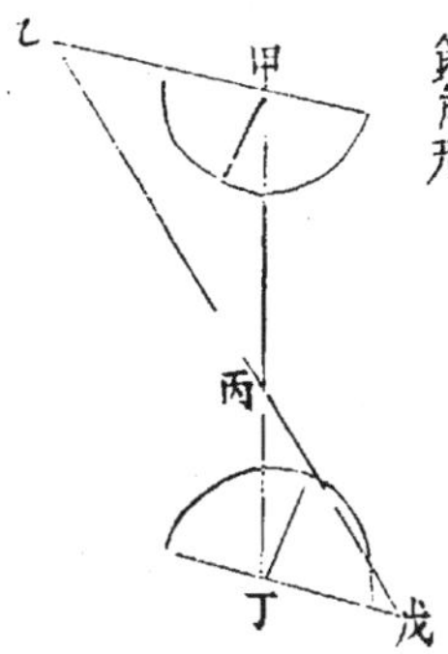

句股形

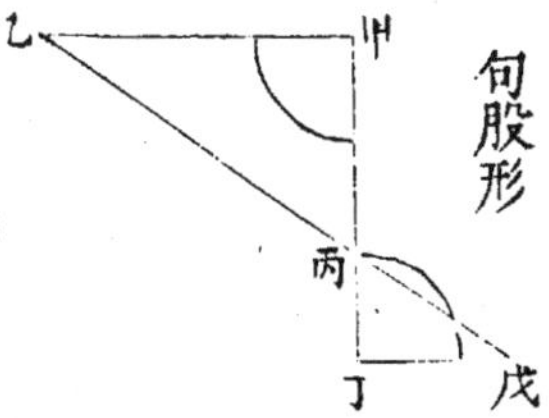

論曰丙戊丁與丙甲乙兩三角形相似。以兩形之丙角爲交角。必相等。而丁角又等甲角。則戊角亦等乙角矣。故其比例等。

三角測遠第六術　省算

有甲乙兩所。欲測其距。如前立丙表。以器測得甲丙乙角之度。又順乙丙直線行至戊。令丙戊之距同甲丙而止。再從戊行至丁。從丁闚丙至甲成一直線。於此直線上進退移測。使乙丁丙角爲乙丙甲角之半。則但量丁戊。即同乙甲。甲爲鈍角。或丙爲鈍角。並同。

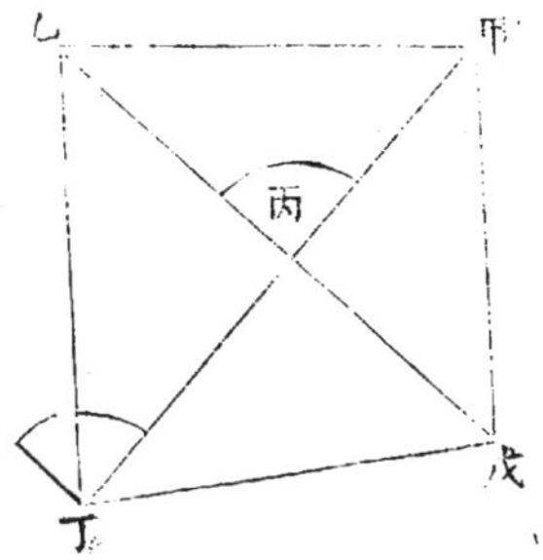

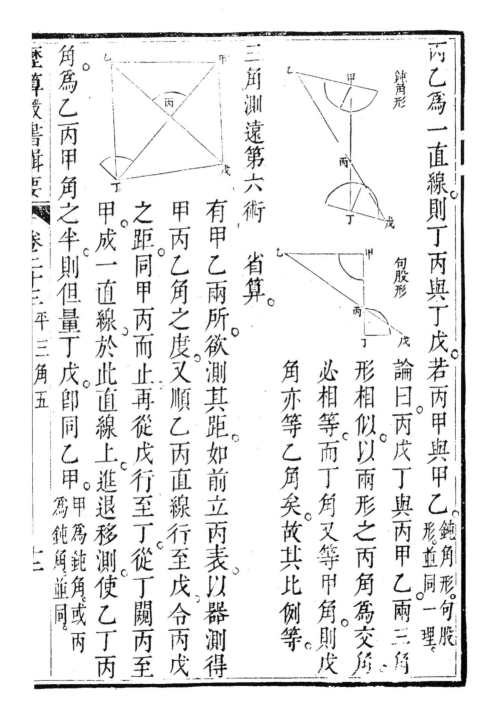

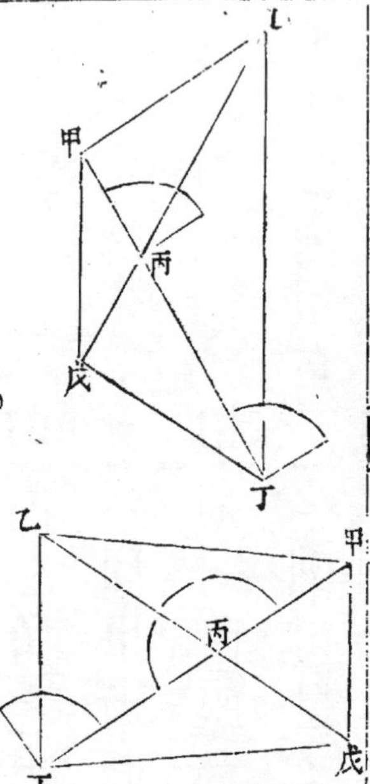

論曰甲丙與丙戊既相等乙丁丙角爲乙丙甲外角之半則丙乙丁角亦外角之半是乙丙與丁丙亦等也而丙交角又等是甲丙乙三角形與戊丙丁形等角等邊也故丁戊即乙甲

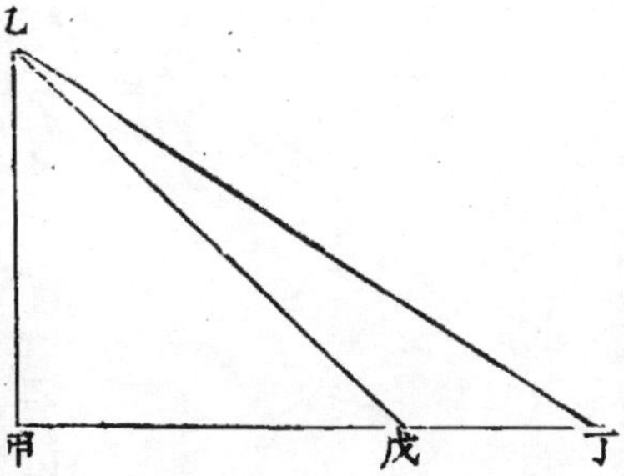

三角測遠第七術　重測

甲乙爲兩所欲測其距而俱不能到則兩測之於戊於丁量得戊丁之距十六步半用器測得戊角五十度四十三分丁角三十六度一十分兩角之餘切線較〇五五〇爲一率半徑一〇〇〇〇爲二率戊丁十六步半爲三率得四率爲乙甲之距三十步

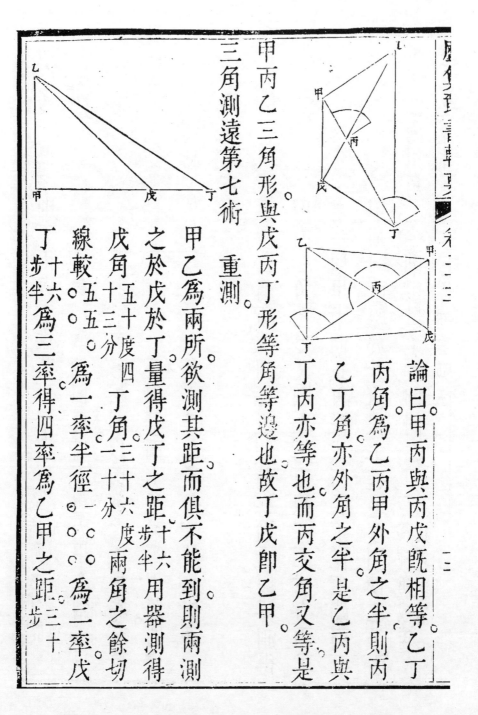

若求戊甲之距以兩測之餘切較五五〇〇〇爲一率先測戊角之餘切八一八〇〇爲二率丁戊十六步半爲三率得四率戊甲二十四步五四

論曰此即古人重表測遠法也必丁戊甲直線與乙甲線橫直相遇使甲爲正角其算始眞假如乙甲正南北距則丁戊甲必正東西斯能橫直相交而成正角也

三角測遠第八術　分兩處重測

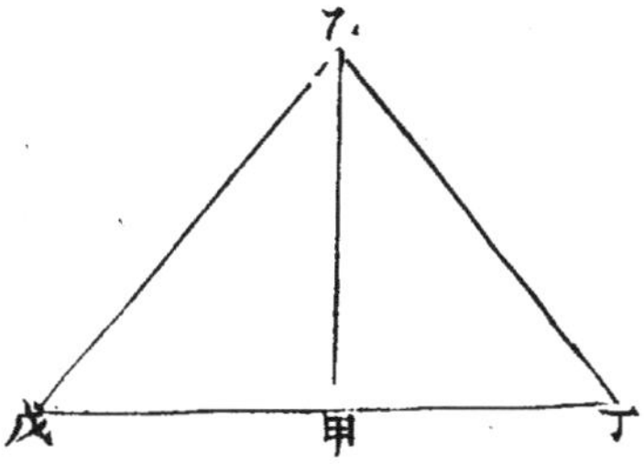

乙岸在河東欲測其距西岸之遠如甲則任於甲之左右取丁戊兩所與甲參相直而距河適均測得丁角五十度四十三分戊角五十五度四十三分用兩角度之餘切線并一五〇〇〇〇爲一率半徑一〇〇〇〇〇爲二率丁戊之距九十六步爲三率求得

四率乙甲之距。六十四步。爲兩岸闊。

論曰。此法但取丁戊直距與河岸平行。則不必預求甲點。而自有乙甲之距爲丁戊之垂線。尤便於測河。視用切線較更簡捷而穩當矣。

三角測遠第九術　用高測遠。

甲乙爲兩所。不知其遠。而先知丁乙之高。於甲用儀器測丁乙之高幾何度分。即知甲乙。法爲半徑比甲角之餘切。若丁乙高與甲乙之遠。若人在高處如丁。用高測遠。則爲半徑比丁角之切線。若丁乙與甲乙。其理並同。但于丁加儀器而用正切。

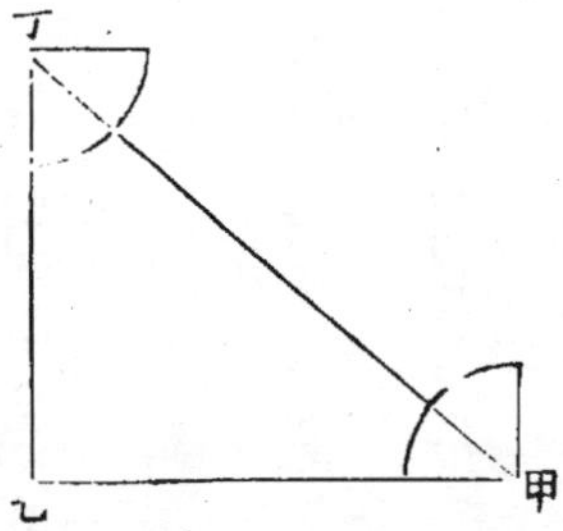

三角測遠第十術

用不知之高測遠

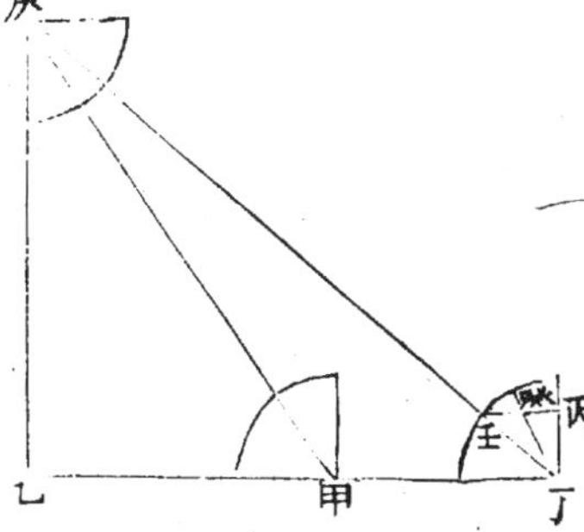

欲知丁乙之遠。而不能至乙。乙之上有庚。又不知庚乙之高。法用重測。先於丁測之。得丁角。三十八度一十三分。又依丁乙直線。進至甲測之。得甲角。五十三度五十二分強。兩餘切較。○五四○一。爲一率。丁角餘切。一二七○一。爲二率。丁甲之距。二十步。爲三率。得四率丁乙。四十七步○三。或丁後有餘地。退後測之。亦同。

省算作壬癸丙線。以壬癸分當丁甲之距。壬丙當丁乙之遠。

若人在高處如庚。於庚測丁。測甲。以求丁乙。其法亦同。但於庚施儀器而用正切。法爲以兩庚角之切線較。比丁庚乙之切線。若丁甲與丁乙。

三角測遠第十一術

用高上之高測遠

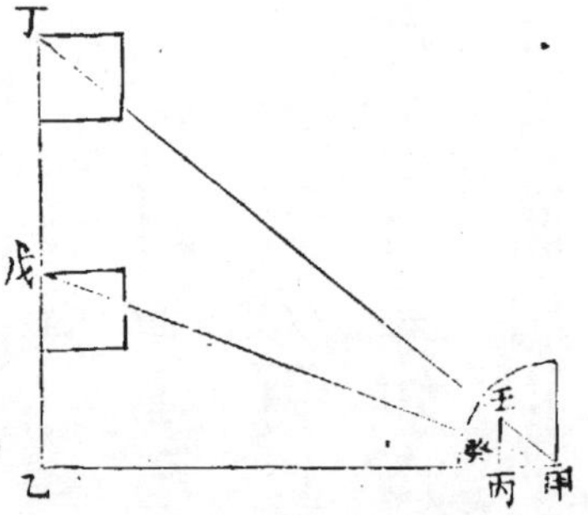

甲乙爲兩所而乙之根爲物所掩如山麓有小阜坡陀壘砢林木蔽虧或島嶼盤紆荻葦深阻難得眞距若用兩測甲外又無餘地但取其高處如戊爲山巔山上又有石臺臺上有塔如丁丁戊之高原有定距以此爲用從甲測丁又測戊得兩角一丁甲乙二戊甲乙求其切線法爲以切線較比半徑若丁戊與乙甲

省算作壬癸丙小線以壬癸當丁戊則甲丙當甲乙矩度同

若從高測遠則於丁於戊兩用儀器測甲用丁戊兩角之餘切較以當丁戊而半徑當甲乙其理亦同

三角測遠第十二術　從高測兩遠

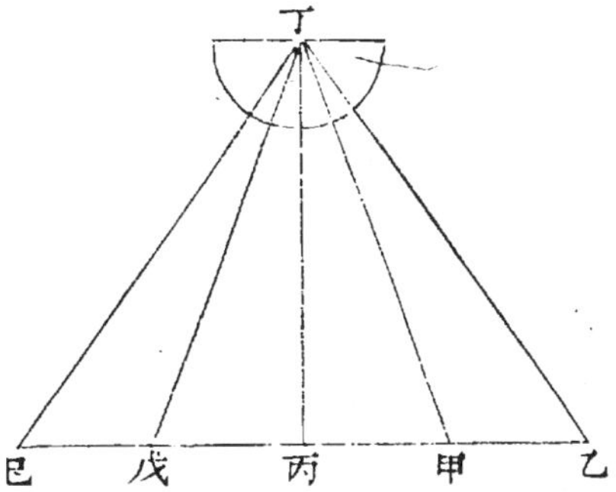

甲乙兩遠。人從高處測之。於丁用儀器測甲測乙。得兩丁角。一甲丁丙 二乙丁丙。法爲以半徑比兩角之切線較。若丁丙高與乙甲也。

又法旣得兩角。則移儀器窺戊。作戊丁甲角。如甲丁丙之倍度。又移窺己。作己丁乙角。如乙丁丙之倍度。則但量己戊。卽知乙甲。

三角測遠第十三術　連測三遠。

丙乙爲跨水長橋。甲乙爲橋端斜岸。今于丁測橋之長并甲乙岸闊。及其距丁之遠近。圖在後半頁。

法于丁安儀器。以邊指戊。衡指甲。指乙。指丙。作丁角五。一甲丁戊。二乙丁戊。三乙丁甲。四戊丁丙。五乙丁丙。皆丁角而有大小。

次順儀器邊直行至戊。得丁戊之距。于戊復用儀器。以邊指丁。衡指丙。指乙。指甲。作戊角三。一丁戊丙。二乙戊丙。三甲戊丁。皆戊角而有大小。

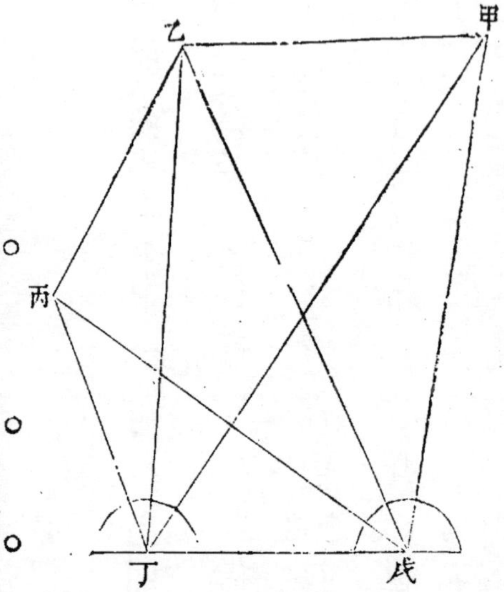

一甲丁戊形。有丁角。戊角。有丁戊邊。可求甲丁邊。

一乙丁戊形。有丁角。戊角。有丁戊邊。可求乙丁邊。

一戊丁丙形。有戊角。丁角。有丁戊邊。可求丁丙邊。

以上並二角一邊。求餘邊。得甲。乙。丙三處距丁之遠近。

一乙丁丙形。有丙丁邊。乙丁邊。有丁角。可求乙丙邊。

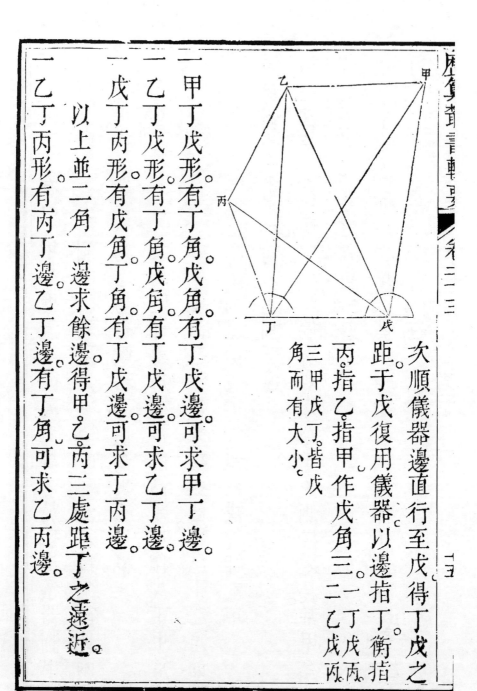

一乙丁甲形有甲丁邊乙丁邊有丁角可求乙甲邊

以上並二邊一角求餘邊得岸闊與橋長

三角測斜坡第一術

斜坡上平面測兩所之距

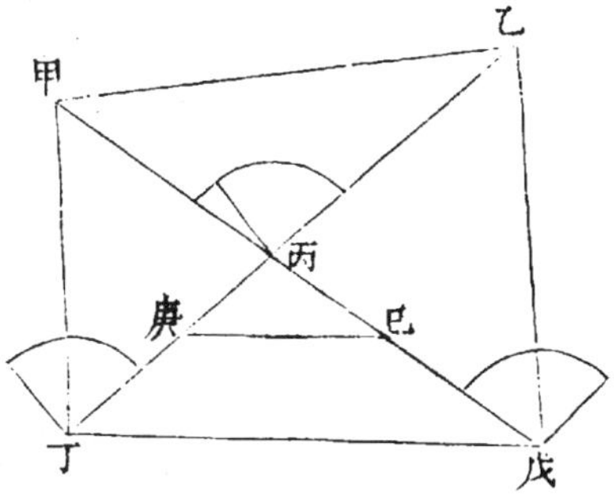

斜坡上有甲乙兩所欲量其相距之數任立丙表測得乙丙甲角度乃順甲丙直線進退闕乙至戊得乙戊丙角爲乙丙甲角之半又横過至丁從丁闕丙至乙成一直線順此直線進退闕甲至丁得甲丁丙角亦爲丙角之半則丁戊即乙甲

又法不必立表但任指一點爲丙而於甲丙直線上任取己點

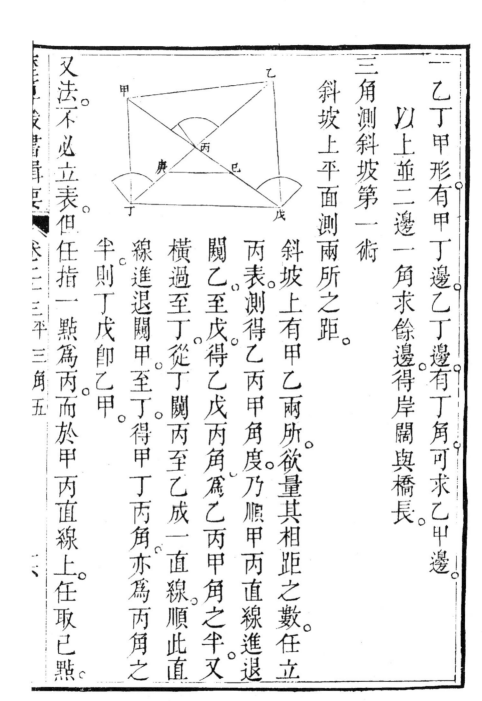

乙丙直線上任取庚點作庚丙己三角形有己角庚角即知丙角末乃如上作丁戊兩角爲丙角之半即所求。

論曰此因乙甲在斜面高處而不能到故借用丁丙戊形測之。以丁丙戊乙丙甲兩形相等故也。何則丙交角既等而乙丙甲外角原兼有丙乙戊乙戊丙兩角之度戊角既分其半乙角亦半則兩角等而乙丙戊丙兩邊亦等矣準此論之則甲丁丙角爲丙外角之半者。丁甲丙角亦必爲丙外角之半而甲丙丁丙亦等矣兩形之角既等各兩邊又等則三邊俱等而戊丁即乙甲。　若甲乙兩所在下而丁戊兩測在上亦同。

三角測斜坡第二術

斜坡測對山之斜高。

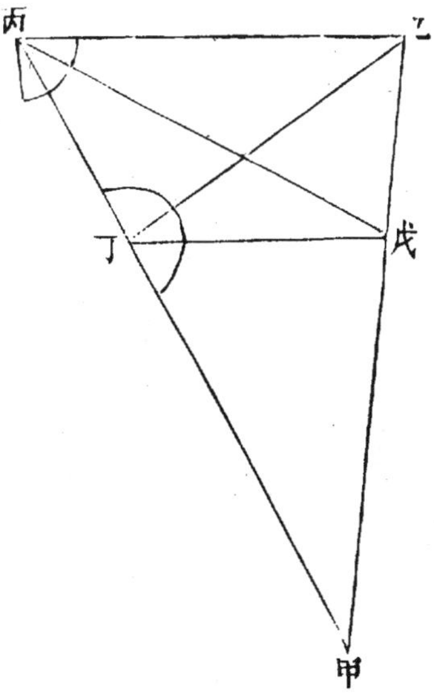

對山之斜高。如甲戊乙。於對山之斜坡測之。如丙丁。先量得丙丁之距。於丙安儀器。得丙角二。一乙丙丁。二戊丙丁。於丁安儀器。得丁角四。一乙丁丙。二乙丁戊。三戊丁丙。四乙丁甲。成各三角形。

先用乙丙丁形。有丙角。丁角。及丁丙邊。測乙丁邊。次用戊丙丁形。有丙丁二角。及丁丙邊。測丁戊邊。三用乙丁戊形。有乙丁戊丁二邊。及丁角。測乙角。及乙戊邊。四用乙丁甲形。有乙角。丁角。及乙丁邊。測乙甲邊。乙甲內減乙戊。得戊甲邊。乙戊甲為垂線之高。法同。

三角測斜坡第三術

測對坡之斜高及其巖洞。

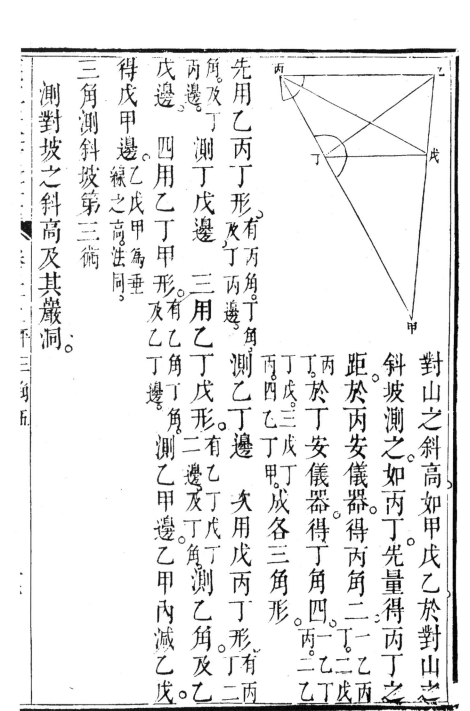

從丙從丁測對面之斜坡戊甲及乙戊。

一乙丙丁形。有丙丁兩測之距。丙角。丁角。可求乙丁邊。　二戊丙丁形。有丙丁邊。丁角。丙角。可求丁戊丙戊二邊。　三乙丁戊形。有乙丁邊。戊丁邊。丁角。可求乙戊邊為所測對山上斜入之巖。　四丙丁甲形。有丁角。丙角。丙丁邊。可求丙甲邊。　五甲

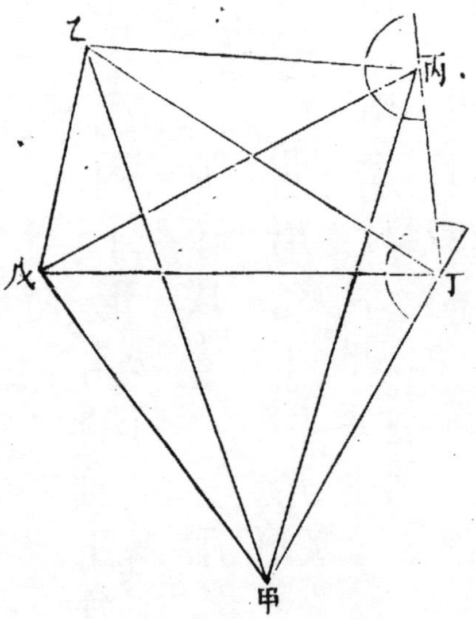

丙戊形。有丙戊邊。丙甲邊。丙角。可求戊甲邊為所測對坡斜高。

或戊為高處基址乙為房檐亦同。

三所測深第一術

測井之深及闊。

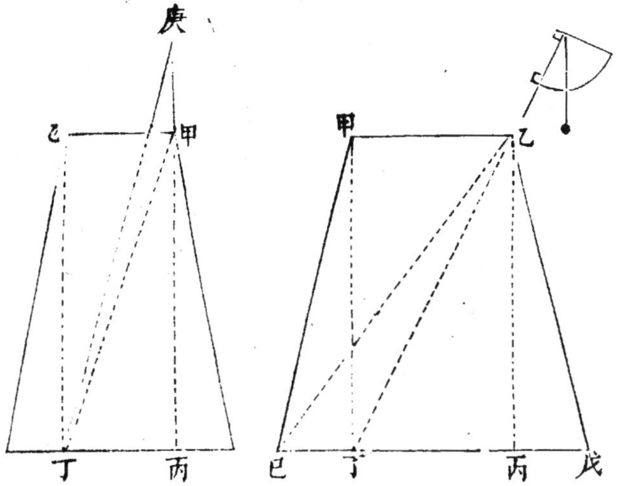

甲乙爲井口之闊。於甲作垂線至丁。（或用磚石投之。以識其處。）從乙測之。得乙角。成甲乙丁句股形。即以甲乙井口爲句。得甲丁股。爲井之深。既得乙丙深。（即甲丁）即可用乙己戊形。得己戊爲底闊。

法以半徑當井深（乙丙）。以兩乙角（一戊乙丙。二己乙丙。）之切線。當井底之闊（己戊）。

若不知井口。則立表於井口如庚甲。求庚甲二角。成庚甲丁形測之。

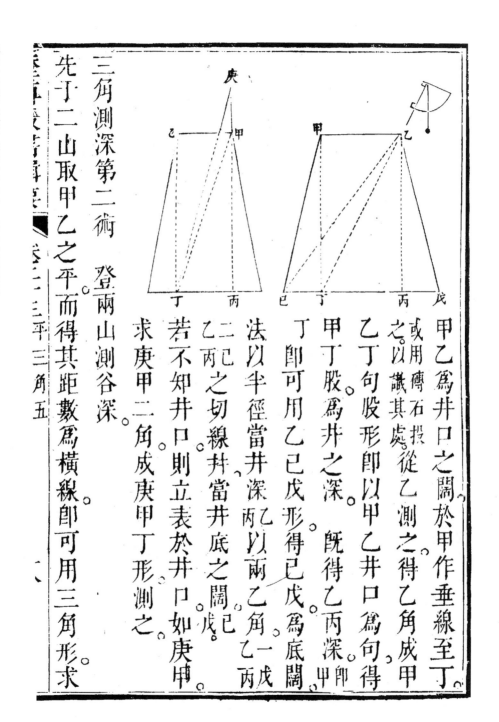

三角測深第二術　登兩山測谷深。

先于二山取甲乙之平而得其距數爲横線。即可用三角形求丙丁垂線爲谷之深與測高同理法爲甲乙兩角之餘切線并比半徑若甲乙與丙丁。

論曰深與高同理測深之法卽測高之法也。

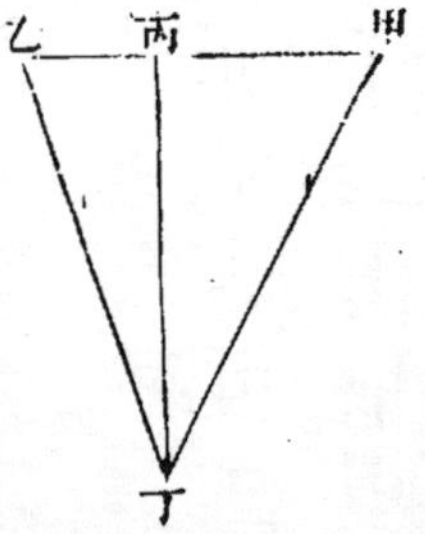

附隔水量田法

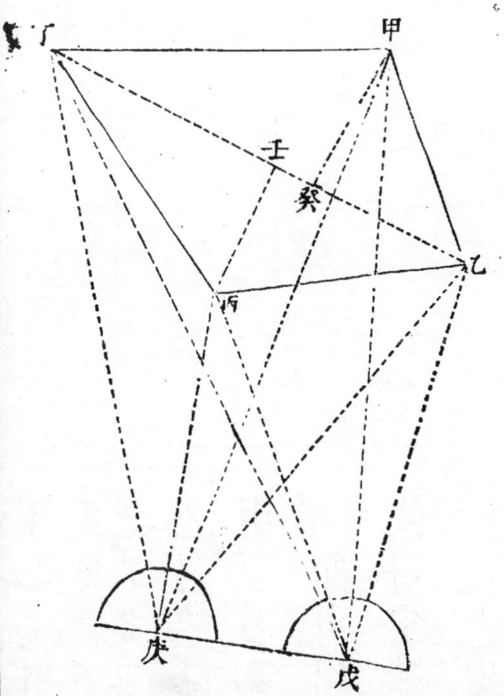

甲乙丙丁田在水中不可得量于岸上戊庚兩處用儀器測之得諸三角形算得其邊。一甲乙。二乙丙。三丙丁。四丁甲。次求乙丁對角線分爲兩三角形。一甲乙丁。二丙乙丁。末用和較法求得分形之兩垂線一甲

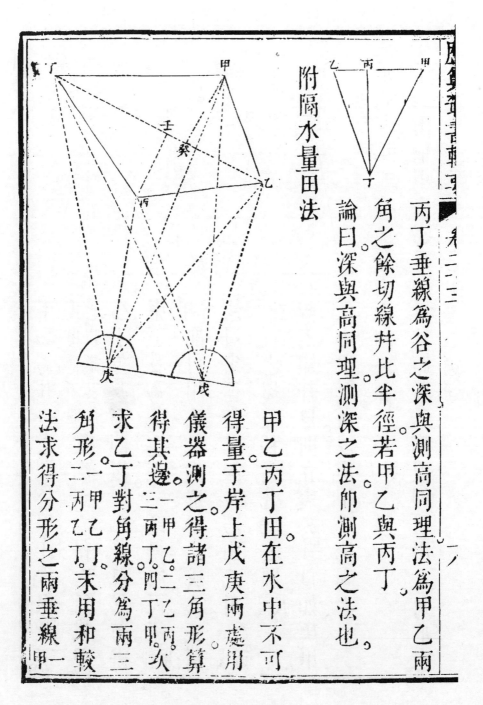

癸。二
壬丙。并兩垂線而半之以乘乙丁。卽得田積。
或用三較連乘法求三角形積。并之亦同。
凡有平面形在峭壁懸崖之上。及屋上承塵。可以仰觀者。並可
以此法測之。

終

歷算叢書輯要卷二十四

方圓冪積說

歷書周徑率至二十位。然其入算。仍用古率。十一與十四之比例。本祖冲之徑七周二十二之密率。豈非以乘除之際。難用多位。與今以表列之取數殊易。乃為之約法。則徑與周之比例。即方圓二冪之比例。徑一則方周四。圓周三一四一五九二六五。而徑上方冪與圓冪。亦若四與三一四一五九二六五尾數八位。並以表為用。亦即為立方立圓之比例。同徑之立方與圓柱。若四與三一四有奇。則同徑之立方與立圓。若六與三一四有奇。殊為簡易直截。癸未歲。匡山隱者毛心易乾乾偕其壻中州謝野臣惠訪山居。共論周徑之理。因反覆推論方圓相容相變諸率。庚寅在吳門。又得錫山友人楊崑生定三方圓訂註圖說。益覺精明。甚矣學問貴相長也。

歷算叢書輯要卷二十四

宣城梅文鼎定九甫著
男 以燕正謀甫學
孫 瑴成玉汝 甫重校輯
玕成肩琳
鈖用和
曾孫 鈐二如甫同校字
鈁導和

方圓冪積

方圓相容

新法歷書曰。割圓亦屬古法。蓋人用圭表等測天。天圓而圭表直。與圓為異類。詎能合歟。此所以有割圓之法也。新法名為八線表云。

又云徑一圍三。絕非相準之率。然徑七圍二十二則盈。徑五十圍百五十七則朒。或詳繹之。則徑一萬。圍三萬一四一五九。雖亦小有畸零不盡。然用之頗爲相近。

今算得平方與同徑之平圓。其比例若四〇〇〇〇〇與三一四一五九。平方內容平圓。平圓內復容平方。則內方與外方內圓與外圓之冪。皆加倍之比例。

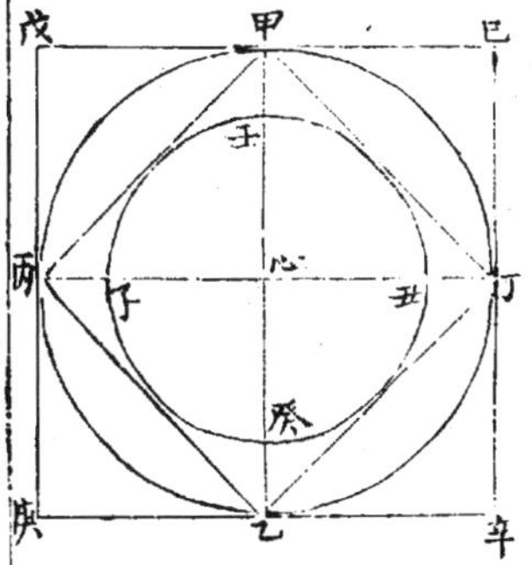

假如戊己辛庚平方。內容甲乙丙丁圓。圓內又容甲丙乙丁小平方。小方內又容壬丑癸子小平圓。如此遞互相容。則其冪積皆如二與

一也。

假如外大平方戊己辛庚之積一百。則內小平方之積甲丁乙丙必五十。平圓亦然。

若求其徑則成方斜之比例。大徑如斜。小徑如方。

假如內小平方積一百。以甲丁或丙乙爲徑開方求一百之根。得徑一十。其外大平方積二百。以甲乙或丁丙爲徑開方求二百之根。得徑一十四一四有奇。

甲乙爲甲丁小方之斜。故斜徑自乘之冪。與其方冪。若二與一。而其徑與斜徑若一十與一十四一四奇也。折半則爲五與七○七奇。故曰方五則斜七有奇也。

三邊形內容平圓。平圓內又容三邊。則其冪之比例爲四與一。

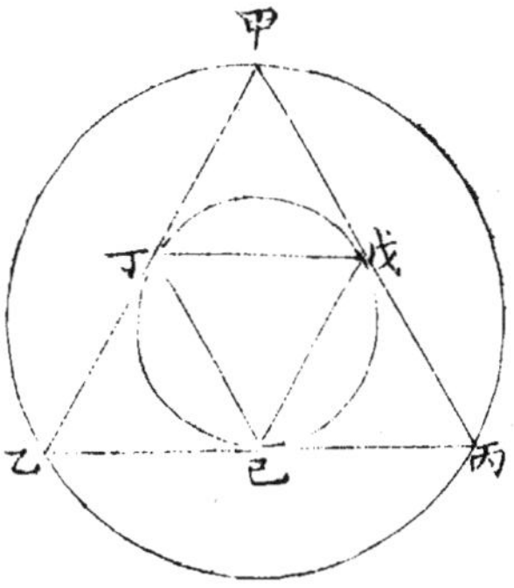

甲乙丙三邊形。內容丁戊己平圓。平圓內又容丁戊己小三邊。則內小三邊形爲外大三邊形四之一。內外兩平圓之冪。其比例亦爲四與一。

若有多層。皆以此比例遞加。

渾圓內容立方。立方內又容渾圓。如此遞互相容。則外圓徑上冪。與內圓徑上冪爲三倍之比例。外立方與內立方之徑冪亦然。丙庚丁渾圓內容丙甲丁乙立方。丙戊及戊甲皆立方邊。丙辛及甲辛並同。丙乙及甲丁等。亦同。丙戊甲辛爲立方面。餘六面並同。丙甲爲方面斜線。丙丁。爲立方體丙對角綫。卽渾圓徑。乙甲同。其辛壬及己戊皆亦對角。若作綫亦同。丙乙及甲丁等又皆爲立楞。戊壬及辛己同。

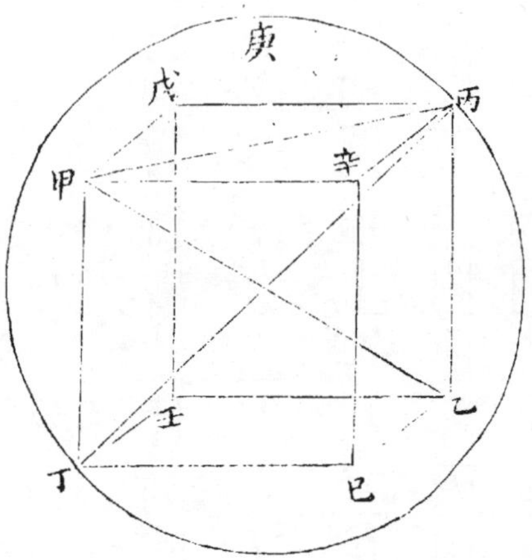

解曰。立方面上斜徑之冪。爲方冪之倍。句股法也。斜爲弦。方爲句。又爲股。併句股實。成弦實。故倍方冪。即成斜徑之冪。又以斜徑爲股。立方之立楞爲句。求得立方體內兩對角之斜徑爲弦。此弦實內。有股實。即面上斜徑之冪。爲方冪者二。有句實。即立楞之冪。立楞原即方邊。故共冪即立方面冪。共得方冪三。而此兩對角斜徑。即渾圓之徑。內小圓徑。又在立方體內。即以方徑爲徑。其徑之冪。即立方面也。故曰三倍比例也。

立方內又容立圓。則內圓徑。即立方之徑。

若求其徑則外徑大於內徑若一十七有奇與一十內徑之冪百開方得一十為徑則外徑之冪三百開方得一十七又三十五之一十一為徑若有幾層互容皆以此比例遞加即得

若求其體積則為五倍有奇之比例若有多層亦以此比例遞加

假如內容立方積一千則外大立方積五千一百九十四有奇

解曰立積一千則其徑冪一百而外大立積之徑冪三百又以徑一十七又三十五之一十一乘之得五千一百九十四又七之二　此言大方積又在圖上渾圓之外

積之比例

立方同徑之立圓其比例為六○○與三一四

立方同徑之圓柱其比例為四○○與三一四

圓柱與同徑之立圓。其比例爲三與二。

方圓周徑相求

同積較徑　爲方變員。員變方之用。

凡方圓同積。則員徑大。方徑小。其比例若一一二八三七九與一〇〇〇〇〇〇

解曰。圓徑一一二八三七九。則方徑一〇〇〇〇〇〇也。

法曰。有圓徑求其同積之方徑。當以一〇〇〇〇〇〇乘。以一一二八三七九除。

有方徑求其同積之圓徑。當以一一二八三七九乘。以一〇〇〇〇〇〇除。

凡方圓同積。則圓徑上平方。與方徑上平方。其比例若四〇〇

○○○○○○與三一四一五九二六五。

解曰。圓徑自乘四○○○○○○○○則方徑自乘三一四一五九二六五。

法曰。有圓徑求其同積之方徑。當以三一四一五九二六五乘之。四○○○○○○○○除之。得數平方開之。得方徑。

有方徑求其同積之圓徑。當以四○○○○○○○○乘三一四一五九二六五除。得數平方開之。得圓徑。

凡方圓同積。則員徑與方徑。若一○○○○○○與○八八六二二六。

解曰。圓徑一○○○○○○則方徑八八六二二六也。

法曰。有圓徑。求同積之方徑。以八八六二二六乘圓徑一○○

○○○○除之即得方徑。

有方徑求同積之圓徑。以一○○○○○○乘方徑。八八六二二六除之即得圓徑。

約法

以一一二八三七九乘方徑。去末六位。得同積之圓徑。

以○八八六二二六乘圓徑。去末六位。得同積之方徑。

同積較周

凡方圓同積。則圓周小。方周大。其比例若一○○○○○○與一一二八三七九。亦若八八六二二六與一○○○○○○

解曰。圓周一○○○○○○。則方周一一二八三七九也。方周一○○○○○○。則圓周八八六二二六也。

約法
以一一二八三七九乘圓周。去末六位。得同積之方周。
以〇八八六二二六乘方周。去末六位。得同積之圓周。
凡方圓同積。則其徑與徑。周與周。爲互相視之比例。
解曰。方周與圓周之比例。若圓徑與方徑也。
論曰。凡同積之周。方大而圓小。同積之徑。則又方小而圓大。所以能互相爲比例。
約法
以方周乘方徑爲實。圓周除之。得圓徑。若以圓徑除實。亦得圓周。
以圓周乘圓徑爲實。方周除之。得方徑。若以方徑除實。亦得方周。皆用異乘同除例如左。

一　圓周一○○○○○○
二　方周一一二八三七九
三　方徑○二八二○九四七五
四　圓徑○三一八三○九八八
積七九五七七四四七九七八
一　圓徑一○○○○○○
二　方徑○八八六二二六
三　方周三五四四九○四
四　圓周三一四一五九二
積七八五三九八一六○○○○

一　方周一○○○○○○
二　圓周○八八六二二六
三　圓徑○二八二○九四七五
四　方徑○二五○○○○
積六二五○○○○○○○○
一　方徑一○○○○○○
二　圓徑一一二八三七九
三　圓周三五四四九○四
四　方周四○○○○○○
積一○○○○○○○○○○○

第四率並與一率乘得四倍積四除之得本積。

論曰以上皆方圓周徑互相求乃同積之比例方圓交變用之。即比例規變面線之理。

同徑較積較周　即方內容圓。圓外切方。

凡方圓同徑則方積大圓積小周亦如之其比例若四○○○○○○○與三一四一五九二六五。

方徑一○○○○周四○○○○　積一○○○○○○○○

圓徑一○○○○周三一四一五奇積○七八五三九八一六

方徑二○○○○周八○○○○　積四○○○○○○○○

圓徑二○○○○周六二八三一奇積三一四一五九二六五

凡徑倍者周亦倍。而其積為倍數之自乘。亦謂之再加比例。授時曆謂之平差。

徑二倍周亦二倍。而其積則四倍。徑三倍。周亦三倍。而其積九倍。乃至徑十倍。周亦十倍。而積百倍。徑百倍。周亦百倍。而積萬倍。皆所加倍數之自乘數。亦若平方謂之再加也。

同周較積較徑

凡方圓同周。則圓積大。方積小。徑亦如之。其比例若四〇〇〇〇〇〇〇〇與三一四一五九二六五。

方周一〇〇〇〇〇〇徑〇二五〇〇〇積六二五〇〇〇〇〇〇〇〇

圓周一〇〇〇〇〇〇徑〇三一八三〇九八八積七九五七七四七〇〇〇〇

方周四〇〇〇〇〇〇徑一〇〇〇〇〇〇積一〇〇〇〇〇〇〇〇〇〇〇〇

圓周四〇〇〇〇〇〇徑一二七三二三九五四積一二七三二三九五四〇〇〇〇

論曰周四則徑與積同數但其位皆陞皆視周數之位今用百萬爲周則積陞六位成萬億矣故雖同而實不同不惟不同而且懸絶定位之法所以當明也

問位既大陞而數不變何耶曰周徑相乘得積之四倍於是四除其積卽得所求平積此平冪之公法也玆方圓之周既爲四則以乘其徑而復四除之卽還本數矣惟周數之四或十或百或千萬億無定而除法之四定爲單數故無改數而有進位也

又論曰周四倍之徑與周一之徑爲四倍其積則十六倍所謂再加之比例

渾圓内容立方徑一萬寸求圓徑　法以方斜一萬四千一百四十二寸爲股自乘得二億爲股實以方徑一萬寸爲勾自乘

得一億爲勾實併勾股實爲三億爲弦實開方得弦一萬七千三百二十〇半寸命爲渾圓之徑

又以渾圓徑求圜得五萬四千四百十四寸弱　周徑相乘得九億四千二百四十七萬六九九四寸爲渾冪　四除渾冪得二億三千五百六十一萬九千二百四十八寸奇爲大平圓冪即立方一萬寸外切渾圓之腰圍平冪也

圓柱積四萬〇千八百十〇億四三一八四九八四寸　以渾圓徑乘平圓冪得之

倍圓柱積以三除之得渾圓積二萬七千二百〇六九五四五六六五六寸

約法　立方徑一千尺其積一十尺　外切之渾圓徑一十七

尺三二〇五。渾圓積二千七百二十〇尺六九五四。約爲二千七百卅一尺弱。

試再用徑上立方求渾圓積法。即立方內求所容渾圓　以渾圓徑自乘再乘得渾圓徑上立方。以圓率三一四奇乘之得數。六除之。得渾積並同。

立方與圓柱若四〇〇與三一四一奇。同徑之圓柱也。

立方爲六方角所成。圓柱爲六圓角所成。其所容角體並六。而方與圓異。故其比例如同徑之周。　此條爲積之比例。

圓周上自乘之方與渾圓面冪若三一四一奇與一〇〇。

渾圓面冪與圓徑上平方形亦若三一四一奇與一〇〇。

皆圓周與徑之比例。

渾圓面冪與圓徑上平圓若四與一。圓柱面冪與圓徑上平圓若六與一。六圓所之底。皆外向。合成此數。平圓並爲一。而圓柱冪爲其六倍。渾圓冪爲其四倍。渾圓爲圓柱三之二。即此可徵積之比例如其面也。以上四條並面冪之比例。

渾圓體與圓角體若四與一。

渾圓面既爲平圓之四倍。從面至心皆成角體。故體之比例亦四倍。

立方面與徑上平方若六與一。六面故也。

立方體與渾圓體若六。○○與三一四奇。

渾圓面與徑上平方既若三一四奇與一。○○而立方面與徑上平方若六與一平方同爲一○○而立方面爲其六倍渾圓面爲其三倍一四奇故立方之面與渾圓之面亦若六○○與三一四奇也而體之比例同面故亦爲六○○與三一四奇

立圓得圓柱三之二

論曰凡圓柱之面及底皆立圓徑上平圓也旁周似圓筩亦如截竹周圍並以圓徑爲高卽圓徑乘圓周冪也爲徑上平圓之

圓柱形

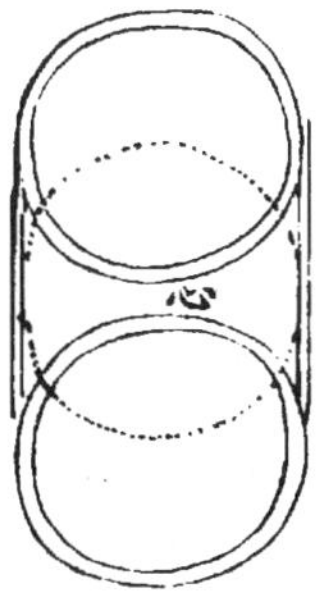

四倍與渾圓面冪同積半徑乘半周得平圓則全徑乘全周必平圓之四倍合面與底共得平圓之六倍而渾圓面冪原係平圓之四倍是圓柱冪六而渾圓冪四也而體積之比例準此可知亦必

爲三之二矣。三之二卽六之四之半。

問體積之比例何以得如面冪。曰試於圓柱心作圓角體至面

圓柱內截兩圓角體

圓柱内截去兩圓角體之餘

長方錐形

至底。成圓角體二。皆以半徑爲高平圓爲底。其餘則外如截竹而內則上下並成虛圓角。于是縱剖其一邊。而令圓筩伸直。以其冪爲底。以半徑爲高。成長方錐。底闊如全徑。直如圓周。高如半徑。錐只一點。此體卽同四圓角。縱或剖爲四方錐。亦同。皆以周四分之一爲底闊。以全徑爲底長。以半徑爲高。其體並同圓角。何也。以周四之一乘全徑。與半徑乘半周同。故方底同圓底。而其高又同。則方角同圓角。合面底二圓

二

角共六圓角矣而渾圓體原同四圓角渾圓面爲底半徑爲高作圓錐即同四圓角是圓柱渾圓二體之比例亦三與二也

圓角體得圓柱三之一　凡角體並同

準前論圓柱有六圓角試從中腰平截爲兩則有三圓角而圓箭體原當四圓角今截其半仍爲二圓角或面或底原係一圓角合之成三圓角以爲一扁圓柱然則圓角非圓柱三之一乎若立方形各從方楞切至心則成六方角皆以方面爲底半徑爲高從半徑平切之爲扁立方則四周之四方角皆得一半成兩方角而或底或面原有一方角亦是三方角合成一扁立方而方角體亦三之一矣

渾圓體分爲四則所分角體各所乘之渾冪皆與圓徑上平圓

冪等。

甲戊丙丁渾圓體。

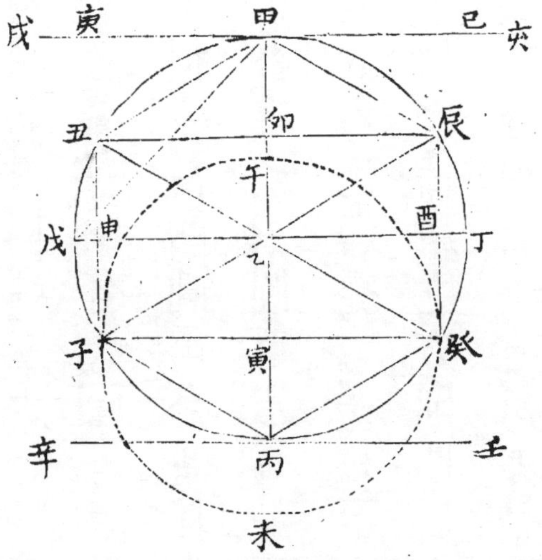

從丑乙。辰乙。癸乙。子乙。卯乙。寅乙。等各半徑各自其渾冪透至乙心。以半徑旋行而割切之則成上下兩圓角體。一甲卯辰丑乙。以甲丑卯辰割渾圓之面爲底。乙爲其鋭。此割圓曲徑。自一丑而甲而辰。居圓周三之一。一丙癸寅子乙。以子丙寅癸渾圓之割面爲底。乙爲其鋭。此割圓曲徑亦三之一。三百六十之一百二十。如此上下兩角體相等皆居全渾體四之一。中腰成鼓形。而上下兩面並空各成虛圓角。其外則周遭皆凸面。如丑戊子及辰丁癸之割圓狀。此割圓曲徑。自辰而丁而癸居圓周六之一。爲三百六十之六十。

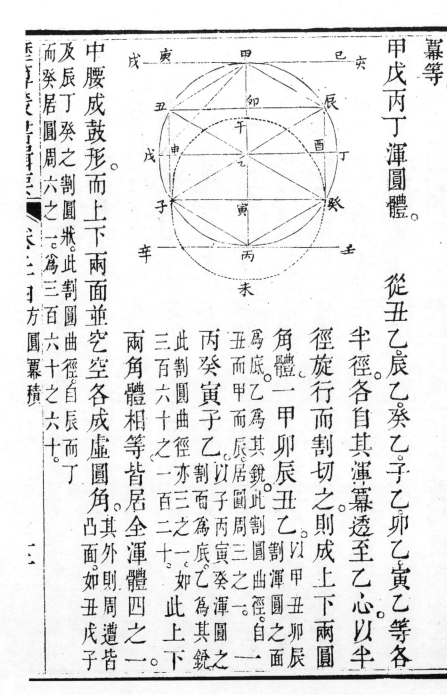

此鼓形體倍大於上下兩角體。居渾圓全體之半。若從戊乙丁腰橫絕之爲二。則一如仰盂。一如覆碗。而其體亦渾圓四之一也。

如此四分渾體。而其割圓之面冪。即各與圓徑上之平圓冪等。故曰渾圓面冪與徑上平圓若四與一也。

問何以知中腰鼓體能倍大於上下兩角體。曰試於子丙乙癸角體。從子寅癸橫切之。則成子未癸午小圓面。爲所切乙子寅癸小圓角體之底。乃子寅小半徑乘子未癸小半周所成也。然則以子寅小半徑。乘子未癸小半周。又以乙

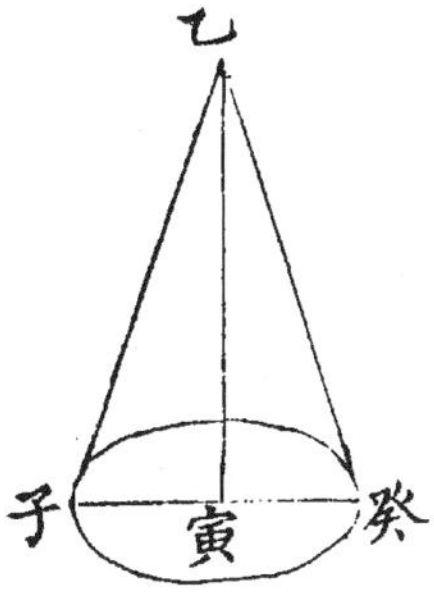

寅半半徑爲高乘之而取其三之一即小角體矣。試又于中腰鼓體從丑子及卯寅及辰癸諸立綫周遭直切之。脫去其外鼓凸形即成圓柱體之外周截竹形又從酉乙申橫切之爲兩。一仰盂。一覆碗。則此覆碗體舉一式爲例可直切斷而伸之。

覆碗

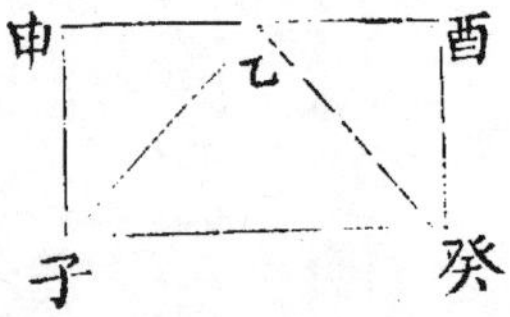

內形

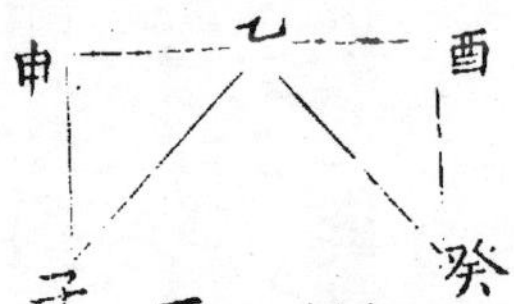

仰盂

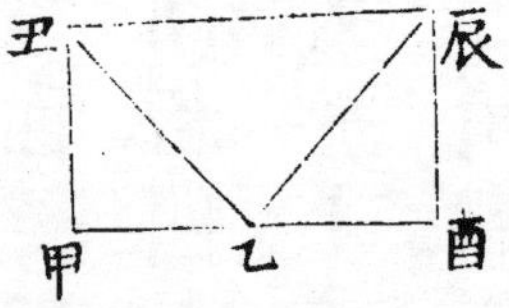

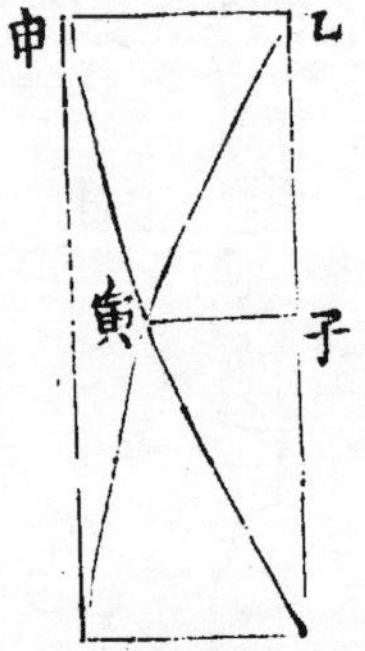

長方角體

亦可成方角體。此體以乙寅半半徑乘子未癸午小圓全周爲底。其形長方。又以小半徑子寅（子寅即乙申）爲高而乘之取三之一爲長方角體。此長方角體必倍大于小圓角體何也兩法並以小半

徑及半半徑兩次連乘取三之一成角體而所乘者一爲小圓全周一爲小圓半周故倍大無疑也

又丙癸寅子亦可成角體與乙子寅癸等覆碗體既倍大則兼此兩角體矣

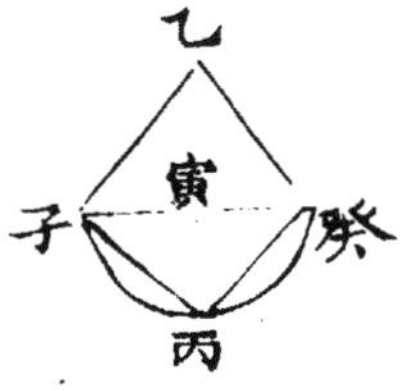

準此而論仰盂體必能兼甲丑卯辰及乙辰卯丑兩角體亦無疑也

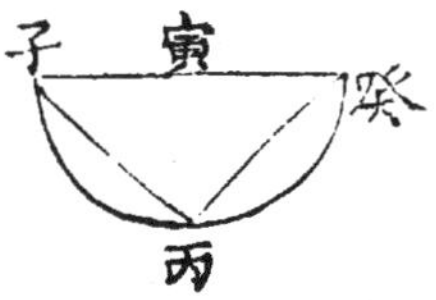

又角體內既切去一小角體又空去一相同之小角體則所餘者爲丙癸寅子圓底仰盂體

鼓體內既空去如截竹之體則所餘者爲內平如丑子及辰癸外凸如子

戊丑及辰丁癸之空圈體而此體必倍大于圓底仰盂體何以知之蓋

平視

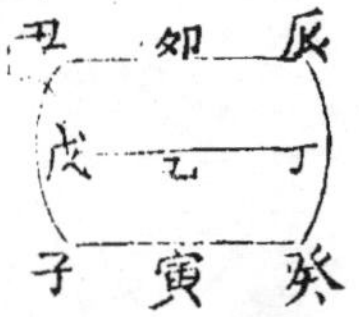

側視

兩體並以半徑爲平面丑子與癸丙並同。並以圓周六之一爲凸面而腰鼓之平面以半徑循圓周行圓底仰盂之平面則以半徑自心旋轉周行者兩頭全用旋轉者在心之一頭不動而只用一頭則只得其半矣故決其爲倍大也

準此而甲丑卯辰亦爲乙空之圓覆碗體而只得鼓體之半矣由是言之則上下角體各得中腰鼓體之半而鼓體倍大于角形渾體平分爲四夫復何疑

曰渾體四分如此眞無纖芥之疑體既匀分爲四則其渾體外

冪亦勾分爲四亦無可復疑但何以知此所分四分之一必與徑上平員相等耶曰此易明也凡割渾圓一分而求其冪法皆從其所切平面圓心作立線至凸面心而以其高爲股圓面心至邊之半徑爲勾勾股求其斜弦用爲半徑以作平圓即與所割圓體之凸面等冪

假如前圖所論上下兩角體從丑卯辰橫線切之則以甲卯爲股卯丑爲勾求得甲丑弦與半徑同以作平圓與丑卯辰甲凸面等然則此角體之凸面豈不與徑上平圓等冪乎

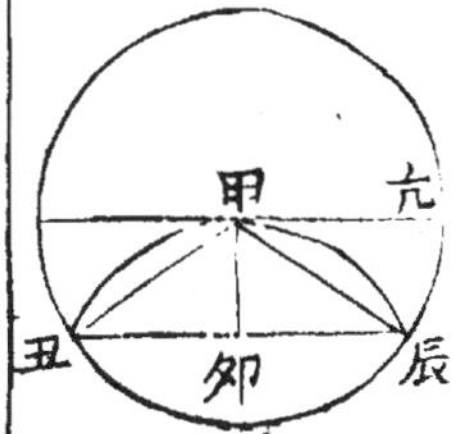

甲亢半徑與甲丑同以作丑亢平圓與甲丑卯辰凸面等冪

試又作甲戊線。爲半徑之斜線。甲乙與戊乙皆半徑。爲句。爲股故也。以爲半徑而作平員。必倍大于半徑所作之平圓。而渾圓半冪與之等。則渾圓半冪不又爲平圓之倍乎。

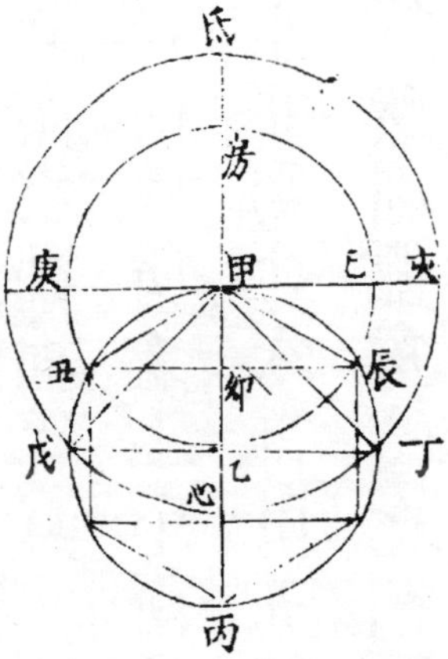

如圖甲丑爲半徑。作乙庚房平圓與丙戊甲平圓等。亦與甲辰卯丑割圓凸面等。爲渾冪四之一也。甲戊爲半徑。作戊心亥平圓。與甲丁乙戊半渾冪等。而倍大于乙庚房。亦倍大于丙戊甲平圓。則平圓居渾冪四之一。

如是宛轉相求。無不脗合。則平圓爲渾圓冪四之一信矣。

取渾冪四之一法

當以半徑爲通弦。以一端抵圓徑之端爲心。旋而規之。則所割渾冪爲四之一。而其渾冪與圓徑上平圓冪等。

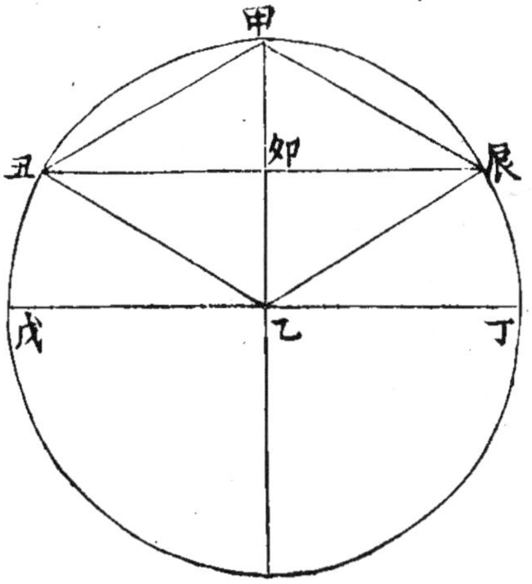

甲辰（乙卽丁）之自冪一百。辰卯之自乘冪七十五。如四與三。則辰丑通弦為徑以作平圓。亦丁戊全徑上平圓四分之三也。大小兩平圓各為底。以半徑為高而作圓角體。其比例亦四與三也。

今渾圓徑上平圓（卽丁戊徑上平圓。）所作之圓角體。既為渾積四之一。則辰丑通弦徑所作之圓角體。卽渾體十六之三矣。（卽甲丑卯辰角體及乙丑卯辰角體之合。）若以丑辰通弦上平圓為底。半半徑為高而作角體。卽渾體卅二之三。

分渾體為四又法

甲乙丙渾圓體。從圓周分為三。一丑甲辰。一辰癸丙。一丙子丑。各得周三之一。又從辰從丙從丑依各半徑。辰乙丙乙丑乙皆是。至乙心旋而切之。則成三角體者三。各得渾體四之一。一辰甲丑乙。一丑子丙乙。一丙癸辰乙。說見前。則其所餘亦渾體四之一也。

此餘形有三平圓面。以辰丑丑丙辰丙為圓徑。而並空至乙心。如圓錐之冪。有兩凸面。以辰丑丑丙辰丙之圓周為界。以乙為頂。皆弧三角形。三角並銳。兩凸面各得渾圓冪八之一。

按辰丑即一百二十度通弦也。準前論以此通弦為圓徑作平圓為底。半半徑為高而成圓角體。此圓角體積即為渾圓體積三十二分之三。即先所論圓角體八之三。

若依此切渾圓體成半平半凸之體其積爲渾積三十二之五卽圓角體八之五

環堵形面冪　錐形面冪

有正方正圓面欲於周作立圍之堵牆而冪積與之倍

法於方面取半徑爲高卽得

平方

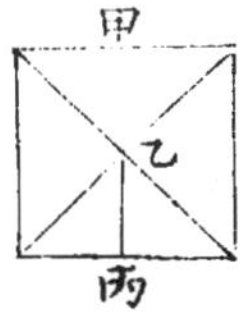

方圜環堵

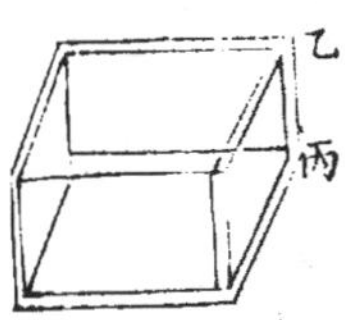

甲乙丙平方於其周作立起之方圜形如環堵取平方乙丙半徑爲高則方圜面冪倍大於平方

論曰從平方心乙對角分平方爲四成四三角形並以方根爲底半徑爲高于是以此四三角形立起令乙銳上指則皆以乙丙半徑爲高而各面皆半冪故求平方以半徑乘周得冪也然

則依方周作方牆。而以半徑爲高。豈不倍大於平方冪乎。

準此論之。凡六等邊。八等邊。以至六十四等邊。雖至多邊之面。而從其各周作牆。各以其半徑爲高。則其冪皆倍於各平冪矣。

然則平圓者。多邊之極也。若於其周作立圈如環。而以其半徑爲高。則環形冪積亦必倍大於平圓。

有方錐圓錐。於其周作圜牆。而冪積與之倍。法於錐形之各斜面取其至鋭之中線。如乙丙。以爲環牆之高。即得

方錐亦四角體

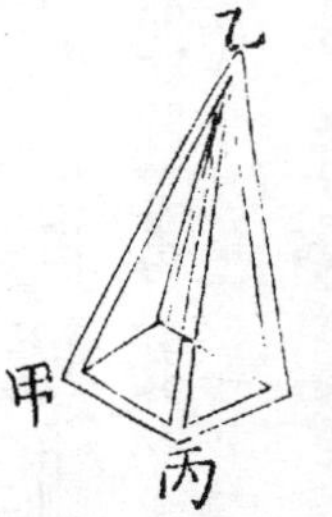

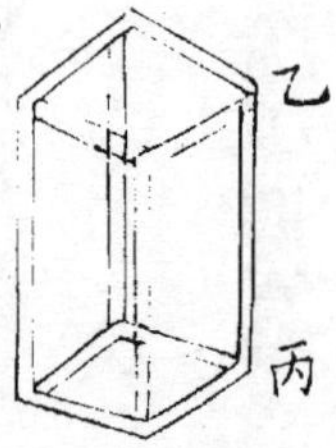

方牆如環堵。底用方周。高如乙丙。即斜面自鋭至底之斜立中線。

解曰此以錐體之斜面較冪也。

論曰凡方錐皆有稜兩稜交於銳各成三角面而斜立從此斜立之三角面自銳自根闊處平分之得中線乙丙於是自稜剖之成四三角面而植之則中線直指天頂而各面皆圭形爲半冪故凡錐體亦可以中線乘半周得冪也然則於底周作方牆而以中線爲高四面補成全冪豈不倍大乎。

準此論之凡五稜六稜以上至多稜多面之錐體盡然矣而圓錐者多稜多面之極也則以其斜立線爲高而自其根作圓環則其圓環之冪亦必倍大於圓錐之冪。

前論切渾圓之算得此益明蓋圓仰盂圓覆碗及空空之鼓形。其體皆一凸面一平面相合而成其凸面弧徑皆割渾圓圈周六之一。其平面之闊皆半徑。然而不同者。其内面空空之平冪。一爲錐形。仰盂覆碗之内空如笠。一爲環形也。鼓體之内空如截竹。準前論空空之環冪必倍大於錐形之冪。則其所負之割渾圓體亦必環形所負倍大於錐形。而空空之鼓體必能兼圓覆碗圓仰盂之二體。

補約法

立方與立圓之比例。若廿一與十一。平圓與外方若十一與十四。平圓與内方若十一與七。

圓内容方之餘。即四小弧矢形。若七與四。圓外餘方。即四角減弧矢。若十一與三。準此。則餘圓。即小弧矢。與餘方若四與三。而小弧矢與其所減之餘方角若一與七五。亦若四與三也。

終

歷算叢書輯要卷二十五

幾何補編自序

天學初函內有幾何原本六卷止於測面其七卷以後未經譯出蓋利氏既歿徐李云亡遂無有任此者耳然曆書中往往有雜引之處讀者或未之詳也壬申春月偶見館童屈篾爲燈詫其爲有法之形其製以六圈成一燈每圈勻爲六折並周天六十度之通弦故知其爲有法之形可以求其比例然測量諸書皆未言及乃覆取測量全義量體諸率實考其作法根源法皆自楞剖至心即皆成錐體以求其分積則總積可知以補原書之未備而原書二十等面體之算嚮因疑其有誤者今乃徵其實數測量全義設二十等面體之邊一百則其容積五十二萬三八九今以法求之得容積二百一十八萬一八二八相差四倍又幾何原本理分中末線亦得其用法幾何原本理分中末綫但有求作之法而莫知所用今依法求得十二等面及二十等面

之體積因得其各體中稜線及楱心對角諸線之比例又兩體互相容及兩體與立方立圓諸體相容各比例並以理分中末線為法乃知此線原非徒設則西人之術固了不異人意也爰命之曰幾何補編

目錄

歷算叢書輯要卷二十五

宣城梅文鼎定九甫著

男　以燕正謀甫學

孫　瑴成玉汝
玕成肩琳
釴用和　甫重較輯

曾孫　鈖二如
鏐繼美　甫同校字

幾何補編一

四等面形算法

先算平三角　平三角形三邊同者求得中長線。乙甲。其三之一即內容平圓半徑。心甲。其三之二即外切圓之半徑。乙心或乙丙。

又法以邊半之丙甲自乘得數丙庚方取其三之一開方甲壬小方得容圓之半徑壬癸或甲癸俱與心甲等又取自乘數丙庚方三分加一丙庚方加壬甲小方井而開方得外切圓之半徑丙心

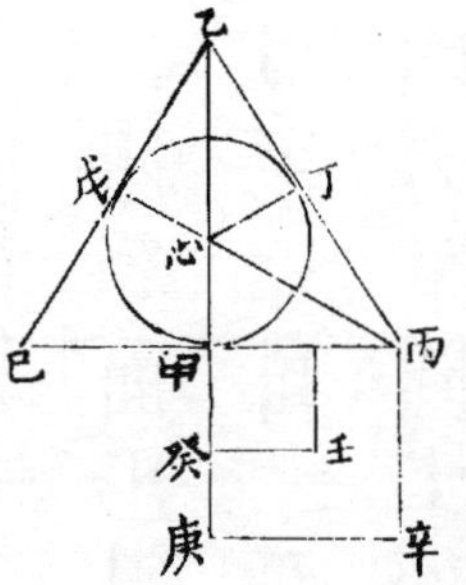

論曰。三邊角等。則半邊之角六十度丙心甲角其餘角三十度。心丙甲角內容圓半徑為三十度之正弦。心甲外切圓半徑如全數。丙心其比例為一與二。故內容圓半徑心甲正得外切圓半徑丙心之半也。形內丙心甲與乙心丁兩小句股形相等。又並與乙甲丙大句股形相似。何則。乙角丙角並分原等角之半。丁甲等為正角則三角皆等。而邊之比例等。而大形之句。丙甲既為其弦乙丙之半。則小形之句。心丁亦即心甲自必各為其弦心乙亦即心丙之半。故知心甲原同心丁為丙心之半也。

心甲既爲心丙之半則心甲一心丙必二而丙戊必三矣乙甲同何也以乙心與丙心同爲二心甲與心戊同爲一也聯心乙二與心甲一豈不成三

今以內圓半徑爲股心甲外圓半徑爲弦心丙三邊之半爲句丙甲成心甲丙句股形則心丙自乘丙弦冪有心甲股冪及甲丙句冪兩自乘之積也而心甲股與心丙弦既爲一與二之比例則心甲之冪一心丙之冪必四也以心甲股冪一減心丙弦冪四其餘積三即丙甲句冪矣故心甲之冪一則丙甲之冪三心丙之冪四今先得邊故以丙甲三爲主而取其三之一爲心甲股冪又於丙甲三加三之一爲四即成心丙弦冪也

以上俱明三等邊平面之比例

今作四面等體求其心

法自乙頂向子向甲剖切之。成乙子甲三角面。

合形

心者面之心。中者體之心。前圖所謂心者面之心也。今所求者體之心。卽後圖所謂中也。故必以剖而後見。

剖形

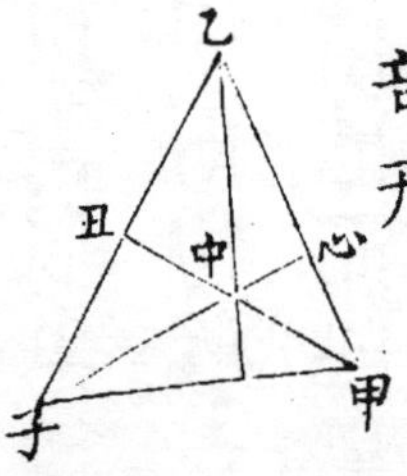

次求甲丑線

乙子邊平分於丑。從丑向甲得垂線。此丑甲垂線在體中。必小於乙甲在外之垂線。故乙甲如弦。丑甲如股。乙丑如句也。法以乙甲弦自乘。內減乙丑句冪。餘爲股冪。開方得丑甲。

又法。準前論。乙丑之冪三。卽丙甲。皆半邊故。則乙甲之冪九。乙甲三倍大於心丑。

故心甲冪一則乙甲冪九。以三減九餘六亦即甲丑股冪矣以開方得甲丑。

捷法倍原半邊甲丙自乘數以開方得甲乙中垂線　或半原邊丙己自乘之數。開方亦得甲丑。　丙甲之冪三乙丑同則甲丑之冪六而丙己之冪十二也。甲丑與丙己冪積之比例為一與二。

次求心中線

捷法。但半心甲自乘即心中冪。

論曰。心甲與心中猶甲丑與乙丑也。甲丑冪與乙丑冪為六與三。則心甲與心中之冪亦如二與一。

又捷法。心中之冪一。心甲之冪二。則乙丑之冪六。即丙甲而心丙之冪八。亦即乙心俱倍數。

但以半邊乙丑或丙甲之冪取六之一。即心中冪開方得心中。即四等面形內容小渾圓之半徑也。心中線者。即各面之心至體心也。故為內容小渾圓半徑。以心中之冪一。句加乙心之冪八。股并之為弦冪九。開方得中乙。或中子。或用前總圖。則為甲丙。為甲巳。並同。是即四等面形外切渾圓之半徑也。外切圓之冪九。中乙。內切圓之冪一。心中。得其根之比例為三與一。故四等面形內容渾圓之徑一。則其外切渾圓之徑三。

又捷法。但以乙丑半邊之冪加五。即二之一。為中乙。或中子等。冪開方得外切圓之半徑。蓋乙丑之冪六。中乙之冪九。其比例為一有半也。

此四邊不等形。又為三角立錐形。為四等面形四之一。各自中切至邊線成此形。其底三邊等。即四等面形之一面。其高為中心。即內容小渾圓之半徑。其中乙等三楞線。三倍大於中心之高。即外切渾圓之半徑。

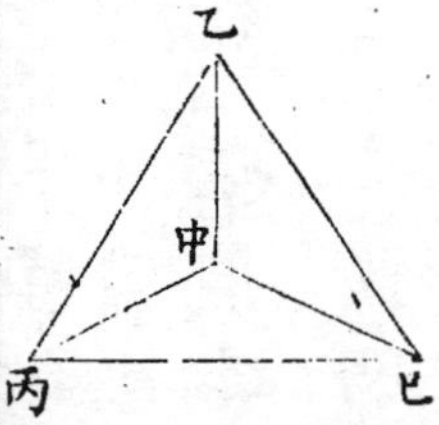

取四等面形全積捷法

先取面冪（即前圖乙已丙平面。依前比例求其冪。）以內容圓半徑（心中）乘之。得數四因三歸見積。

法曰丙甲半邊之冪三。則甲乙中長之冪九。開方得中長（乙甲）。以乘丙甲得乙已丙三等邊之冪積。即四等面形之一面也。

次求本積四之一。（即各面輳心剖裂之形。如右圖。）

丙甲半邊之冪六。則中心之冪一。開方得中心高。以乘所得面冪而三分取其一。即爲四等面形四之一。於是四乘之即爲全積也。

又捷法。以丙甲乘心甲。又以中心乘之。即得本形四之一。（即同三除。以心甲爲乙甲三之一故也。）

此帶縱小立方形與右圖四等面形四之一等積。

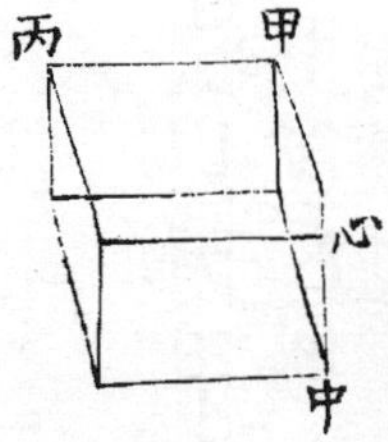

又捷法以丙已全邊亦即丙乙。乘乙心再以中心乘。即得本形全積。乙心爲心甲之倍數。丙已爲丙甲之倍數。用以相乘。則得丙甲乘心甲之四倍數也。

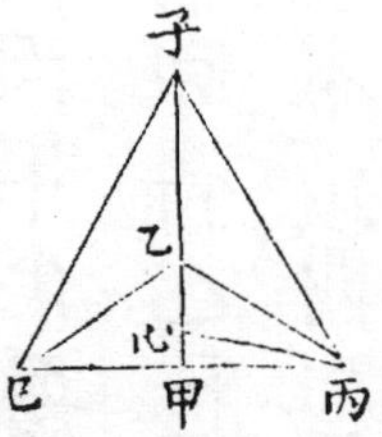

邊設一百依上法求容

丙已邊一百。其冪一萬。丙甲半邊五十。其冪二千五百。三因之得七千五百。爲乙甲中垂之冪。丙甲股冪。減丙已弦冪。得句冪也。丙已。亦即丙乙。平方開之。得八十六六二五。爲乙甲。其三之一得二十八八六七五爲心甲。其三之二得五十七七三五。爲心乙。又置丙甲冪二千五百取六之一爲心中冪。得四百一十六六六六不盡。開方得心中之高二十零四一二四四。亦即內容渾圓之半徑。

依上法以丙巳全邊一百乘乙心五十七。七三五。得五千七百七十三半。又以心中二十零四一二四乘之得全積一十一萬七千八百五十一弱。與曆書微不同。

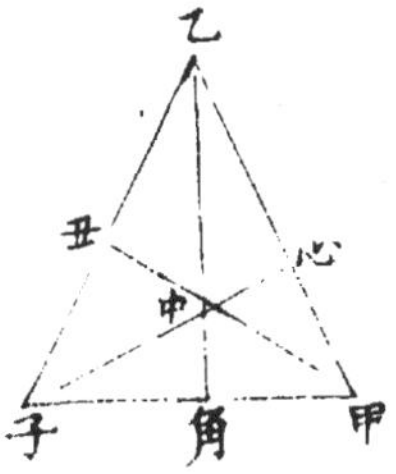

四等面體求心捷法。

準前論心中冪一。則心甲冪二。中乙冪九。乙丑冪六。以句股法考之則中甲與中丑之冪俱三也。何也。心中甲句股形以中甲為弦故心中句冪一。心甲股冪二并之為中甲弦冪三也。而乙中丑句股形以中丑為句故乙中弦冪九內減乙丑股冪六其餘為中丑句冪亦三也。由是徵之則中丑與中甲正相等但如法求得甲丑線折半得中點即爲體心。

又捷法。取乙丑冪（即原設邊折半自乘）。半之。爲中丑冪。開方得中丑。亦得甲中。（或乙子全邊自乘取八之一爲甲中冪亦同）中丑即原邊乙子距體心之度。甲中即原邊丙巳距體心之度。而中爲體心。

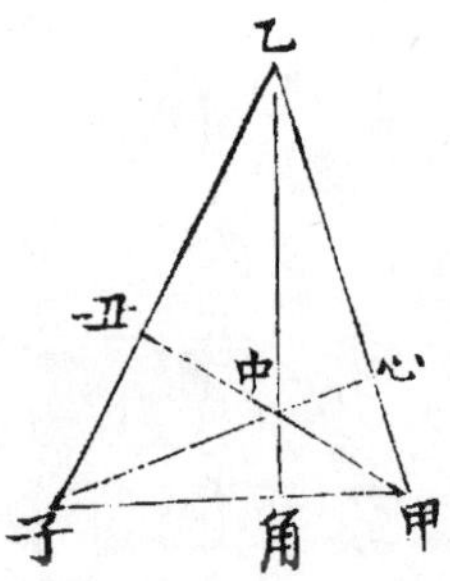

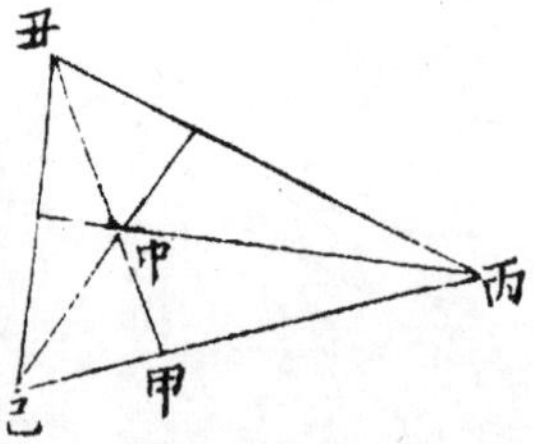

想甲點在丙巳邊折半之處。今從側立觀之。則線化爲點。而丙巳與甲成一點。故從丙巳原邊依楞直剖至乙子對邊。即成甲丑線。其線即所剖面之側立形。

此圖即前圖甲丑線所切之面蓋面側視。則成線矣。

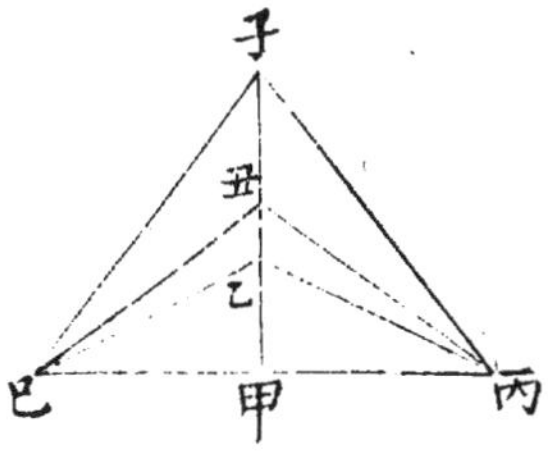

原設四等面全形。今依子丑乙楞至甲。則成縱剖圖。故甲點內有丙己線。若依丙甲己楞剖至丑。則成橫剖圖。故丑點內有子乙也。

縱剖有三。依子乙楞剖至甲。而平分丙己邊於甲。一也。依丙乙楞剖而平分子己邊。二也。依己乙楞剖而平分子丙邊。三也。

橫剖亦三。依丙己楞剖至丑。而平分子乙邊於丑。一也。依子丙邊剖而平分乙己邊。二也。依子己楞邊剖而平分丙乙邊。三也。

其所剖之面並相似。皆以中點為三對角垂線相交之心。

一率　一一七八五一　　例容

二率　一〇〇〇〇〇〇　例邊之立方積

三率　一○○○○○○　　設容

四率　八四八五二九。　　設邊之立方積

開方得根二百○四弱。爲公積一百萬之四等面體楞。與比例規解合。

若商四數。則其平廉積四十八萬。長廉積九千六百。其隅積六十四。共得四十八萬九千九百六十四。不足四千三百七十四。爲少百分之一弱。故比例規解竟取整數也。

計開四等面諸數

邊一百　積一十一萬七八五一

積一百萬　邊二百○三九六

內容渾圓全徑四十○八二四八　外切渾圓全徑一百廿二四二○○

互剖求心之圖

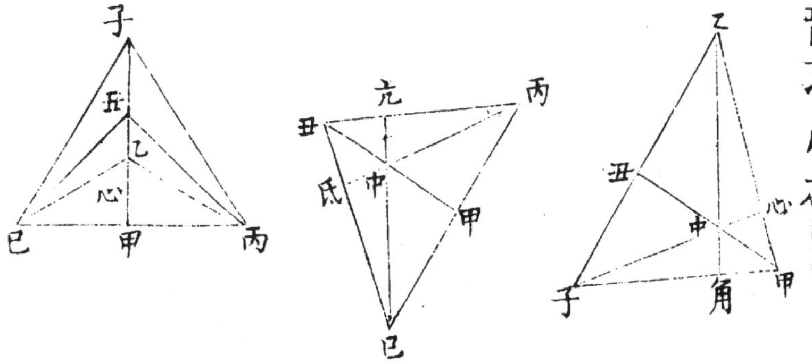

設邊一百。其冪一萬。丙己。乙子。乙丙。乙己。子丙。子己。並同。為外切渾圓徑冪三之二。

半邊五十。其冪二千五百。丙甲。甲己。乙丑。丑子。等並同。為邊冪四之一。

斜垂線之冪七千五百。乙心甲。子角甲。丙亢丑。己氐丑。並同為邊冪四之三。

其根八十六六〇二五

斜垂線三之二。二十八八六七五。其冪八百三十三三三之一。卽外切渾圓徑冪十八之一。為邊冪十二之一。卽

各面內容平圓半徑。心甲。角甲。亢丑。氐丑。並同。

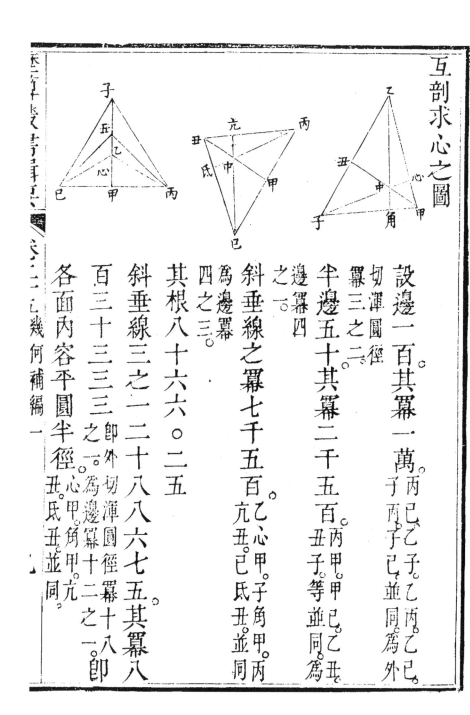

斜垂線三之二五十七七三五〇。其冪三千三百三十三三三。乙心。子角。丙亢。巳氐。並同。

內容渾圓半徑二十〇四一二四。其冪四百一十六六六六不盡。爲邊冪二十四之一。即外切渾圓三十六之一。即分體中高。心中。角中。亢中。氐中。並同。若內圓全徑之冪則一千六百六十六六六。爲邊冪六之一。外切渾圓徑冪九之一。

外切渾圓半徑六十一二三七二。其冪三千七百五十。即分體之立面楞。乙中。子中。丙中。巳中。並同。四因之爲渾圓全徑冪一萬五千。其徑一百二十二四七四四。

又外切正相容之立方。其冪五千。爲四等面邊冪之半。即斜方之比例。又爲外切渾圓徑冪三之一。

一率　外切渾圓徑一百二十二四七四四

二率　四等面之邊一百
三率　渾圜徑一百
四率　內容四等面邊八十一六四九六
又捷法○渾圜徑羃一萬五千則內容四等面邊羃一萬○或內容立方面之斜○亦同爲渾圜徑羃三之二○
若設渾圜徑一百○其羃一萬○則內容四等面邊之羃六千六百六十六六六六○亦三之二也
平方開之○得八十一六四九六爲四等面邊○即內容立方之斜○內容立方面羃○三千三百三十三三三○爲渾圜徑羃三之一○即方斜之半羃○亦即四等面邊羃之半○
平方開之○得五十七七三五○是爲渾圜徑一百內容立方之

邊亦卽渾圓内容立方立方又容小圓之徑

若於四等面内又容渾圓則其徑冪一千一百一十一一一爲渾圓徑冪九之一爲四等面冪六之一立方面冪三之一開得平方根三十三三三不盡（冪九之一則其根必三之一也）爲内容小渾圓之徑以徑乘冪得三萬七千。三十七爲徑上立方積　以十一乘十四除得二萬九千一百〇〇半爲圓柱積　柱積取三之二得一萬九千四百爲小渾圓積得大渾圓二十七之一以小渾圓積二十七因之得五十二萬三千九百爲四等面外切大渾圓積（卽徑一百之渾圓積也）

互剖求心說

凡四等面體任以一尖爲頂則其垂綫爲自尖至相對之平面

心。亦即平面容圓之心。而以餘三尖爲底。其垂線至底之點。旁距三尖皆等。即乙心丙心己心三線之距心皆等。而以子尖爲頂。其垂線爲子中心。其底爲乙丙己平三角面。餘倣此。此爲正形。各尖皆可爲頂。其法並同。若以子中心垂線爲軸而旋之則成圓角體。

凡四等面體任平分一邊而平分之點爲頂。以作垂線。則其垂線自此點至對邊之平分點。而以對邊爲底。　底無面但有邊。底邊與頂邊相午直。正如十字形。

假如以子乙邊平分於丑。以線綴而懸之。則其垂線至所對丙己邊之平分正中爲甲點。其線爲丑中甲。而子乙邊衡於上。則丙己邊縱於下。正如十字。無左右之攲。亦無高下之微差也。

若以丑中甲垂線爲軸旋之。則成圓柱體。

凡四等面體。以其邊爲斜線而求其方。以作立方。則此立方能容四等面體。

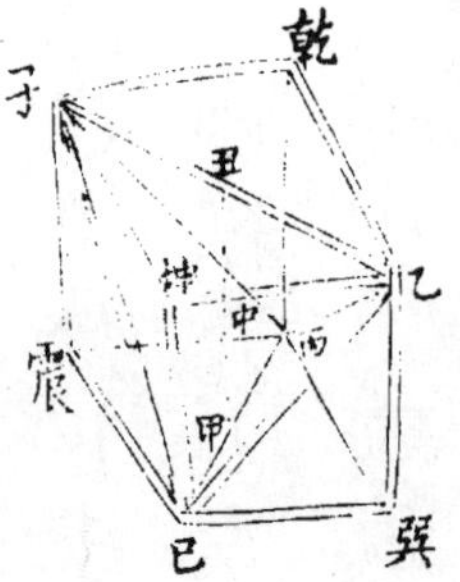

何以知之。曰準前論以一邊衡於上面爲立方上一面之斜。則其相對之一邊必縱於下而爲立方底面之斜矣。又此二邊之勢既如十字相午直。而又分於上下。爲立方上下兩面之斜線。然則自上面之各一端。向底面之各一端。聯爲直線。卽爲四等面之餘四邊。亦卽立方餘四面之斜。如此則四等面之六邊各爲立方形六面之斜線。而爲正相容之體。

如前所論圓角體。圓柱體。雖亦能容四等面形。而垂線皆小於圓徑。故不得爲正相容。

捷法。四等面之邊自乘。折半開方。卽正相容之立方根。卽弦倍句股意。

設邊一百。其冪一萬。折半五千。即爲立方一面之積。求其立方根。得七十。七一。六。即丑中甲垂線之高。

若以此作容四等面之圓柱。則其高七十。七一。六。同立方之方根。而其圓徑一百。同立方面之斜。此圓柱內可函立方。

其乙中子中等。爲自四等面體心至各角之線。又爲立方心至各角之線。又爲外切渾圓之半徑。又爲四等面分爲四體之楞線。又爲立方分爲六方錐之楞線。

又捷法。以四等面之邊冪加二分之一。開方。即外切正相容之渾圓徑。亦即立方體內對角線。如自乙至震折半爲自心至角線。

四等面設邊一百。其冪一萬。用捷法二分加一。得一萬五千。爲外切正相容之渾圓全徑冪。開方得一百二十二四七四四爲渾圓全徑折半得六十一二三七二爲渾圓半徑。

立方內容四等面圖

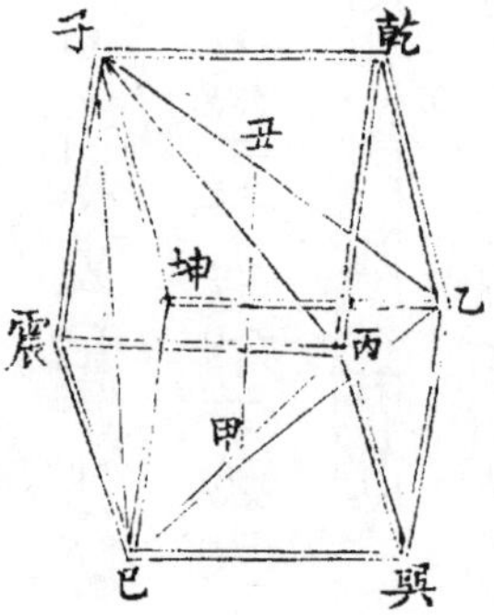

設立方邊一百。其積百萬。內容四等面邊一百四十一。四二一三其積三十三萬三千三百三十三。三三三三爲立方積三之一。

乾坤震巽立方。乾丙。坤巳。乙巽。子震。丙與中心之丑甲同高。

容子乙丙巳四等面爲立方積三之一

何以明之。凡錐體爲同底同高之柱體三之一。今自立方之乙角依斜線剖至丙巳戍。乙丙巳巽三角錐。以丙巳巽立方之半底爲底。又自子角斜剖至丙巳戍。子丙巳震錐。以丙巳震立方之半底爲底。合兩半底。則與立方同底矣。而子震與乙巽之高即立方高也。是此二錐得立方三之一矣。

又自子乙斜線斜剖至巳角成倒錐。以子乙坤立方之半頂爲底。以坤巳立方高爲高。又自子乙斜剖至丙角亦成倒卓之錐。以子乙乾立方之半頂爲底。以乾丙立方高爲高。與前二錐同。亦三之一也。

合此二錐共得立方三之二。則其餘爲子乙丙巳四等面體者必立方三之一矣。

準此論之。凡同邊之八等面積四倍大於四等面積。何以知之。以此所剖之四錐體合之則爲八等面之半體。皆以剖處爲面。而其邊其面皆與四等面等。是同邊之體也。而八等面之半體既倍大於四等面。則其全體必四倍之矣。

設八等面邊一百四十一〇四二一三。與四等面同邊。則八等面之積。一百三十三萬三千三百三十三三三不盡。爲四等面之四倍。

若設四等面邊一百。則其外切之立方面冪五千。立方根七十〇七一〇六。以根乘冪。得立方積三十五萬三千五百五十三。四等面積一十一萬七千八百五十一。爲立方積三之一。推得八等面邊一百。其積四十七萬一千四百〇四。

此同邊之比例

若立方內容之八等面。則其積爲立方內容之四等面二之一。何以知之。八等面與立方同高。則其積爲立方六之一故也。

設立方邊一百。內容八等面邊七十〇七一〇六。其積一十六萬六千六百六十六。爲四等面之半。若設立方邊七十〇七一〇六。則內

容八等面積五萬八千九百二十五半其邊五十

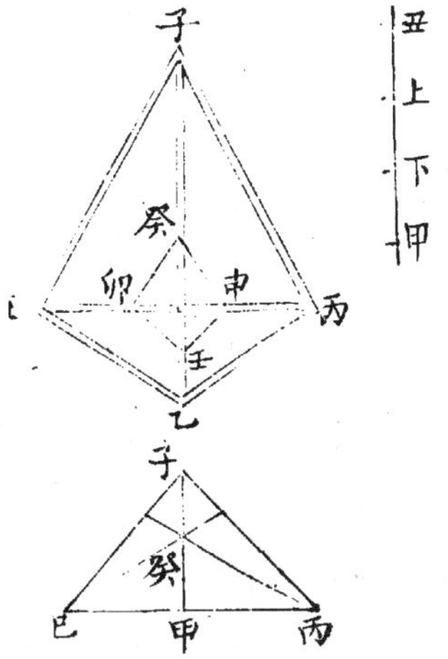

四等面體又容小立方小立方內又容小四等面體則內容小立方徑爲外切立方三之一內小四等面在小立方內其徑亦爲四等面三之一而其積皆二十七之一

何以知之凡三等邊平面之心皆居垂線三之一假如子巳丙爲四等面之一面其平面之心必在癸而子甲垂線分三之一爲癸甲其餘三面盡同而內容之小立方必以其下方之兩角縱切子巳丙之癸心及乙巳丙之壬心其上方之兩點必橫切於子乙巳之卯心及子乙丙之申心而立方內容之小四等面

亦必以其四角同切此四點也。今壬癸兩點既下距丙巳線爲其各斜垂線三之一，而卯申兩點又上距子乙線之斜垂線亦三之一，則其中所餘三之一必爲立方所居也。而內小立方不得不爲子乙與丙巳相距線三之一矣。

問：癸點爲三之一者，斜面之垂線也；小立方者，直立線也。何以得同爲三之一乎？答曰：癸點所居三之一，雖在斜面，而子乙縱線與丙巳橫線上下相距，必有垂線直立於其心。此直立垂線卽前圖之甲丑與外切立方線同高者也。丑甲中垂線以上停三之一之上點與卯申平對，以下停三之一之下點與壬癸平對。依句股法，弦與股比例同也。然則丑甲線之中停卽小立方之所居矣。

又丑甲者即外切立方之高也。故知小立方徑爲外切立方徑三之一。又小四等面在小立方內。以其邊爲小立方之斜。而縱横邊相午對如十字。其中心亦以丑甲線之中停爲其軸。其斜面之勢一切皆與大四等面同。而丑甲者亦大四等面之軸也。小四等面之中軸既爲丑甲三之一。其餘一切皆三之一矣。夫體積生於邊者也。邊爲三之一者。面必爲九之一。體必爲二十七之一。無疑也。

準此論之。渾圓在四等面內者。亦必爲外切渾圓二十七之一。其徑亦三之一也。何也。渾圓之切點與小立方小四等面之切點並同也。

以此推知小立方與小四等面在大四等面內。或居小渾圓內以居大四等面內其徑積並同。

求體積

渾圓徑一百其徑上立方一百萬。依立圓法以十一乘十四除。得七十八萬五千七百一十四爲圓柱積。仍三分取二得五十二萬三千八百。九爲渾圓積。

內容立方面冪三千三百三十三三三其邊五十七七三五。以邊爲高乘面得一十九萬二千四百五十。爲內容立方積。

內容四等面體邊冪六千六百六十六六六其邊八十一六四九六。依前論四等面體爲立方三之一得六萬四千一百五十。爲四等面積。

立方內容小渾圓以立方之邊爲徑五十七七三五。依立圓法以

立方積十一乘十四除得一十五萬一千二百一十為圓柱積取三之二得一十萬○八百六十六為小立圓積

四等面內容小渾圓徑冪一千一百一十一一一其徑三十三三三三三以徑乘冪得徑上立方積三萬七千○三十七以十一乘十四除得二萬九千一百半為圓柱積又三分取一得一萬九千四百為立方內之四等面內容小渾圓積為大渾圓積二十七之一若先有內小渾圓積但以二十七因之得大渾圓積

依此論之凡渾圓內容立方立方內又容四等面體四等面內又容小渾圓其內外相似之大小二體皆二十七之比例也

又捷法用方斜比例

立方面之斜一百其冪一萬則其方冪五千三因之得一萬五

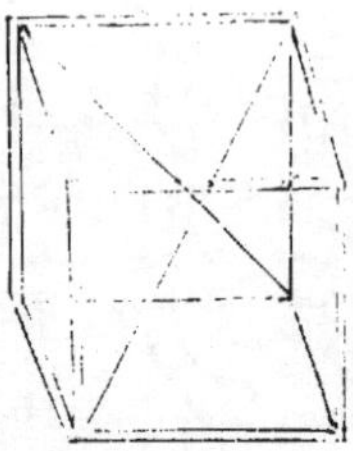

千開方得立方對角斜線。即外切渾圓全徑。

立方面之斜一百。即立方內容四等面之邊。

立方體對角斜線一百二十二。四七四四。即立方外切渾圓之全徑。亦即四等面外切渾圓全徑。半之得六十一。二三七二。即立方外切渾圓半徑。亦即立方體心至各角之線。亦即四等面體心至各角之線。

八等面形

第一合形

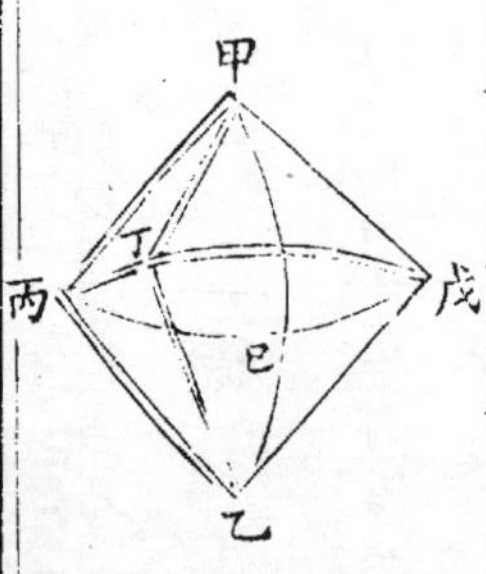

甲丁　甲丙　甲己　甲戊　丁丙

丙己　己戊　戊丁　戊乙　己乙

丁乙　丙乙

以上形外之楞凡十有二卽根數也其長皆等
或設一百爲一楞之數則十二楞皆一百也
甲丁戊　甲戊己　甲己丙　甲丙丁　丙丁乙　己丙乙
戊己乙　丁戊乙
以上形周之分面凡八皆等邊平三角形也其容積其邊皆等
或設一百爲邊數則三邊皆一百而形周之分面八皆三邊邊皆一百也

第二橫切形二

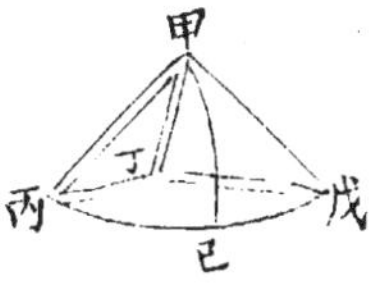

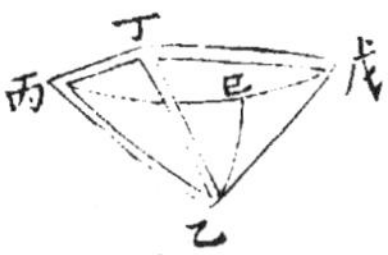

甲丁丙己戊爲上半俯形
丁丙己戊乙爲下半仰形
右二形各得合形之半皆從丁戊楞橫

剖至巳丙。

一俯一仰皆方錐扁形。丁丙巳戊爲方錐之底。其邊皆等。其從四角湊至頂之楞皆與底之邊等。

第三直切形四

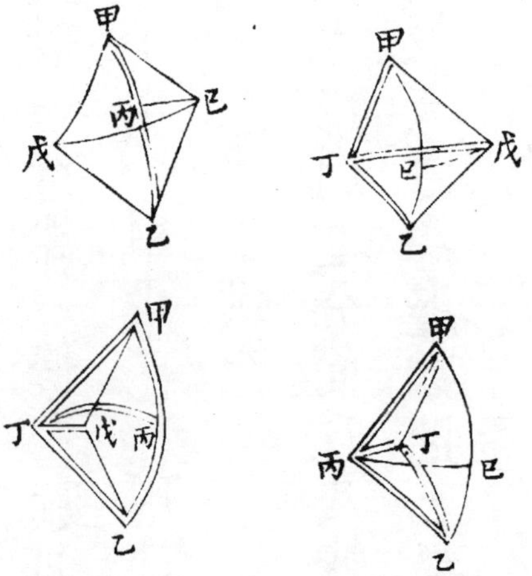

從甲尖依前後楞直剖過丁巳至乙尖成左右兩形。

從甲尖依左右楞直剖過丙戊至乙尖成前後兩形。

此四形者。一切皆與仰俯二形同。但彼爲眠坐之體。故爲方錐。仰者即倒卓方錐而此則立體。即如打倒方錐之形也。

第四横切之面二。直切之面二

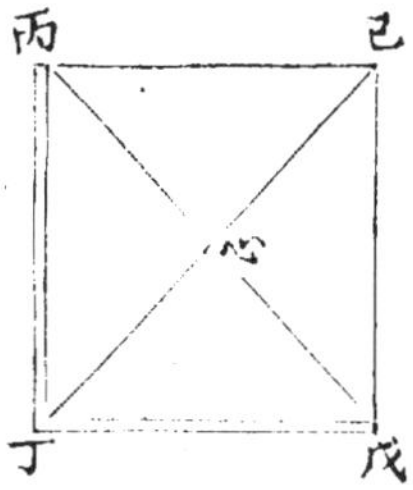

横切之面

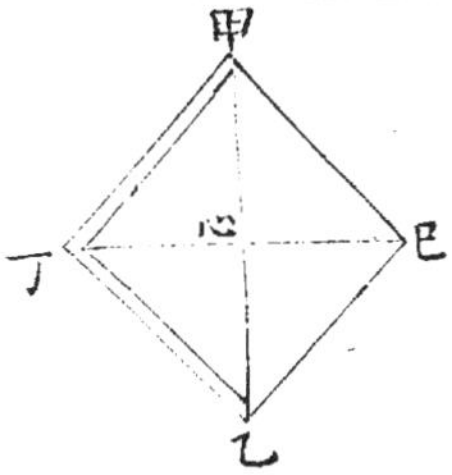

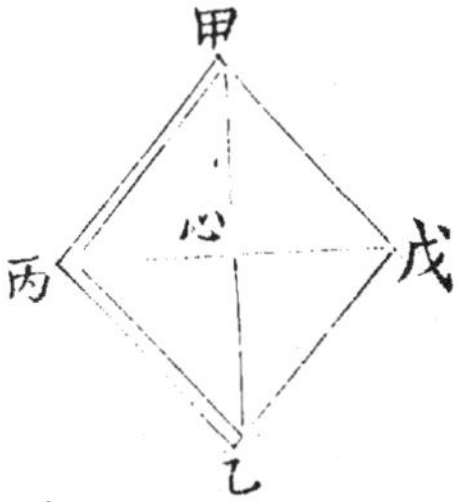

因横剖得正方平面。在立方錐以此為底。倒方錐以此為面。在合形則為腰圍。其己丁及丙戊兩對角斜線相交於心。即兩直切之界也。心即合形中心

因直剖得斜立方面二。其己丁及戊丙横對角線。即横切之界。其從甲至乙垂線。即直剖之界。如立面在前後互剖之形。則此線為左右直剖之界。彼此互為之也。亦即為全形之中高徑線。以此知八等面之中高線為方斜之比例。

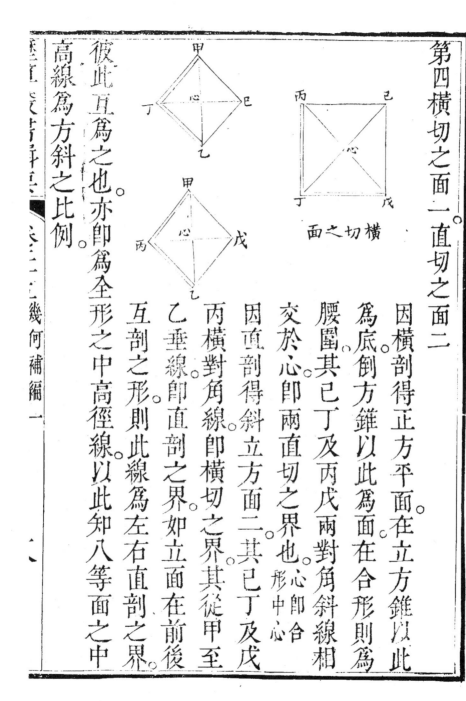

算分形

第五分形

分形正面

分形側面

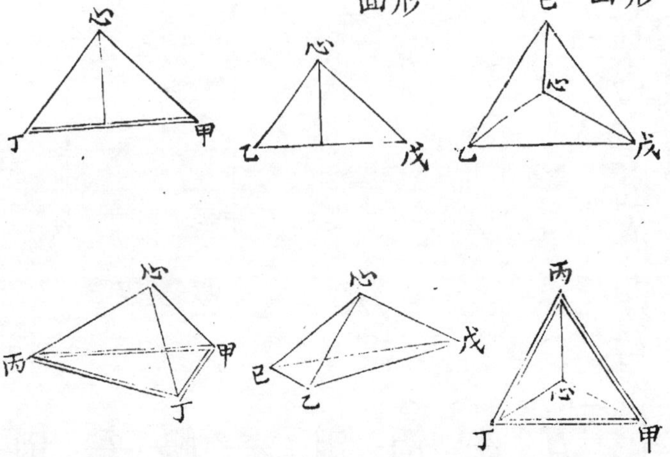

因横剖及兩直剖分總形爲八。皆三角錐形也。

皆以等邊平三角形面爲錐形之底。而以横直剖線相交處之點爲其銳頂。即合形之中心也。

其自頂心至角之楞皆等。皆邊線之方斜比例也。底線爲方。則此線爲其斜之半。而此楞線又即爲八等面形之外切圓之半徑。

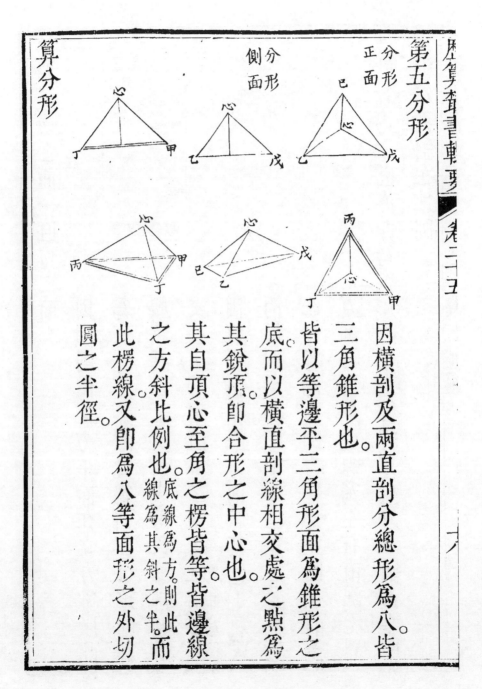

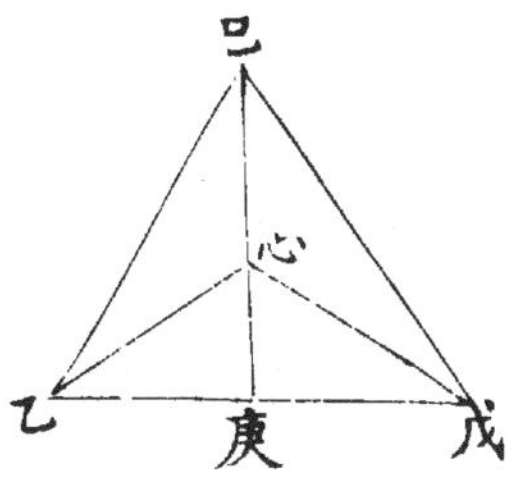

設已戊邊一百其冪一萬則心戊楞之冪五千（倍戊庚半邊之冪爲半斜冪也）戊心之冪五千內減戊庚冪二千五百則其餘二千五百爲心庚之冪故心庚必與戊庚等

從心頂對已庚楞直剖至庚分形爲兩則中剖處成三角平面

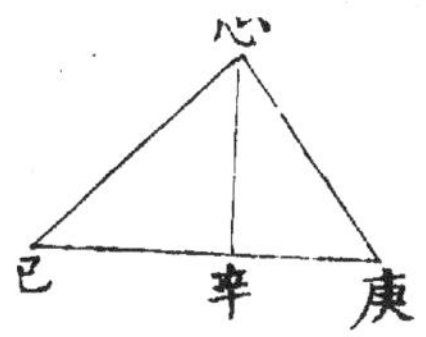

已庚者乙已戊等邊三角平面之中垂線也其冪爲邊四之三設邊一百之冪一萬則已庚之冪七千五百

庚辛者平面三角容圓之半徑也得已庚三之一其冪則九之一也已庚之冪七千五百則庚辛之

冪八百三十三三三。　辛點卽各三角平面之中心。以庚辛冪八百三十三三三。減心庚冪二千五百。得心辛冪一千六百六十六。開方爲心辛。卽分形之中高也。求得分形中高四十〇八二四七。依平面三等邊法。設邊一百。其中長線八十六六〇二五。其冪積得四千三百三十〇一二五。　取平冪三之一。得一千四百四十三三七五。以乘中高。得分形積五萬八千九百二十五三五一三。再以八因之。得總積四十七萬一千四百〇二八一四。與總算合。

設八等面之邊一百。其冪一〇〇〇〇。卽橫剖中腰之正方。半之爲每角輳心之線之冪。得〇五〇〇〇。此線卽分形自底角輳頂心之楞。如心戊。心己。心乙。　又爲八等面形外切渾圓之半徑。又半之爲分形每面自頂至邊斜垂線之冪。卽心庚。得〇二五〇

此線即設邊之半其冪爲設邊四之一

設半邊之冪取其三之二爲分形中高線之冪即心辛得○一六六六不盡又爲八等面形內容渾圓之半徑

捷法取八等面設邊之冪六而一爲八分體中高之冪開方得中高

假如設邊一百其冪一萬則分體中高之冪一千六百六十六不盡　求其根得四十○八二四八　以中高乘三角平面冪三除之得分體八因之得全積

又捷法八等面設邊之冪取三之二爲體內容渾圓之徑冪開方得內容渾圓徑折半爲八分體中高

假如設邊一百其冪一萬則內容渾圓之徑冪六千六百六十

六不盡。求其根得八十一六四九六。折半爲分體中高。或竟以內容渾圓全徑乘設面三角平冪四因三除之得全積。

又捷法。

八等面設邊之冪倍之爲體外切圓徑冪開方得徑以乘設邊之冪即腰廣平方。得數三歸見積。

假如設邊一百其冪一萬其斜如弦。弦之冪倍方冪得二萬求其根得一百四十一。四二一三。以乘腰廣一萬得一百四十一萬四千二百一十三三除之得總積四十七萬一千四百○四。

一系。八等面體之邊上冪。與其外切渾圓之徑上冪。其比例爲一與二。方斜比例。

一系。八等面體之邊上冪。與其內容渾圓之徑上冪。其比例爲三與二。

一系　八等面體外切渾圓之徑上羃。與其內容渾圓之徑上羃。其比例爲三與一。

準此而知八等面內容渾圓。渾圓內又容八等面。其渾圓外切之八等面邊。或徑上羃。與內容之八等面邊。或徑上羃。其比例亦必爲三與一也。

計開八等面形諸數

設邊一百　其積四十七萬一四〇四與曆書所差甚微。

其體外切渾圓之徑一百四十一　內外兩渾圓之徑羃。爲三與一。其根約爲四與七而強。

體內容渾圓之徑八十一

八等面外切立方徑一百四十一　方斜比例也。與外切渾圓同。

八等面內容立方徑四十七

內外切大小立方之徑之比例爲三與一。

內外兩立方之積之比例爲二十七與一。

若渾圓內容立方立方內容八等面體八等面體內又容渾圓。則大小兩渾圓之徑亦若三與一。其積亦若二十七與一。

一率　四七一四〇四　例容

二率　一〇〇〇〇〇　例邊之立方

三率　一〇〇〇〇〇　設積

四率　二一二一三二二　設邊之立積

開立方得根一百二十八。爲公積一百萬之八等面根。與比例規解合

終

歷算叢書輯要卷二十六

幾何補編二

二十等面體

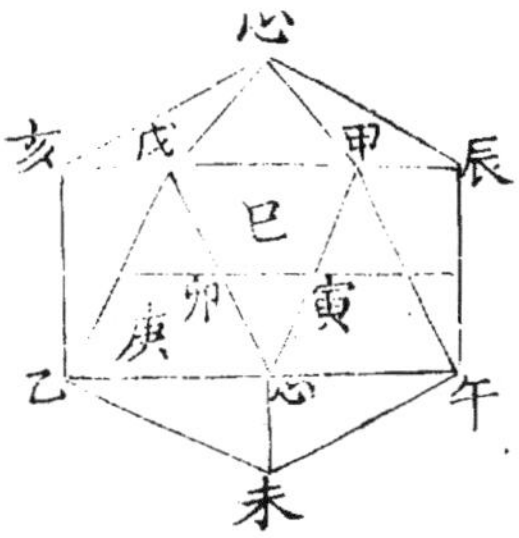

凡二十等面體。其面之邊皆等。而皆斜交。故邊皆高於面。面之中心如己如庚。是距體心最近之處。故爲內容渾圓及十二等面所切之點也。

邊之兩端。又高於其折半之處。邊所輳爲尖如甲如戊如乙如心等。是距體心最遠之處。故爲外切渾圓及外切十二等面之尖也。　其各邊折半之點。如寅如卯。其距體心在近遠酌中。爲外切立方之半徑。其內切之己庚外切之甲戊乙心等賴寅卯距心之線爲用，然後可知，故其用最要。

二十等面從腰横剖所成之面。十二等面從腰横剖，其根亦同。

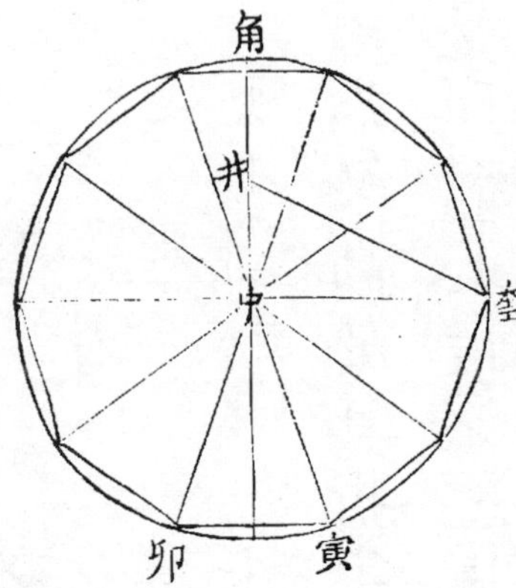

問：各邊既高於面，而又斜交，何以能横切成平面乎？曰：從右圖觀之，甲戊尖最高，則其所對之乙心等邊似平矣，而乙心等尖亦高，則其所對之甲戊等邊又平。一高一平，彼此相制，而成相等之距，故寅卯等折半之處，其距體心皆等，聯之爲線，即成相等之線，而皆平行也。

然則何以知其爲十等邊平面？曰：准右圖上下各五面，其腰圍亦上下各五面，而犬牙相錯，成十面。今各從其半邊剖之，則必爲十邊平面無疑也。

如圖奎卯寅十等邊平面。以中爲心。中寅中卯。皆原體心與其邊折中處相距之半徑。亦卽爲外切立方之半徑也。於前圖作外切之奎角卯寅平圈。則寅卯等卽爲分圓線。乃全圈十分之一。當三十六度。

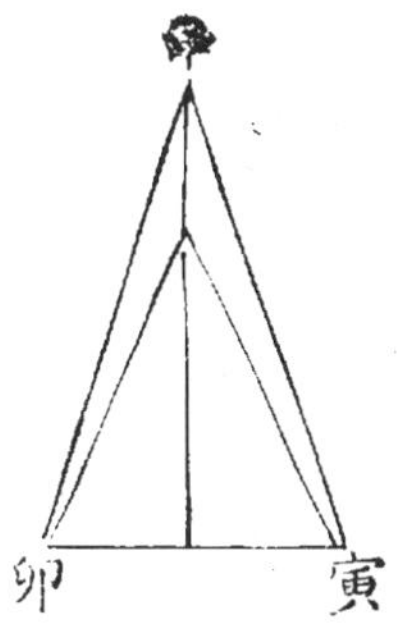

二十等面分體之圖

甲戊心爲二十等面之一面。其三邊等。中爲體心。

甲中戊中心中。皆各面之銳角距體心之線。又爲體外切渾圓及外切十二等面之半徑。

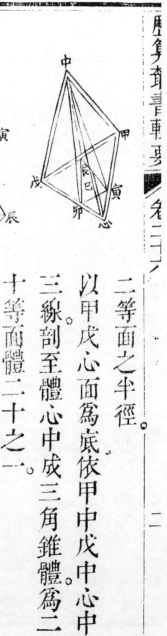

以甲戊心面爲底。依甲中戊中心中三線剖至體心中。成三角錐體。爲二十等面體二十之一。

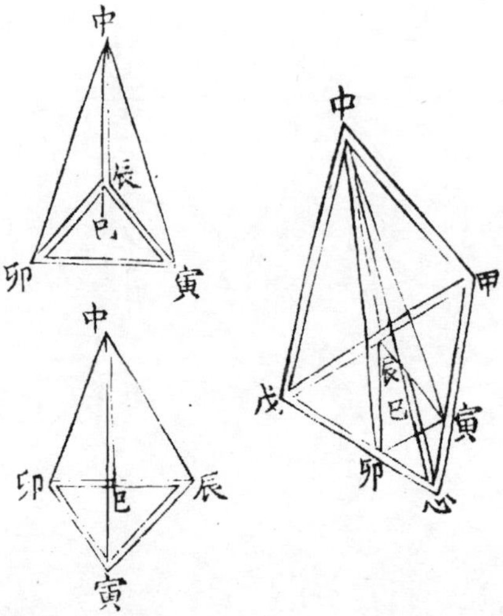

錐體之底。各以其三邊半之。於寅於辰於卯。從此三點作線。而體心之中點。皆爲錐體各立面之斜垂線。如辰中。即爲甲中戊立面之斜垂線。寅中爲甲中心立面之斜垂線。卯中爲戊中心立面之斜垂線並同。

又聯寅卯辰三點。爲寅卯卯辰辰寅三線。成寅卯辰小等邊平三角面。以此爲底。依寅中卯中辰中三斜垂線剖至體心之中點。成小三角錐體。其積為大三角錐四之一。其寅卯等邊為原邊二之一。原設邊一百。則寅卯五十。其巳點為三角面之中心。大小並同 巳中即分體之中高。大小錐體同 是即內容渾圓之半徑。亦即內容十二等面體各尖距其體中心之半徑。其辰中卯寅中卯卯中辰皆立三角面。皆為橫剖成十等邊平面之分形。故寅卯與寅中之比例。若理分中末線之大分與其全數也。

今求寅中線。即外切立方半徑卯中亦同。

一率	理分中末之大分	六十一八〇三三九八
二率	全數	一百
三率	寅卯 剖形十等邊之一。即原邊之半。	五十
四率	寅中	八十〇九〇一七

按寅中線爲量體之主線。既得此線。卽可以知餘線。而此線實生於理分中末線。幾何原本謂理分中末線爲用最廣。蓋謂此也。理分中末線詳十八卷幾何通解。

次求己中 卽內容渾圜及十二等面之半徑

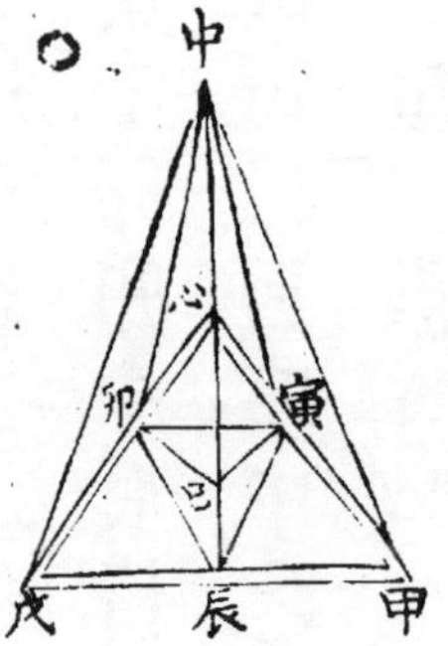

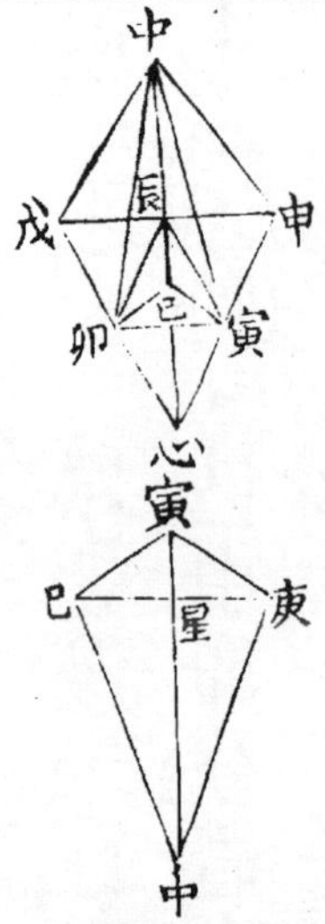

甲戊邊設一百。半之於寅。作寅己垂線至己心。乃平面心。己寅二十八八六七五爲句。其冪八百三十三三三三三三。捷法取邊冪十二之一得之。寅中八十。九。一七爲弦。其冪六千五百四十五。八五。內減句冪餘五千七百一十一。七五一七。開方得股爲己中七十五五七六一。

訂定寅中線

一率　理分中末線大分　六十一八〇三三九八

二率　全數　一百

三率　寅卯剖形十等邊之一。即原邊之半。五十

四率　寅中即外切立方之半徑　八十〇九〇一七〇

訂定己中線

甲戌邊原設一百半之於寅。作寅己線。

己寅句二十八八六七五。　冪八百三十三三三三三。

寅中弦八十〇九〇一七。　冪六千五百四十五〇八五〇。

己中股冪五千七百一十一七五一七。　根七十五五七六一〇

末求己庚線兩平面心相聯。即內容十二等面之邊。

一率　寅中八十九〇一七。　爲大弦

二率　己中七十五五七六一　爲大股

三率　寅己二十八八六七五　爲小弦

四率　己星二十六九六七二　爲小股

倍己星得五十三九三四四。爲己庚。

解曰：中寅己大句股形與己寅星小句股形同用寅角。則其比例等而爲相似之形故也。

兩平面心相聯爲直線之圖

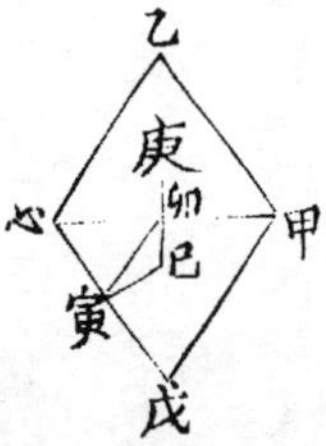

乙心甲及戊心甲兩等邊平三角面。以甲心邊爲同用之邊。而甲心隆起如屋之山脊。兩平面之中心爲己爲庚。聯爲己庚線。與甲心爲十字。

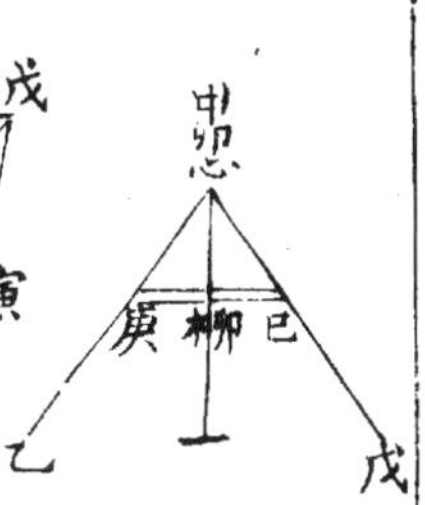

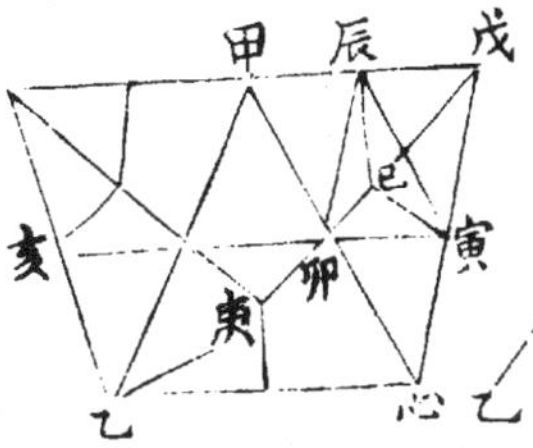

然不緊相切何也甲心既隆起則甲心折半之卯在己庚折半之柳點上其距爲卯柳試側視之則甲心戊面變爲戊卯線甲心乙面變爲卯乙線而甲卯心線變爲卯點己庚點在平面原近甲心點爲卯戊卯乙三之一則卯柳之距亦爲垂線三之一矣

己庚等線相聯成五等邊平面圖

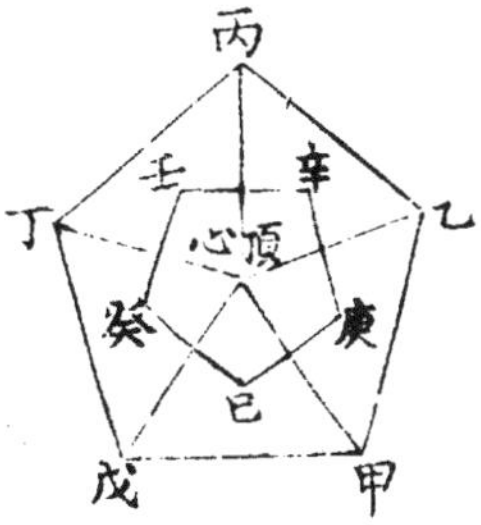

準前論甲心戊等三角平面合二十面爲廿等面體則甲心等邊線皆高於平面而邊線之端互相輳卽爲尖角如心點依此推知甲乙丙丁戊點皆必與他線互相輳而成尖角矣

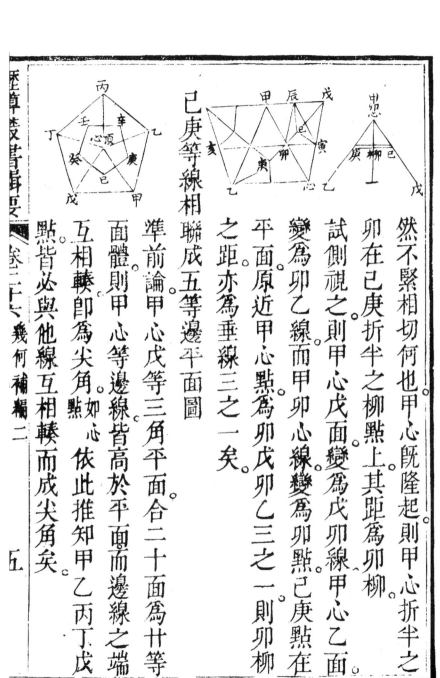

其己庚辛壬癸各點。爲各平面之最中央。在體爲最平之處。故內容之渾圓。及內容之十二等面。各尖必切此點。依前法。求得己庚等點。聯爲直線。則凡五平面相輳爲尖。必有各中央之點相聯爲線。而皆成五等邊平面形矣。此平面形正與心尖相應依此推知甲。乙。丙。丁。戊。各點皆能爲尖。則其周圍相輳之五平面。亦必各以其中央之點相聯爲線。而皆成五等邊平面形。二十等面體五邊線相輳之尖凡十有二。每一尖之周圍皆有五平面。即皆有中央之點相聯而成五等邊平面。亦十有二。如此而內容十二等平面體已成。故曰但聯己庚二點爲線。即內容十二等面之邊也。

求甲中線。即外切渾圓及十二等面之半徑。心中戊中並同。

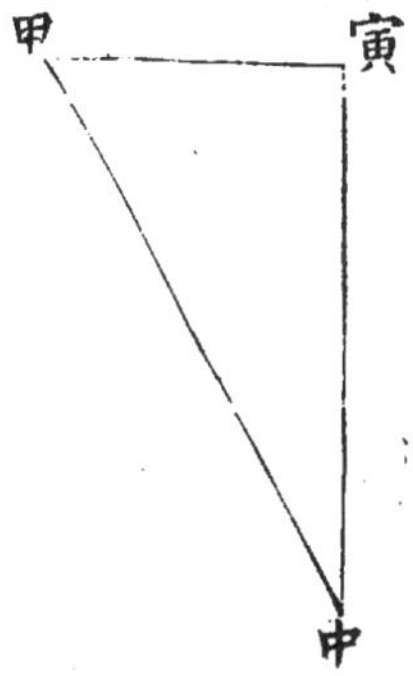

寅甲爲原邊之半設五十其冪二千五百爲句冪

寅中爲外切立方半徑八十〇九〇一七〇其冪六千五百四十五〇八五〇爲股冪幷句股冪九千〇四十五〇八五〇平方開之得甲中弦九十五一〇六五〇

求體積

設邊一百〇其半五十〇　斜垂線八十六六〇二五〇　相乘得面冪四千三百三十〇一二五〇〇

又以巳中高七十五五七六一乘面冪〇得柱積三十二萬七千二百五十三九六〇〇三除之得分體積一十〇萬九千〇八十四六五〇〇

以二十乘之得全積二百一十八萬一千六百九十三〇

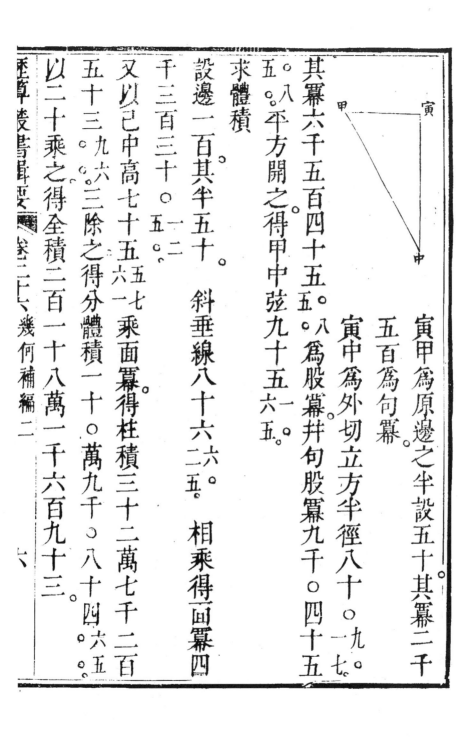

訂定體積

二十等面形自腰切之成十等邊平面。

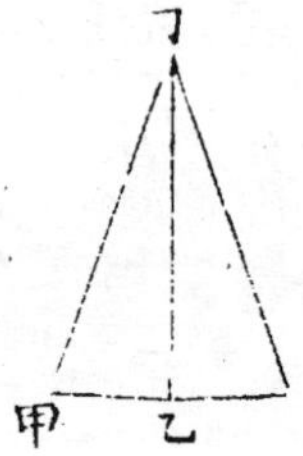

先求甲丁。乃十等邊平面從心對角之線。亦即二十分形各三角立體一面之中垂斜線。

法爲甲乙即切形十等邊之半。在原設二十等面形邊爲四之一。與甲丁若十八度之正弦與全數也。十等邊各三十六度。其半十八度。

設邊一百。所切十等邊平面之邊五十。其半甲乙二十五。

一率　十八度正弦　○三○九○

二率　全數　一○○○○

三率　甲乙　二五

四率　甲丁八〇九〇六一

用等邊三角求容圓法

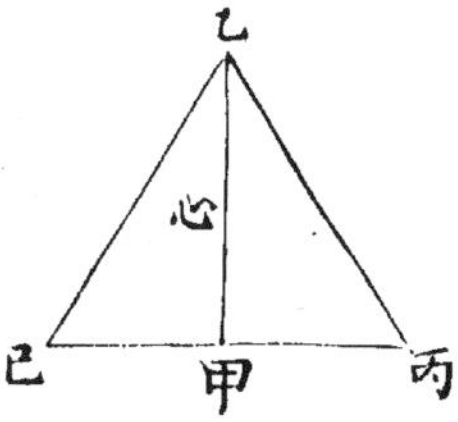

設邊一百其內容圓半徑二十八八六七五爲心甲。

以心甲爲句二十八八六七五其冪八百三十三三三二五。

以甲丁爲弦八十〇九〇六一。其冪六千五百四十五七九七〇。

句冪減弦冪餘五千七百一十二四六四五爲心丁股冪。開方得心丁七十五五八〇八。此即各面切形自各面之心至切體尖之高也其切體之尖即原設二十等面總形之體心爲丁點。用後法得乙己丙平面冪積四千三百三十〇一二五〇。

又依三等邊角形設邊一百（丙己）。其半五十（丙甲）。求到乙甲中長八十六（六二五）。用其三之一即心甲二十八（八六七五）以與丙甲五十相乘得一千四百四十三（三七五）。為各等面平積三之一（三因之得平面積）又以丁心七十五（五八八）乘之得一十〇萬九千〇九十一（四三七二）為二十等面形分切每面至心之積。又以二十乘之得全積。依上法求到二十等面全積二百一十八萬一千八百二十八。與前算所差不遠。（查比例規解差不多。惟測量全義差遠。）

按以本形分為二十。各成三角立錐形。而各以分形之高乘底取三之一以為分形積。然後以等面二十為法乘而并之。得總積。可謂的確不易矣。然與曆書中比例規解及測量全義俱不合。何耶。

用上法求形內容渾圓。其心丁七十五○五八八。即內容渾圓半徑。以心丁線與各平面作垂線。而丁點即體心故。

置心丁倍之得小渾圓徑一百五十一零。自乘得二萬二千八百○一。以十一乘十四除得一萬七千九百一十五爲圓冪。

置內容渾圓之平圓冪一七九一五。以圓徑一百五十一取三之二得一百強。以乘平圓冪得一百八十○萬二千二百四十九。爲二十等面內容渾圓之積。

置內容圓徑一百五十一。自乘得二萬二千八百○一。再乘得三百四十四萬二千九百五十一。以立圓捷法。五二三五九八七七乘之得渾圓積一百八十○萬二千七百二十五。

先用密率十四除十一乘。得渾圓一百八十○萬二千二百四十九。

以較立圓捷法所得少尾數四百七十六。約爲一萬八千之五弱。不足爲差也。

依立圓法以圓率三一四一五九二乘立圓法六而一。得五十二萬三五九八爲徑一百之渾圓積。

依法求得立方邊五十七七三五。立方積一十九萬二四五○四等面積六萬四千一百五十。並合前算。

小渾積一○○七六六　若用捷法以渾圓率五二三五九八。乘立方積得數後去末六位。亦得一十○萬○七六六。

內容渾圓尚且如此之太。况二十等面之形又大於內圓乎。

然則曆書之率。其非確數明矣。

一率　二一八一八二八　側容二十等面

二率　一〇〇〇〇〇〇　例根一百之立積

三率　一〇〇〇〇〇〇　設容

四率　〇四五八三三三　所求根立積

如法算得二十等面之容一百萬其根七十七。

比例規解作七十六尚差不多測量全義云二十等邊設一百其容五二三八〇九則大相懸絕矣久知其誤今乃得其確算已未年所定之率以兩書酌而爲之究竟不是今乃得之可見學問必欲求根也

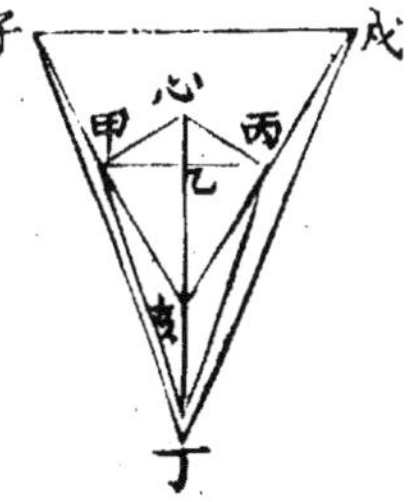

亥子戊爲二十等面之一面亦即各分體之底亥子子戊戊亥皆其邊即根也半之爲亥甲

甲乙丙爲横邊切處。即横切成十等邊形之一邊。丁爲體心。亦即切十等邊平面之中心。甲乙丙丁即横切十等邊平面之分形。心爲二十等面每面之正中。心丁爲體周各平面至體心之垂綫。亦即分體之中高。亦即體内容渾圓之半徑。丁亥丁子丁戌皆分體之楞綫。乃自各分面角輳體心之稜也。亦即爲外切渾圓之半徑。丁甲丁丙皆横切平面各角輳心之綫。亦即分體各斜面之中垂斜綫也。

求法以甲丁爲股。亥甲爲句。（即根之半。）兩冪相併。開方得弦。即丁亥也。（丁子丁戌同。）

求二十等面外切渾圓之半徑

依句股法　以丁甲股八十〇九〇六一自乘冪六千五百四十五七九七〇。亥甲句五十〇自乘冪二千五百。相并為亥丁弦冪九千〇四十五七九七〇。平方開之。得亥丁九十五一〇五二。為外切渾圓半徑。亦即二十分形自其各角輳心之稜。倍之。得一百九十〇二一〇四。即外切渾圓全徑。

計開二十等面體諸用數

設邊一百。外切立方之半徑八十〇九〇一七。為體心至邊之半徑。即寅中。卯中辰中等。倍之。為邊至邊一百六十一八〇三四。即外切立方全徑。

外切渾圓之半徑九十五一〇五六。為體心至各角尖之半徑。即甲中。戊中。心中等。倍之。為角尖至角尖一百九十〇二一一二。即外切渾圓全徑。

內容渾圓及十二等面之半徑七十五五七六一。為體心至各面之半徑即巳中庚中等。倍之得全徑一百五十一一五二二爲面至面。內容十二等面之邊五十三九三四四。內容燈體邊五十。即原邊之半。

每面之冪四千三百三十〇一二五〇。

二十等面之冪共八萬六千六百〇二半。

分體積一十〇萬九千〇八十四六五爲二十分之一。

合之得全積二百一十八萬一千六百九十三。

內容小立方之邊八十七二六七七。以內容立圓徑自乘之冪。取三之一。開方得之。

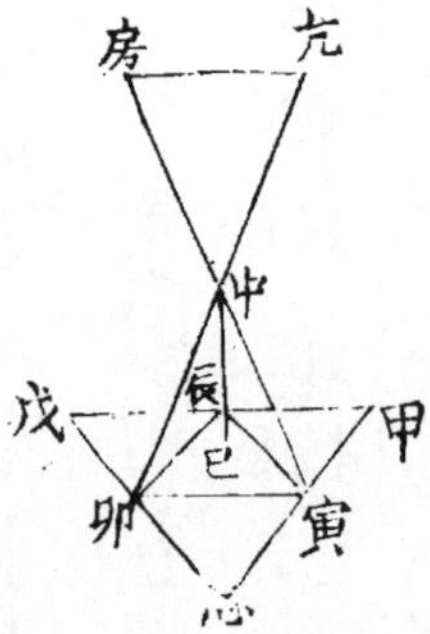

立方內容二十等邊算法

亢卯寅房爲立方全徑一百中寅中卯爲半徑五十寅卯二點爲二十等面邊折半之界寅卯線爲二十等面邊之半中爲體

之中心寅中卯角爲三十六度。中寅半徑當理分中末之全數。寅卯卽理分中末之大分。甲戊、戊心、心甲皆寅卯之倍數，卽二十等面之邊，其數六十一八〇三三九八。甲辰半邊三十〇九〇一六六九，與寅卯同。心辰垂線五十三五二三三，半垂線心箕二十六七六一六。甲辰冪九百五十四九一五〇，三因甲辰冪爲心辰冪二千八百六十四七四五〇，不盡。

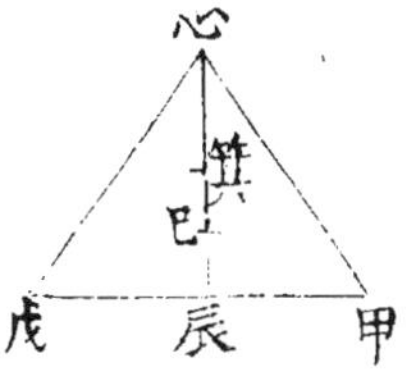

論曰：以中寅半徑五十求寅卯，正得理分中末大分之半，而甲戊邊原倍於寅卯，寅房全徑亦倍於寅中，是全數與大分皆倍也。故徑以全數當寅房全徑，以理分中末之大分當甲戊等二十等邊之全邊也。

又立方邊設一百。即寅房徑。半之五十。即中寅。

內容二十等面之邊六十一八〇三三九八。即甲戊等。

面之中垂線五十三五二三三。即心辰。

中垂線之半二十六七六一六。即心箕。

面之羃一千六百五十三九五七八。即甲戊心面。

中垂線三之一得一十七八四一一。即心己。

內容立圓半徑四十六七〇八六。即己中。全徑九十三四一七二。

二十等面全積五十一萬五千〇二十六九五九七

約法

立方根與所容二十等面之邊。若全數與理分中末之大分。

面羃三之一以乘容圓全徑。得數十之爲全積。

中垂線三之一心已爲句卽平面容圓半徑。自乘得句冪三百一十八三〇四八四九。以減中寅弦冪二千五百〇〇。餘已中股冪二千一百八十一六九五一五一。開方得已中根四十六七〇八六。

二十等面邊設一百用理分中末線求其外切之立方。

一率　二十等面邊六十一八〇三三九八

二率　外切立方一百〇〇

三率　二十等面邊一百〇〇

四率　外切立方一百六十一八〇三四

依法求得二十等面邊一百其外切立方一百六十一八〇三四與先所細算合

半圓內容正方

法以圓徑爲三率。丙丁理分中末之小分爲二率。庚辛理分中末全線加小分爲首率。丁辛爲全線。庚辛爲小分。共得爲丁庚總線也。二三相乘一率除之得四率。丙乙甲丁。即爲全徑之小分以減全徑餘乙丁。乃於乙作正十字線至圓界。如己乙。即以此線自乘作正方。己甲如所求。

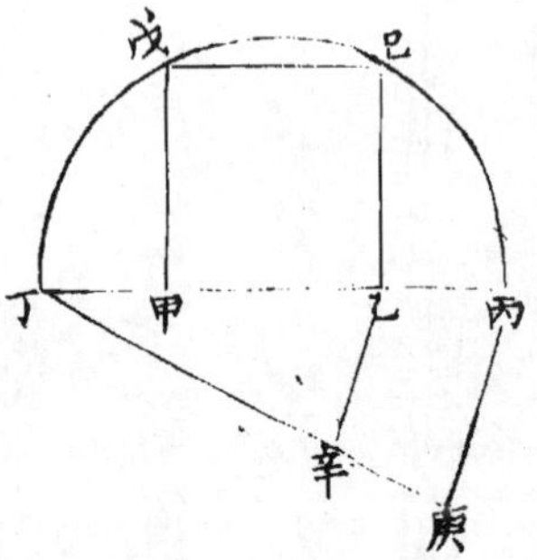

論曰。己乙即丙乙與乙丁之中率。而丙乙既爲乙丁全徑之小分。則己乙即大分也。而甲乙亦爲大分。甲丁亦爲小分矣。若自甲作甲戊。必與己乙。甲乙等。而其形正方。

半渾圓內容立方

法以乙甲圓徑自乘之冪。取其六之一。開方得容方根。丙丁方丙戊邊。

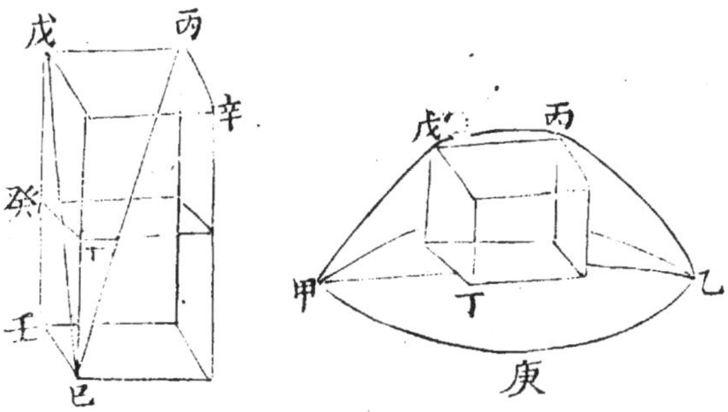

論曰試倍甲丙乙庚半渾圓爲全渾圓體亦倍丙丁正方形作丙己長立方形亦必能容矣然則丙己線在長立方形之內爲斜線者亦即渾圓之徑也試於長立方面作戊己斜弦則己壬爲之句戊壬爲之股而戊己弦冪內有己壬冪與戊壬冪矣而丙己線爲弦則戊己又爲股丙戊又爲句而丙己自冪內又兼有戊己冪及丙戊冪矣丙戊亦即己壬又戊壬爲己壬即丙戊亦即戊癸之四倍則戊壬股冪內有己壬句冪四合之爲戊己弦冪則戊己冪內有己壬冪五矣而丙己弦冪內復兼有戊己股冪及丙戊句冪是丙己冪內有丙戊冪六也丙己既

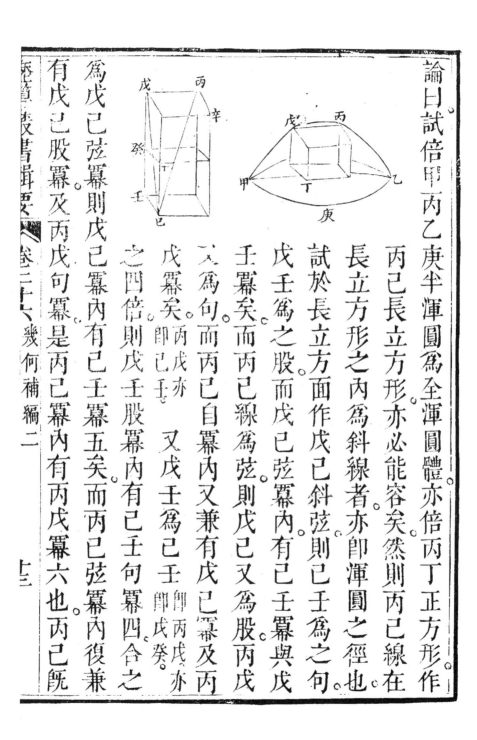

同圓徑則取其冪六之一開方必丙戊容方邊矣。

立方內容十二等面其內又容立方。此相容比例。

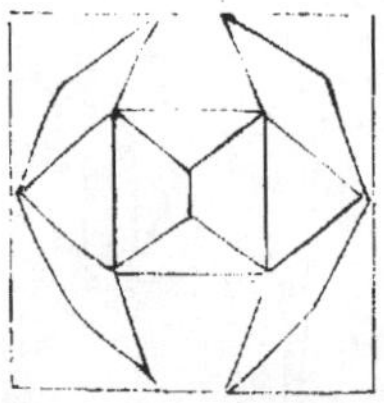

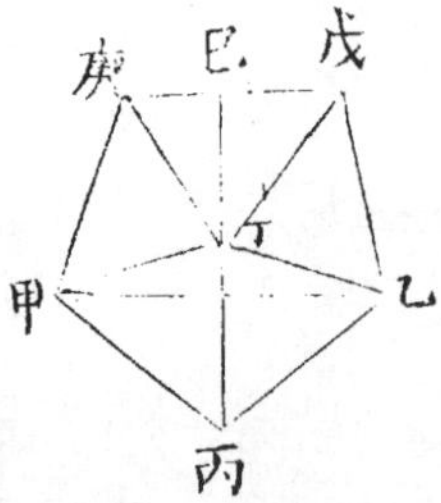

立圓內容十二等面其內又容立方此立方之面冪爲外圓徑上面冪三之一而立方之各角即同十二等面角以切於立圓之面。　法以外切渾圓徑上冪取三之一爲十二等面內小立方冪平方開之得小立方根。根乘冪見積。

又簡法以十二等面之面冪求其橫剖之大線。此線即十二等面內容小方之邊。

如圖作甲乙線剖一面爲二。此線在面中最大。即爲內小立方根。以此自乘而三之即小立方

外切渾圓徑冪

凡立方容二十等面。二十等面又容渾圓。圓內又容小立方。此小立方之各角。能同渾圓之切點。以切於二十等面之平面心。

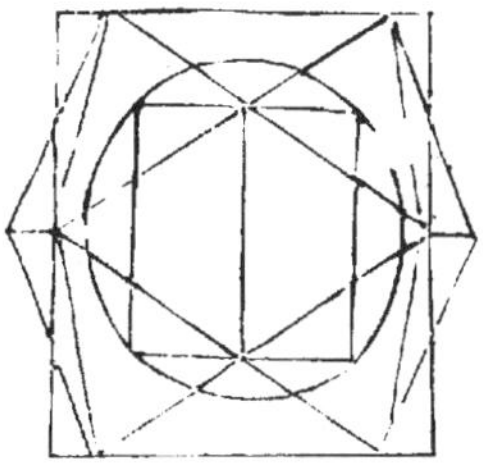

法以內容渾圓徑之冪取三之一爲內小立方之冪。平方開之。得切點相距。卽小立方根。以根乘冪見積。　簡法取內容渾圓之內容立方邊。求其理分中末之大分。爲內容十二等面邊。

又簡法。如前求得二十等面內容十二等面之一面。乃求其横剖之大綫。卽二十等面內容小立方之根。　以根自乘而三之。卽二十等面內容渾圓之徑冪。開方得根。卽內容渾圓徑。折半爲分體之中高。

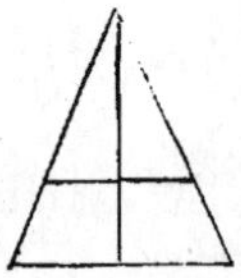

此二十等面之面作三分之一橫剖。

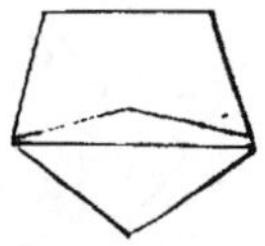

此十二等面之面在二十等面內。

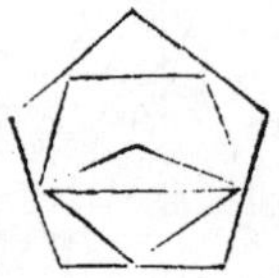

此五等面邊即前橫線所成。

凡五等邊平面。其邊即七十二度之通弦。橫剖大線即一百四十四度之通弦。各折半爲正弦。可以徑求。

一率　三十六度正弦　　二率　七十二度正弦

三率　五等邊之一邊　　四率　橫剖之大線

凡二十等面體。與十二等面體。可互相容而不窮。

十二等面體有二十尖。二十等面體有十二尖。其各尖相距必均。其互相容也。皆能以其在內之尖。切在外各面之中心而徧。

凡二十等面內容立圓。仍可以容二十等面。

二十等面內容立圓。仍可以容十二等面。

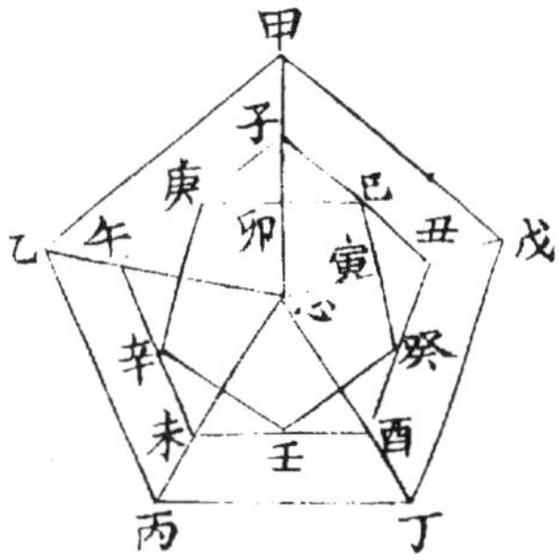

甲心乙　乙心丙　丙心丁　丁心戊　戊心甲。皆二十等面之一面。其各三邊皆等。各以庚。辛。壬。癸。己。爲其面之心。若內容十二等面體。則十二等面之各尖。必切於庚。辛。壬。癸。己等心點。

今求內容十二等面之邊。則必以庚辛等心點聯爲直線。即成五等邊面之邊。而與十二等面之形相似而可以相容矣。法當以邊甲戊半之甲辰作對心垂線辰心。戊心辰甲句股形既得己卯倍之爲己庚即內容十二等面之一邊。

二十等面體內容十二等面之圖

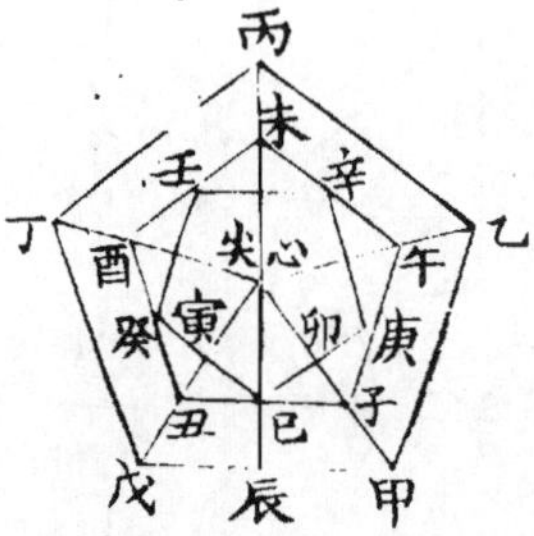

第一圖原形如五面扁錐。心尖鋭起。丙心戊等三等邊平面。凡五共輳而成一。心尖乃二十等面四之一。其己。庚。辛。壬。癸五點皆三等邊平面之中心。亦卽內容十二等面之稜尖所切。故必先求此點。

簡法曰半甲戊邊於辰。作辰心對角斜垂線。又取心甲。心戊各三之二爲心子。心丑。乃聯子丑爲線。與甲戊邊平行。與辰心垂線十字相交於巳點則己點即甲心戊平面之心再從子至午作與邊平行線線之半即庚點餘三面盡如此作平行線則辛點在午未線壬點在未酉線癸點在酉丑線但半之皆得心矣

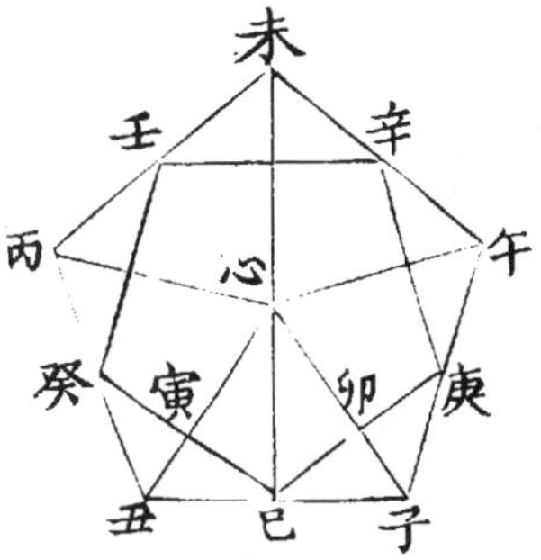

第二圖剖形是五等邊平面因前圖子丑等平行線橫剖之去其中高之尖成子午未酉丑五等邊平面此平面之心點在前圖心項之內惟子丑等邊線是原形所作平行線在體外可見餘皆以剖而成乃從各角作線至心如子心等分為五平面三角形而心子等線皆小於子丑邊因子巳原邊及子心丑角求得心巳垂線及子心對角線

第三圖正用之形即內容十二等面之一面因第二圖各平分

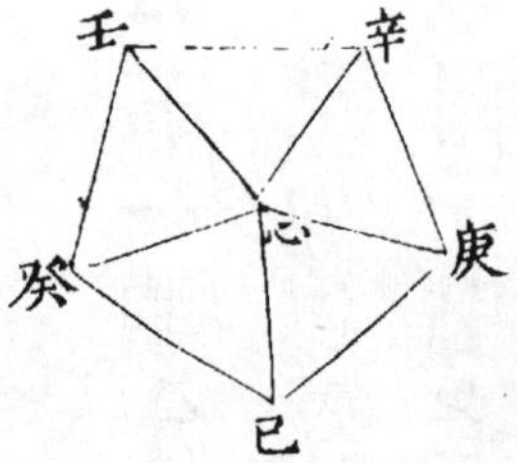

其邊得己庚辛壬癸五點。即原形之平面心。又聯此點作直線。則成此形。以此形爲內容十二等面之一面。則己庚等五點爲十二等面之鋭角。而皆切二十等面之平面心矣。

求己庚線法。因心子對角線及心已垂線子巳原半邊。得巳卯。倍之爲己庚。

第一圖設二十等面邊一百　甲戊等五邊。甲心等五輳頂線並同。

則子心六十六六六。子丑平行線同。皆爲原邊三之二。心已斜垂線五十七七三五。爲心辰斜垂線三之二。乃斜立面也。

第二圖子巳半邊三十三三三　子心對角線五十六七九九。巳心垂線四十五八七九二

法爲全數與五十四度之割線。一七三。。若子巳邊與子心也。子巳乘割線。以全數十萬而一。得子心。

又全數與五十四度之切線。一三七六三八若子巳邊與巳心也。子巳乘切線。以全數十萬而一。得巳心。　凡全數除降五位

第三圖巳庚等兩平面心相距線五十三五八一六。　其半巳卯二十六。七九八。

法爲子心對角線與巳子半邊。若心巳垂線與巳卯也。倍巳卯得巳庚。

求得二十等面邊一百。　內容十二等面。其邊五十三五八一六。

捷法。但用法聯兩平面之中心點。即爲内容十二等面之邊。

平面十等邊形之邊即理分中末綫大分圖

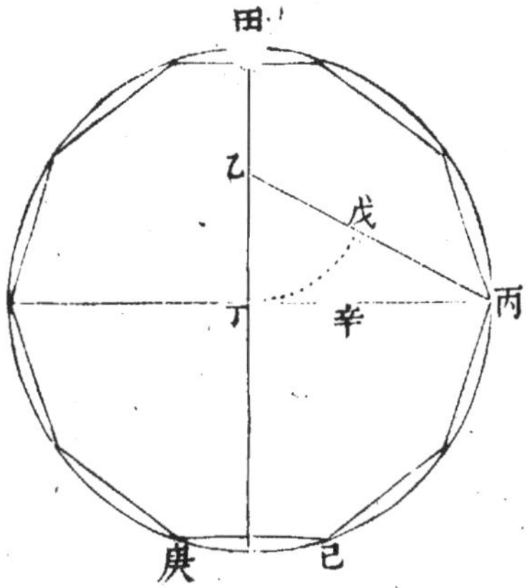

如圖以甲丁圓半徑折半於乙。從乙作綫至丙。復以乙為心。丁為界作圓分。截乙丙於戊。則戊丙為理分中末綫之大分。即取戊丙度作識於圓周。如己庚等點。以綫聯之。即成平面之十等邊形矣。

求理分中末綫大分小分法

如前圖丙丁半徑設一百為全分。為句。半半徑乙丁五十為股。用句股法求得乙丙弦一百一十一八〇三三九八。內減半半徑五十。乙戊同。餘戊丙六十一八〇三三九八。即大分也。於丙

丁全分內。減同丙戊之丙辛大分餘辛丁三十八一九六六○○。二即小分也

歷算叢書輯要卷二十七

幾何補編三

十二等面體

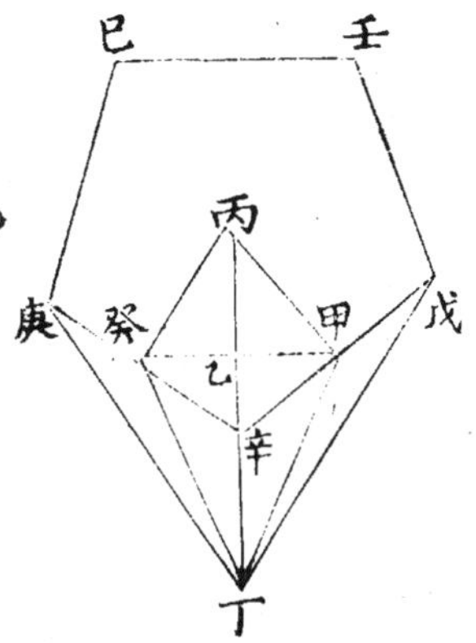

戊辛庚巳壬五等邊形。即十二等面立體之一面。亦即分體形之底。乃五面立錐形之底。丙為平面心。丙丁為平面心至體心之垂線。亦即分體形之中高。又為體內切渾圓之半徑。亦即為內切二十等面之半徑。丁為全體之中心。又為十二分體之上銳。即五等面立錐形之頂。戊辛壬巳等皆各面之外周線也。即邊為體之稜。亦名之為根。自分面之心丙作垂線至邊。如癸丙丙甲。分各邊為兩。其分處為癸為甲。即各邊折半處。

乃自癸至甲聯爲癸乙甲線。又自此線向丁心平剖之。成甲丁癸三角形面。各分形俱如此切之。成十等邊平面形。故丁癸丁甲皆分體形自頂鋭至各邊之斜垂線。在所切之十等邊平面形。卽爲自丁心至平面角之線。甲癸等點在各邊爲折中。在切形之平面則對角。又自丁至體周各角之線。如丁辛丁庚丁戊等。在分體卽爲自底角至頂鋭之稜。又爲外切渾圓之半徑。又爲外切二十等面之半徑。

十二等面體算法

先算十二等面之面。卽戊辛庚己壬。法爲全數與五十四度之切線。若甲辛與甲丙也。以甲丙乘甲辛。又五乘之。得戊辛庚己壬五角面積。甲丙辛角爲五等邊之半角三十六度。其餘角甲辛丙必五十四度。

次算面上大横線。即甲癸。

又全數與三十六度之正弦。若甲丙與甲乙也。倍甲乙得甲癸。

次算中高線。丙丁。

法為全數與七十二度之割線。若甲乙與甲丁也。因平切十等邊為三十六度。半之為十八度。其餘角七十二度。即乙甲丁角。

乃以甲丁為弦。甲丙為句。兩冪相減開方得股。即丙丁也。

次算分體之積。

法以中高丙丁乘戊辛庚巳壬底得數。三分而取其一。為分體之積。

末算全體總積。

置分體積以十二乘之。即得總積。

設十二等面體之邊一百。

依法求得全體總積七百六十八萬二千二百一十五七八四。

求外切內容之立方及外切之立圓法。

置十二等面邊爲理分中末線之小分。求其大分爲內容立方邊。

置十二等面邊爲理分中末線之小分。求其全分爲外切立方邊。

置內容立方邊自乘而三之。開方得外切立圓全徑。

求外切內容諸數

十二等面體分形　用理分中末線

辛戊亥五等邊形爲十二等面之一。寅卯點爲邊折半處。

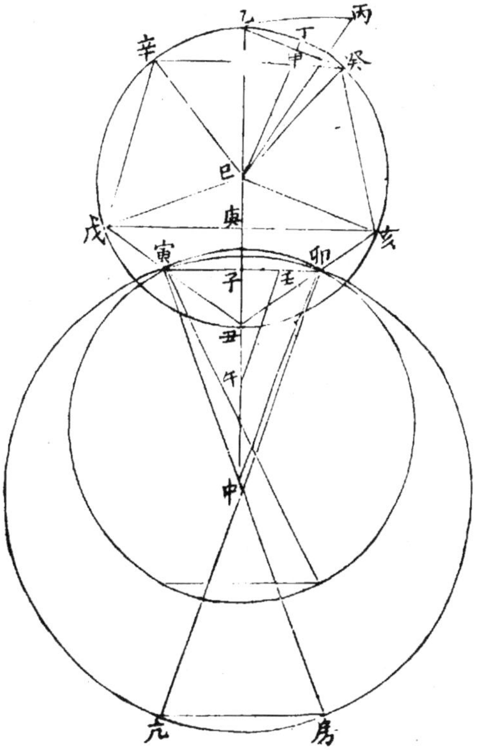

中為體心。卯中為外切立方半徑。卯亢為外切立方全徑。設一百。寅卯線與卯中半徑若理分中末之大分與其全數也。寅卯在圓內為三十六度之分圓　辛癸辛戊等俱七十二度之分圓。乙巳為半徑。巳丑同。乙癸為三十六度之通弦。乙巳半徑與乙癸亦若理分中末之全數與其大分也。故乙巳

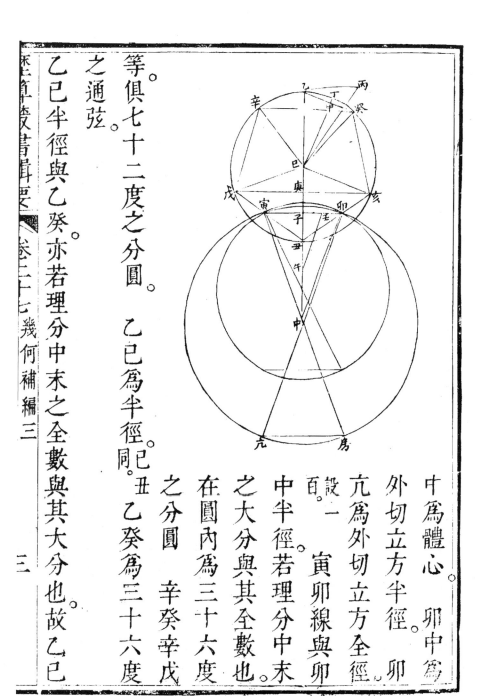

癸三角形與卯中寅相似。

若取乙丙切線如乙癸之度。則丙巳必同亥癸邊。即七十二度通弦。乙癸折半於甲。則甲乙爲十八度正弦。再於寅卯線取子壬如乙甲。取壬午如乙巳半徑。引巳子至午。中末乃自卯作線至中與壬午平行。因得寅中與卯中等。則寅中卯中卽爲橫切之全面。

一率	全數	一〇〇〇〇〇
二率	三十六度割線	一二三六〇七
三率	子寅	一十五四五〇八 四九五
四率	丑寅半邊	一十九〇九八三

倍丑寅得丑戊三十八一九六六

論曰。凡十二等面。從其半邊之點。如寅如卯。聯爲線。以剖至體之心。

中點則所剖戍寅中卯三角形平面必爲全圈十之一。卽寅中卯角必三十六度。而中寅或中卯兩弦與寅卯底若理分中末之全分與其大分矣。

又十二等面在立方形內。必以卯中或寅中自心至邊之線當立方之半徑。是立方半徑與十二等面之寅卯線亦若理分中末之全分與其大分也。

若設立方半徑一百。則寅卯必六十一八〇三三九八。如理分中末之大分也。今設立方全徑一百。其半徑五十。則寅卯亦必三十。九〇一六九九。如大分之半矣。

寅卯二點。旣在丑戌丑亥兩邊之折半。則戌亥大橫線必倍大於寅卯。而與理分中末大分之全相應。爲六十一八〇三三九八。

此皆設立方半徑五十之數也。而半徑五十其全徑必一百。故知設徑一百則十二等面之大橫線必六十一八〇三三九八。而竟同理分中末大分之數也。既得此大橫線則諸線可以互知

試先求邊

法爲酉戊（半大橫線）與丑戊等邊。若全數與三十六度之割線也。

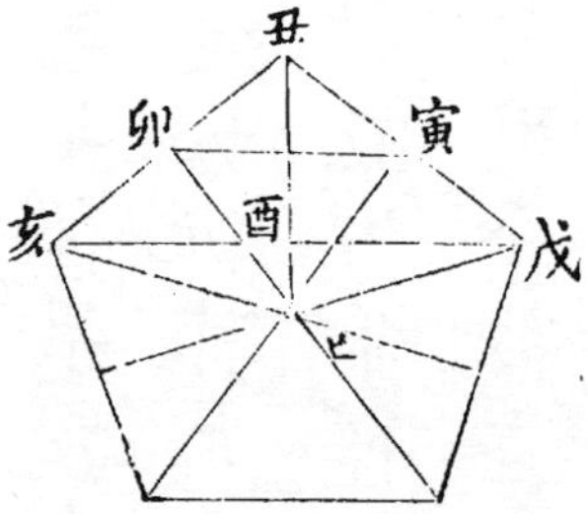

一率	全數	一〇〇〇〇〇
二率	三十六度割線	一二三六〇七
三率	酉戊半大橫線	三十〇九〇一六九九
四率	丑戊全邊	三十八一九六六

論曰五等邊各自其角作線至心分形爲五則各得七十二度角。如丑巳戊等。其巳角皆七十二度。其半必三十六度。如寅巳丑之巳角。得戊巳丑之半。正三十六度。而丑戊酉與丑巳寅皆句股形又同用丑角則戊角與巳角等爲三十六度。

十二等面求積

設邊即丑亥。丑戊等。三十八一九六六。中垂線卯巳二十六二八六五。

一面之平冪二千五百一十。一三七。

分體立錐之中高巳中四十二四三二五。即內容渾圓半徑。

分積三萬五千四百九十五八四七三。其形爲五面立錐其體積爲十二之一。

全積四十二萬五千九百五十。一六七六。

外切立方根一百　其積一百萬
外切渾圓徑一百〇七〇四六六
内容立方根六十一八〇三三九八
外切立方與體内容立方徑之比例若理分中末之全分與其大分
又若外切立方之外又切十二等面體體外又切大立方則大立方之徑與今所算外切立方徑亦若理分中末之全分與其大分而外切之十二等面與其内十二等面徑亦必若理分中末之全分與其大分也
孔林宗云外立方與内立方之徑為理分線全分與大分之比例是矣若内立方又容立圓則小立圓之徑與小立方之

徑同而外渾圓與外立方之徑不同似未可以前比例齊之。

若十二等面外切大立方。大立方之外又切大立圓。大立圓外

又切十二等面。則大立圓與內容小立圓亦必若理分中末之

全分與其大分。而外切十二等面與十二等面亦必若理分中

末之全分與其大分。何則皆外切立方與內容立方之比例也。

十二等面容二十等面圖

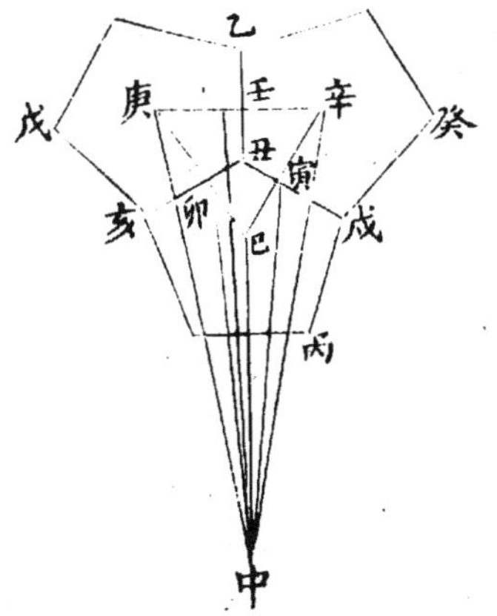

第一圖

割十二等面之三平面一尖成此形。癸

丑。丙丑。戊丑之五等邊平面皆十二等

面之一。巳。庚。辛。各爲其中心一點。丑爲三平面稜所

聚之尖。亥丑。戊丑。乙丑。俱平面邊。各爲

兩平面所同用之稜中爲體心己中。辛中。庚中皆內切渾圓半徑。亦內容二十等面自尖至體心半徑。己卯。庚卯。己寅。辛寅。辛壬。庚壬俱平面中垂線。寅。卯。壬皆平面邊折半之點

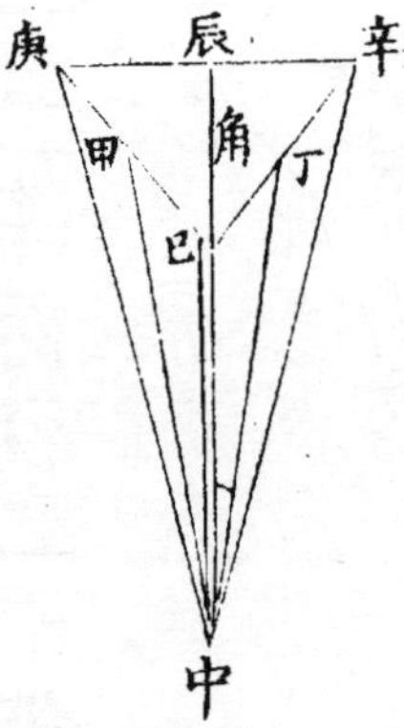

第二圖

內容二十等面體各自其邊剖至心成此分體爲內容體二十分之一。辛庚己三角尖卽十二等面之中心原點。此點以外俱剖而得甲點與卯點同在卯中線。而甲在卯下。丁在寅下。辰在壬下俱同

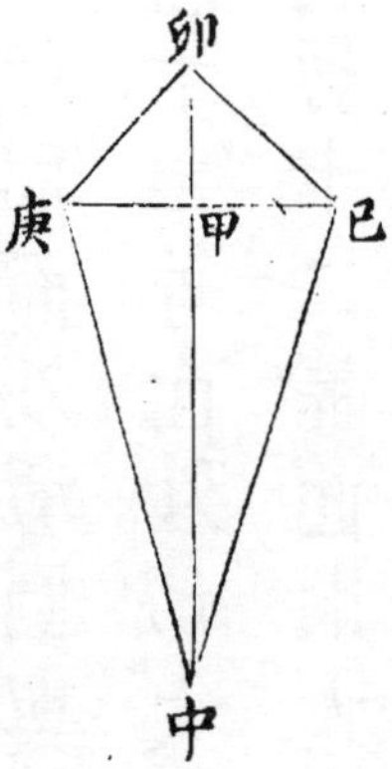

第三圖

自卯點起。依卯己。卯庚二線剖至體心中成此平面形。卯卽原邊折半處。卯中

即原體外切立方之半徑中即體心已庚即原兩平面之中心點。今聯爲已庚線即內容二十等面之一邊已中庚即內切二十等面分體之立面。乃三角錐體之一面甲中爲內切二十等面分體之斜垂線。觀第二圖可明第二圖角點居剖內三角之中心。正對原體之丑尖。而在其下。故角中爲內容分體之正高。而甲中爲斜垂線也。

今求已庚線即內容二十等面之邊。法於卯中外切立方半徑。內求甲中以相減。得卯甲爲股。用與卯已弦原體之面上中垂線。兩冪相減開方得仃爲已甲倍之得已庚。

卯已中三角形卯中即外切立方半徑設五十爲底卯已即原體之平面中垂線二十六二八六五。已中即內容渾圓半徑亦即內容二十等面分體之斜稜四十二五三二二五。以卯巳巳中兩弦相減爲較。相幷爲總。以總乘較爲實。卯中底五十爲法。除之得亢中二十二三六○六。以減卯中。餘二十七六三九四。爲亢卯。折半得一十三八一九七。爲卯甲。以卯甲減卯中。餘三十六

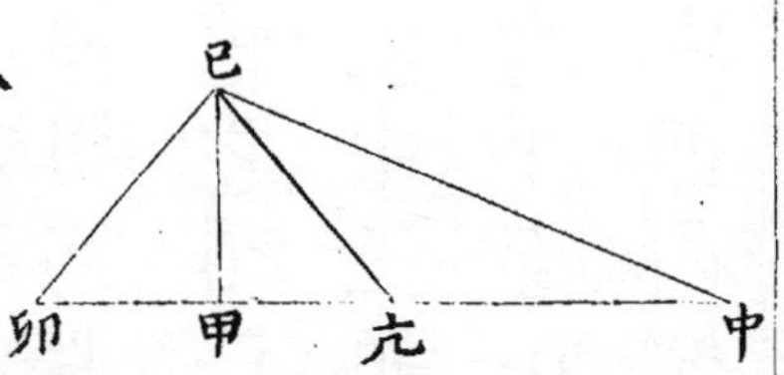

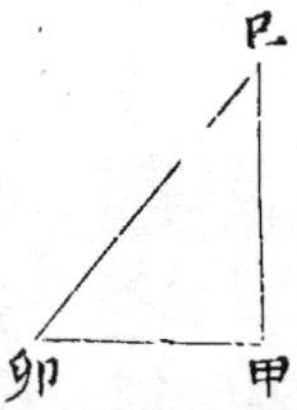

一八○三。爲甲中。即內容二十等面分體之斜垂線。卯巳自乘。得六百九十○九八○○。爲弦冪。卯甲自乘。得一百九十○九八四一。爲股冪。相減。餘四百九十九九九五九。爲句冪。開方得巳甲二十二三六○五。倍之得巳庚四十四。七二一一。即爲內容二十等面邊。

此法甚確。亦且甚捷。無可疑者。偶於枕上又思得一法。借燈體

分形之三角錐以求十二等面內容二十等面分體之三角錐是以錐體相截而知其所截之邊即爲內容二十等面之邊

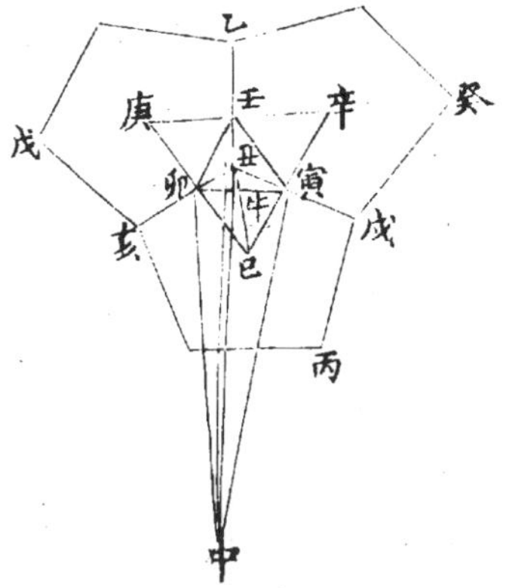

第一圖

丑爲三平面所聚之尖丑戊丑亥丑乙皆兩平面同用之稜已庚辛皆五等邊平面之心已寅已卯等皆平面心至邊垂線已牛丑爲平面心對角線　寅卯壬皆平面邊折半之點寅中卯中壬中爲體心至邊線即外切立方半徑中爲體心

第二圖

聯寅卯卯壬壬寅三線爲平三角面橫剖之又各依寅中卯中

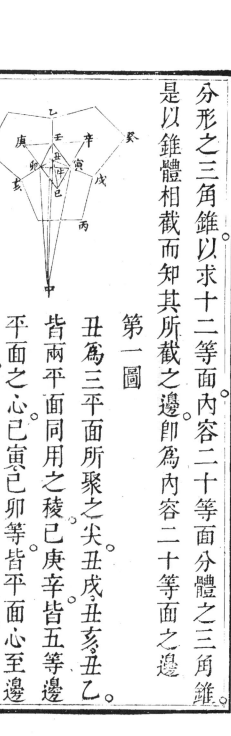

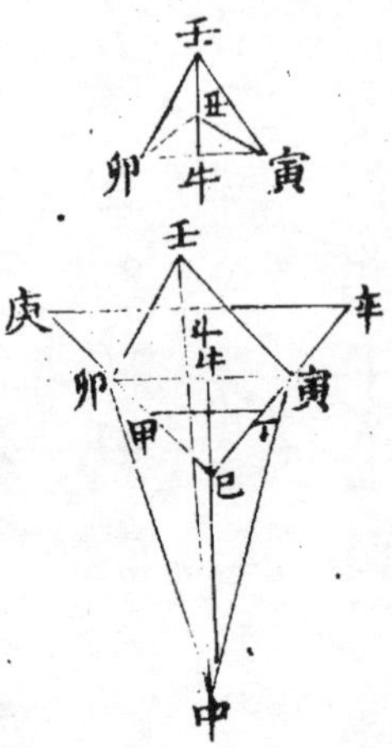

壬中線剖至體心中則成三角錐體二其一爲丑寅卯壬體是三角錐而稍扁者也其一爲寅卯壬中體是三角錐而稍長者也其寅卯壬三角平面爲扁形之底又爲長形之面其寅卯等線與寅中卯中之比例皆若理分中末之大分與其全分也其扁形錐既剖而去則成圓燈所存長錐即燈形分體之一平面心之點爲斗在丑尖下與牛點平故丑牛爲弦則斗牛如句而丑斗之距如股也

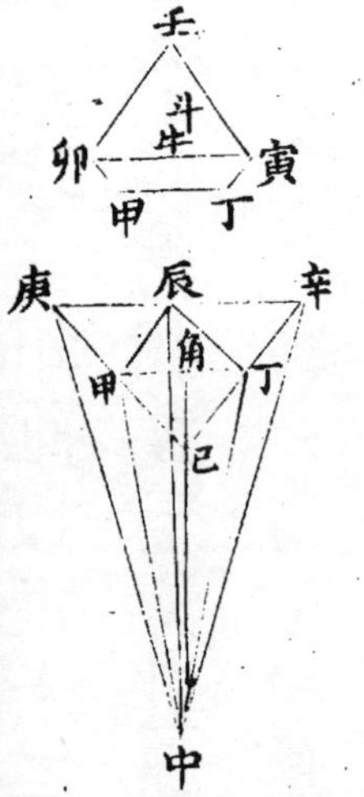

第三圖

又於圓燈分體剖去辰甲丁之一截則成甲丁辰中三角錐乃十二等面

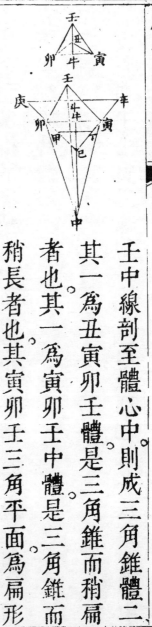

內容二十等面分體中之分體其辰甲丁面與已庚辛脗合爲一蓋已庚辛者內容二十等面之一面各於邊折半爲甲午辰而聯之爲線則成小三角於中故辰丁等線皆居已庚線之半而甲中原爲二十等面分體之斜垂線者今則爲三角錐之楞

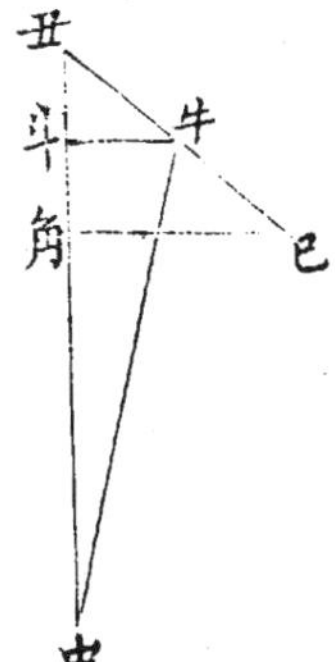

第四圖

已牛丑即原平面從心至角尖之線丑斗角中即原體自尖至中心之線又爲外切渾圓半徑。依第二圖截丑已於牛而橫剖之亦截丑中於斗成丑斗牛句股形。又依第三圖截斗中於角成丑角已句股形此兩句股形相似而比例等法爲丑牛與丑斗若丑已與丑角也。

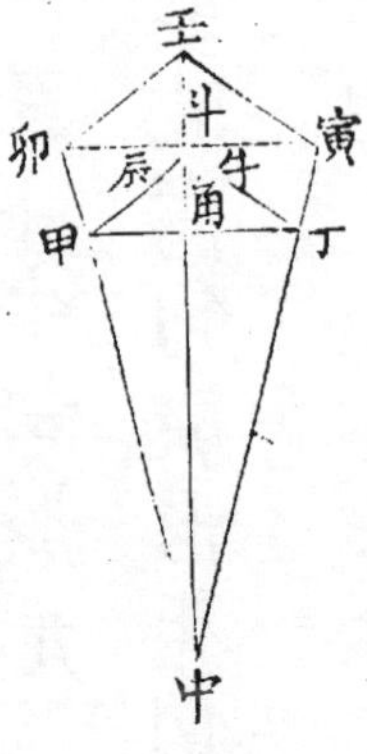

第五圖

寅中卯三角形爲圓燈分體之立面截爲甲丁中三角形此兩形相似而比例等法爲卯中與卯寅若甲中與甲丁也。又斗中爲圓燈分體之中高其平面爲寅卯壬角中爲截體之中高其平面爲丁甲辰此兩體相似而線之比例等法爲斗中與寅卯若角中與甲丁先求丑斗高。用截去扁三角錐以牛卯即寅卯之半冪三分加一以減丑卯冪爲丑斗冪開方得丑斗。次求丑角高。用巳丑對角線乘丑斗以丑牛除之得丑角高。其丑牛線以牛卯冪減丑卯冪開方得丑牛巳寅丑寅兩冪併開方爲巳丑。

末求已庚線　用丑角減丑中得角中又用丑斗減丑中得斗中以角中乘寅卯以斗中除之得甲丁倍甲丁得已庚為內容二十等面之邊

理分中末線以量代算　先以已為心作圓而勻分其邊為五作甲庚乙丙丁五等邊平面即十二等面之一面乙丁為大横線設一百甲庚等邊必六十一八〇三三九八為大横線理分中末之大分若乙丁大横線設六十一八〇三三九八則甲庚等邊必三十八一九六六亦為大横線理分中末之小分

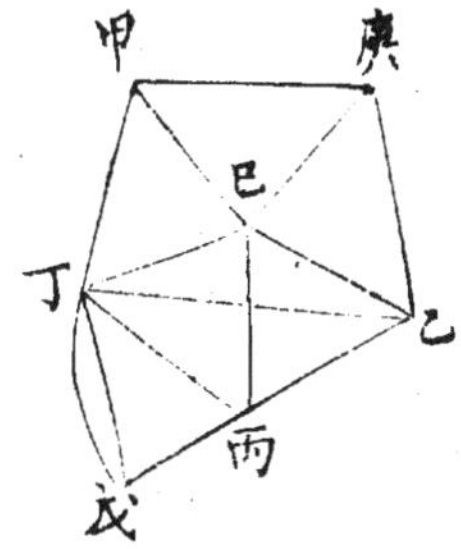

設立方一百內容十二等面邊三十八一九六六為理分中末之小分亦即大分之小分十二等面內又容小立方其邊與十二等

面之大横線等六十一八〇三三九八〇為大立方邊一百與十二等面邊三十八一九六六之中率何也大立方一百乘十二等面邊三十八一九六六開方得根即小立方及大横線六十一八〇三三九八〇

若大横線自乘之羃以十二等面邊除之即仍得外立方根而以外立方根除大横線羃必仍得十二等面之邊矣

以十二等面邊減外切立方邊餘為內容立方邊

以內容立方邊加十二等面邊即外切立方邊

計開立方設邊一百

內容十二等面邊三十八一九六六〇一

內容小立方邊六十一八〇三三九八

外切渾圓徑一百〇七〇四六六二五

外切渾圓半徑五十三五二三三
內容渾圓半徑四十二五三二五
內容渾圓全徑八十三〇六五一
內容二十等面邊四十四七二一一

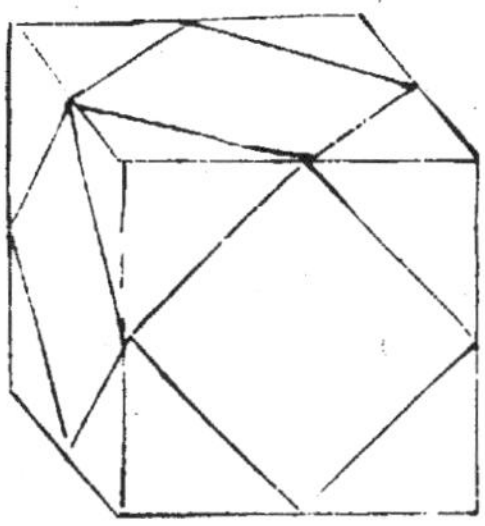

方燈體

凡燈形內可容立方。立方在燈體內。必以其尖角各切於八三角面之心。

燈體者。立方去其八角也。平分立方面之邊爲點而聯爲斜線。則各正方面內成斜線正方。依此斜線斜剖而去其角。則成燈體矣。此體有正方面六三角面八而邊線等。故亦爲有法之體。

凡燈體內可容八等面八等面在燈體內又以其尖角各切於六方面之心

凡燈體內可容立圓此立圓內仍可容八等面此八等面在立圓內可以各角切立圓之點同會於燈體之六方面而成一點

凡燈體容立圓其內仍可容諸體然惟八等面在立圓內仍能切燈體餘不能也按圓燈在立圓內亦能切燈體與八等面同

凡諸體相容皆有一定比例以其外可知其內

燈體之邊設一百其冪一萬倍之二萬開方得一百四十一四二一三為燈之高及其腰廣邊如方而高廣如斜故倍冪求之以高一百四十一四二一三乘方斜之面冪二萬得二百八十二萬八千四百二十六為方斜之立方積五因六除得二百三十五

萬七千〇二十一爲燈積

燈積爲立方六之五

以燈積減立積餘四十七萬一千四百〇五爲內容八等面積

此八等面在立積內亦在燈積內皆同腰廣同高　其積之比例爲立積六之一爲燈積五之一

八等面與燈積不惟同高廣亦且同邊故五之一亦即爲八等面與燈積同邊之比例也

燈形內容立方其邊爲燈體高廣三之二　設燈體邊一百其高廣一百四十一四二一三則內容立方邊九十四二八〇八立方積八十三萬八千〇五十一

燈高廣自乘之冪二萬如左圖甲乙方去其左右各六之一餘

三之二如丙丁矩又去其兩端六之一餘三之二如戊正方丙丁矩一萬三千三百三十三三二戊正方八千八百八十八八八為內容正方之一面冪其根九十四二八八以根乘面得八十三萬八千五十一

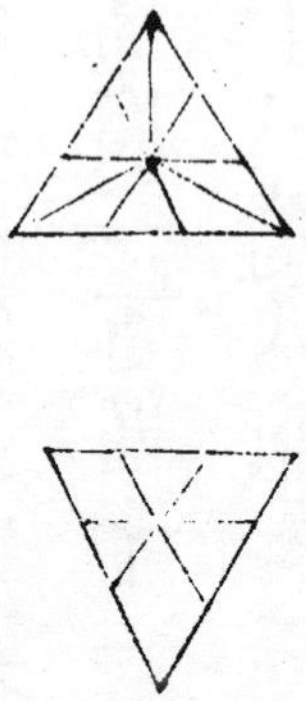

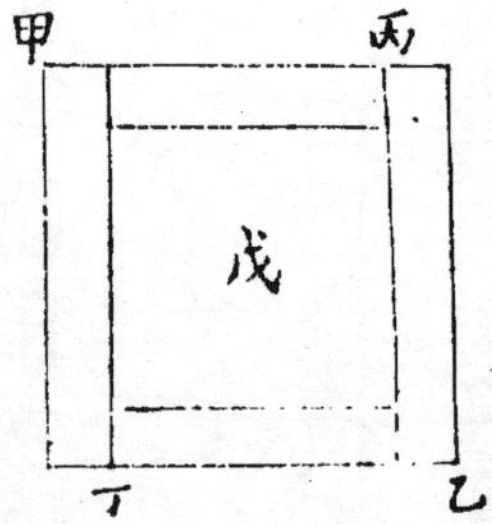

凡等邊平三角之心依邊剖之皆近大邊三之一燈內容立方之八角皆切於平三角之心燈改立方則所去者皆四圍斜面三之一於全形為六之一四圍皆六之一合之為三之一而所存必三之二矣

凡立方體各自其邊之中半斜剖之得三角錐八此八者合之即同八等面體

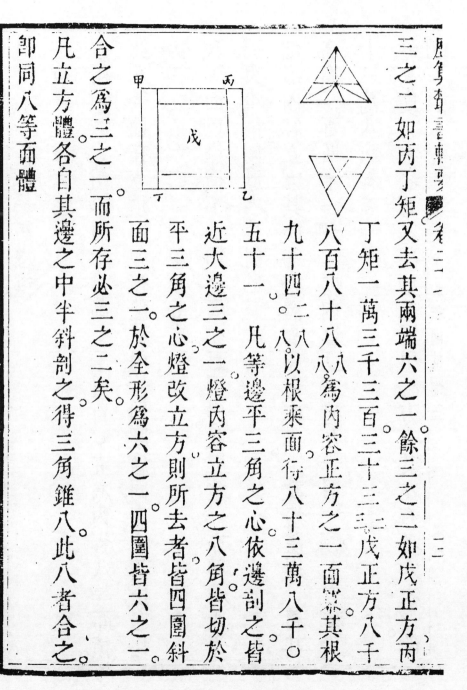

依前算八等面體其邊如方其中高如方之斜若以斜徑爲立方則中含八等面體而其體積之比例爲六與一

何以言之如巳心辛爲八等面之中高庚心戊爲八等面之腰廣巳庚巳戊戊辛辛庚則八等面之邊也若以庚心戊腰廣自乘爲甲乙丙丁平面又以巳心辛中高乘之爲甲乙丙丁立方立方一面之形與平面等則八等面之角俱正切於立方各面之正中而爲立方內容八等面體矣夫巳心辛庚心戊皆八等面巳庚等面爲方之斜也故曰以其斜徑爲立方則中含八等面體也

立方

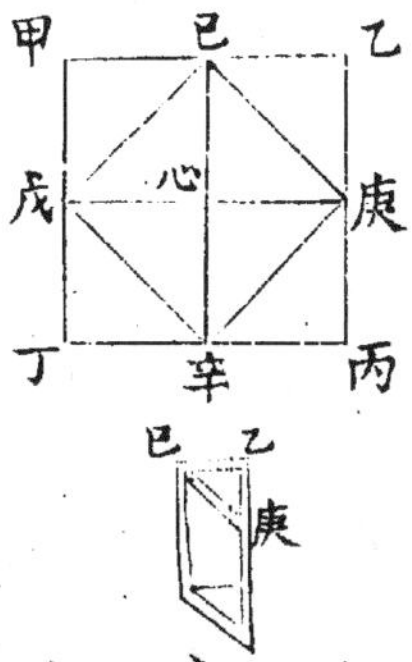

又用前圖甲乙丙丁爲立方之上下平面從巳庚庚辛辛戊戊巳四線剖至底則所存爲立方之半而其所剖三角柱體四合

之亦爲立方之半也。

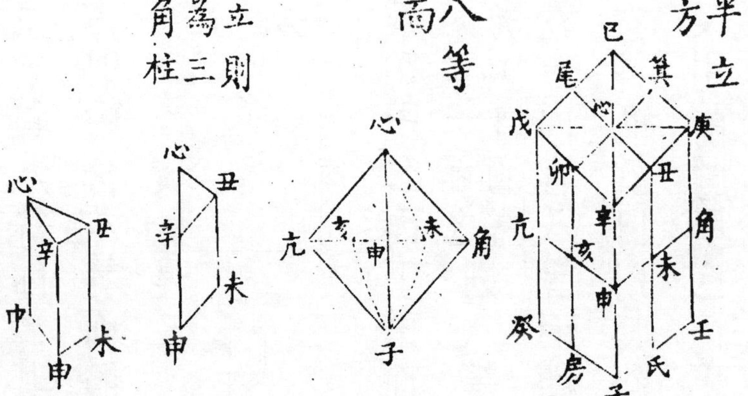

此方柱也。其高如其方之斜。立方四隅各去一立三角柱。則成此體。其積爲立方之半。爲八等面之三倍。中仍容一八等面體。

八等面體在方柱體內。柱形從對角斜線如巳辛戊庚。剖至底。又從對邊十字線如丑尾卯箕。剖至底。又從腰線角申亢。横截。則剖爲三角柱一十六。即皆如心辛申未丑之體。

三角柱。眠視之則塹堵也。

塹堵從一尖即心尖。斜剖至對底。未申則鼈臑也。鼈臑居塹堵三之一。

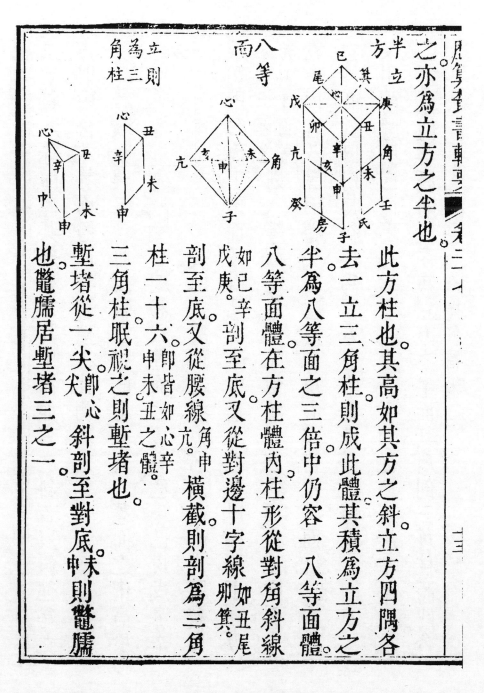

脁成堵
則塹

鼈臑

三角錐

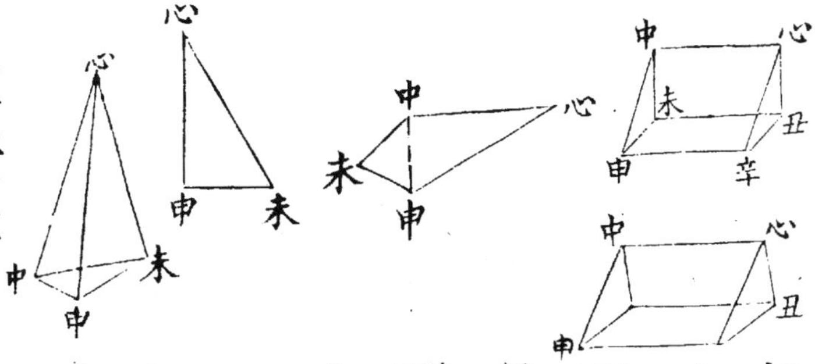

塹堵立則爲三角柱。鼈臑立則爲三角錐。八等面體從尖心剖至對角。亦剖至對邊。而皆至底。子又從腰亢角甲橫剖之。則成三角錐十六。夫方柱爲塹堵十六而八等面爲鼈臑亦十六。則塹堵鼈臑之比例即方柱八等面之比例矣。鼈臑爲塹堵三之一。則八等面亦方柱三之一矣。方柱者立方之半也。八等面既爲方柱三之一。不得不爲立方六之一矣。

立方內容燈體

甲庚立方體六面各平分其邊。如壬。丑。癸。卯。及子。未。酉。午。辰諸點。而斜剖其八

立方

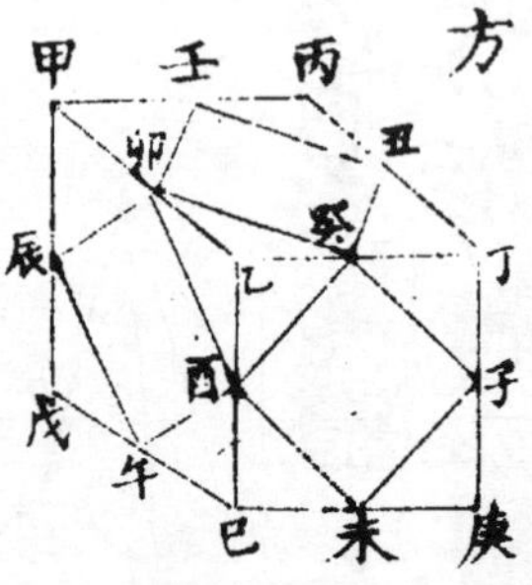

角。如從丑癸剖至子。從癸卯剖至酉。則成燈從酉剖至午未。則立方去其八角。體。

燈

剖角

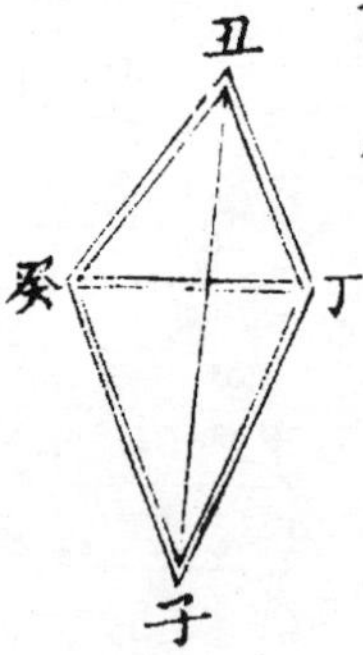

燈體得立方六之五。何以知之。立方所去之八角合之。即成八等面。八等面既爲立方六之一。則所存燈體不得不爲立方六之五矣。

立方內容燈體。皆以燈之邊線爲立方半斜。立方內燈體又容八等面。則以內八等面之邊線爲立方半斜。與立方竟容八等面無異。此燈內容八等面。其邊線必等。其中徑亦等。

剖立方之角成此。

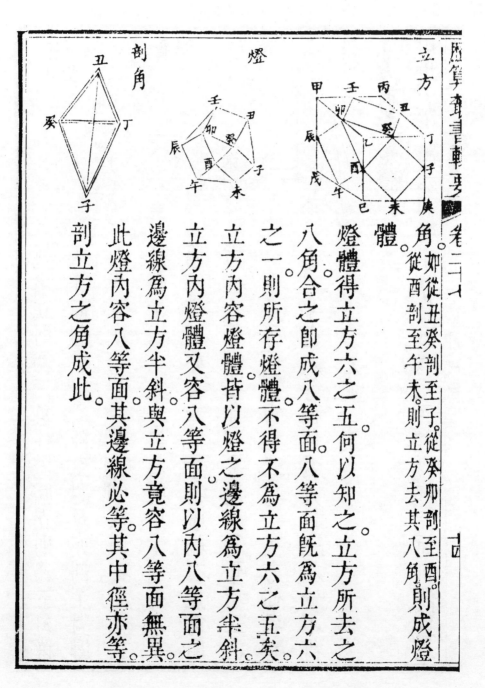

以剖處爲底。則三邊等。以立方之角丁爲頂。成三角扁錐。

扁

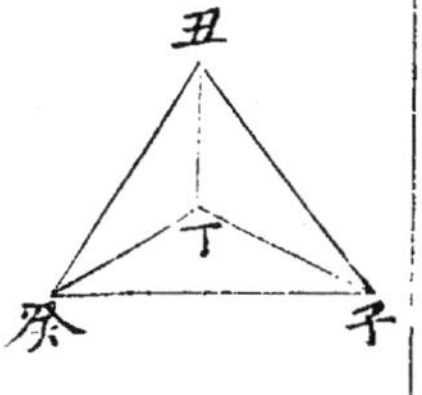

偏頂

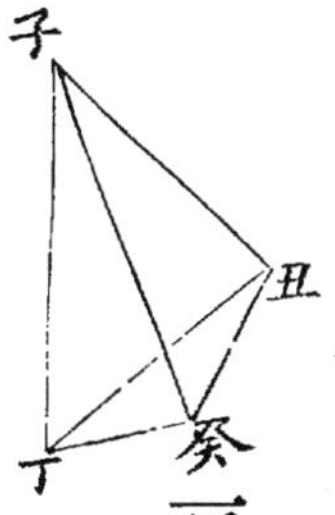

扁錐立起。則成偏頂錐。爲八等面分體。

八等面內容燈體之圖

正形

凡八等面容燈體。皆以燈體之邊線。得八等面之半。八等面內之燈體。又容立方。則亦方斜比例。與八等面竟容立方無異也。

甲丙丁。丙丁乙。甲丁戊。戊丁乙。皆八

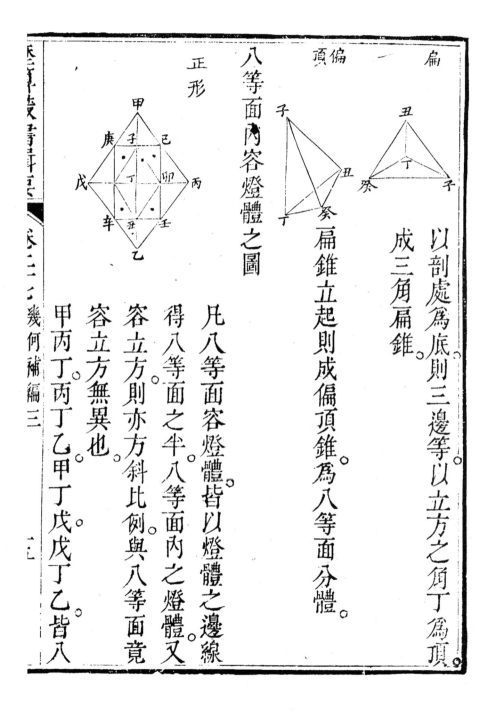

側形

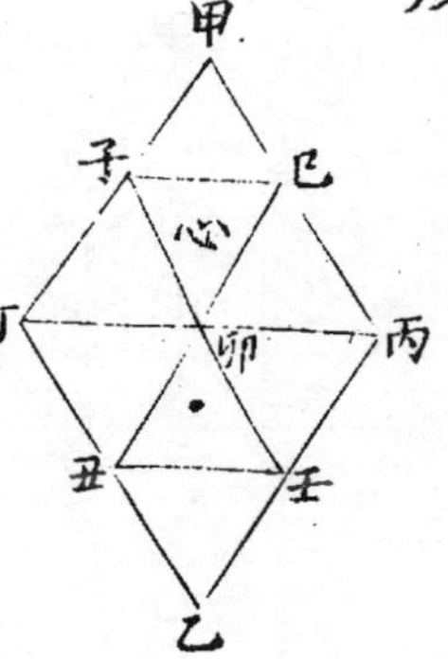

等面之一○己子卯等小三角在甲丁丙等大三角面內即燈體之八斜面正切於八等面者也○其中央心點即內容立方角所切○

等徑之比例

立方徑一　其邊一　其積一　一○○○○○

內容燈徑一　其邊○七、　其積六之五　○八三三三○○

內容八等面徑一　其邊○七　其積六之一　○一六六六○○

凡立方內容燈體○燈內又容立圓○圓內又容八等面○其切於立方之面之中央○凡六處皆同一點○若立圓內容燈體○燈內又容立方○方內又容八等面○其相切俱隔遠○不能同在一點、

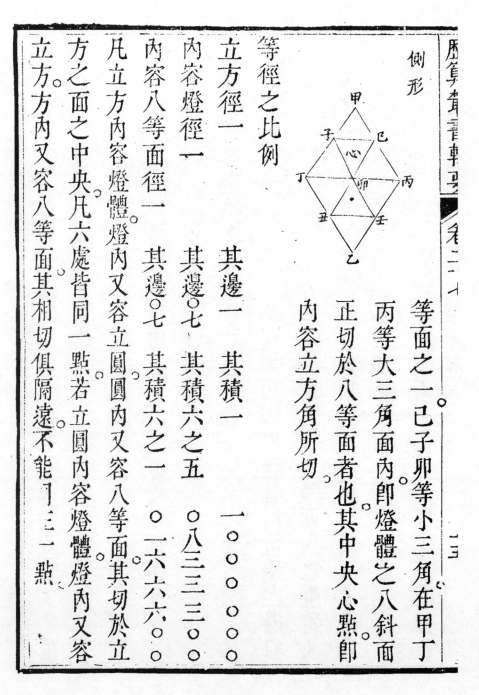

凡燈體皆可依楞橫剖如方燈橫剖成六等邊面故其外切立圓之半徑與邊等　如圓燈橫剖成十等邊面故其外切立圓之半徑與其邊若理分中末之全分與其大分

凡諸體改爲燈皆半其邊作斜線剖之

凡燈體可補爲諸體皆依其同類之面之邊引之而會於不同類之面之中央成不同類之錐體乃虛錐也虛者盈之即成原體所以化異類爲同類也

如方燈依四等邊引之補其八隅成八尖即成立方　若依三等邊引之補其六隅成六尖即成八等面

如圓燈依五等邊引之補其二十隅成二十尖即成十二等面

若依三等邊引之補其十二隅成十二尖即成二十等面

增異類之面成錐。則改爲同類之面。而異類之面隱。此化異爲同之道也。

凡燈體之尖。皆以兩線交加而成。故稜之數。皆倍於尖。（方燈十二尖。二十四稜。圓燈三十尖。六十稜。）

凡燈體之稜（即邊）。皆可以聯爲等邊平面圈。　如方燈二十四稜。聯之則成四圈。每圈皆六等邊。如六十度分圓線。　圓燈六十稜。聯之則成六圈。每圈皆十等邊。如三十六度分圓線。　此外惟八等邊聯之。成三圈。每圈四稜。成四等面。而十二稜成六尖。有三稜八觚之正法。　其餘四等面。十二等面。二十等面。皆不能以邊正相聯爲圈。

燈體亦有二

其一爲立方及八等面所變其體有正方之面六三角之面八有邊稜二十四而皆同長稜尖凡十有二

其一爲十二等面二十等面所變其體有五等邊之面十二有三角等邊之面二十有邊楞六十而皆同長稜尖凡三十

立方及八等面所變是刓方就圓終帶方勢謂之方燈

十二等面及二十等面所變是削圓就方終帶圓體謂之圓燈

方燈爲立方及八等面所變其狀並同而比例同

立方

改爲燈

甲乙立方體丙丁戊己庚辛壬癸子皆其邊折半處各於折半點聯爲斜線如丙戊。丙己等。依此燈體斜線剖而去其角則成燈形矣

燈形之丁辛高丙丁闊皆與立方同徑。其邊得立方之半斜。假如立方邊丁辛一百，則燈體邊丁壬七十有奇。其積得立方六之五。假如立方邊一百，其積百萬。則燈體邊七十有奇。其積八十三萬三千三百三十三三。此爲立方內容燈體之比例也。

若燈與立方同邊，則立方積必反小于燈。假如燈體邊亦一百，則其積二百三十五萬七千〇二十一。而立方一百之積只一百萬。是反小於燈也。

解曰：燈體邊一百，如前圖之丁壬。其外切立方必徑一百四十一四二一三。如前圖之丁辛。其自乘之冪二萬，以徑乘冪得二百八十二萬八四二六爲立方積。再五因六除得燈積二百三十五萬七千〇二十一。

又法以燈邊自乘倍之。開方得根。仍以根乘倍冪。再五因六除。見積亦同。

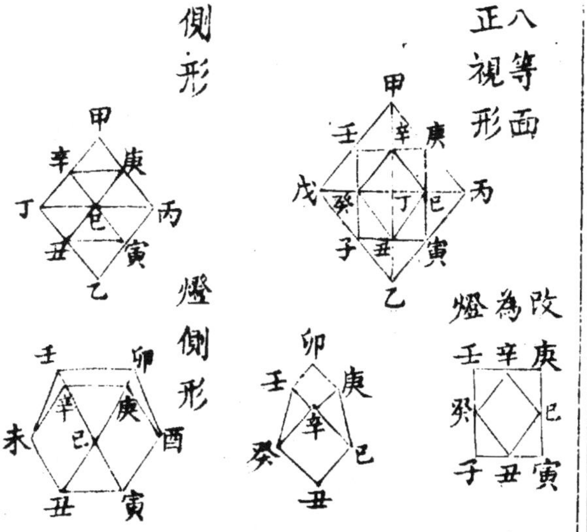

甲乙爲八等面體。甲乙丙丁戊皆其邊稜所輳之尖。甲丙丁面三邊皆等。其三邊折半於辛於庚於已。甲丁戊面其邊折半於辛於壬於癸。乙丙丁面其邊折半於寅於已於丑。乙丁戊面其邊折半於丑於癸於子。各以折半點聯爲斜線。則各成小三等面。如甲丙丁面內又成庚辛已三等邊面。其邊皆半於原邊。如庚辛得丁丙之半。餘三邊同。各自其小三角之面之邊剖之。而去其錐角。則成燈形矣。

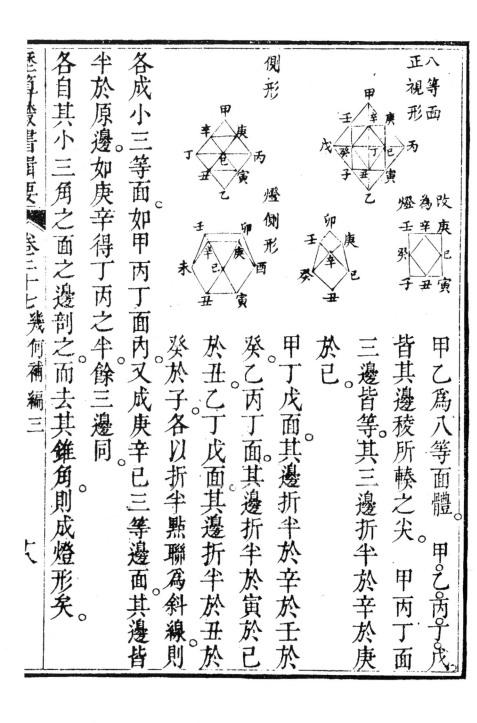

如依辛已。已丑。丑癸。癸辛。四邊平剖之而去其丁角。以丁角爲尖。辛已丑癸爲底。成扁方錐。則所剖處成辛已丑癸平方面。去甲壬辛庚錐。成卯壬辛甲丙乙戊尖。並同。庚面。去丙庚已寅錐。成庚酉寅已面。並同一法。餘可類推。

八等面體有六角。皆依法剖之。成平方面六。而剖之後各存原八等面中小三角等邊面八。與立方剖其八角者正同。

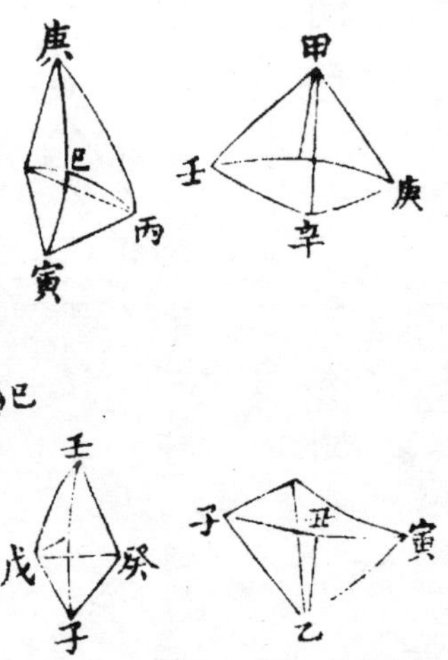

燈形之高闊皆得八等面之半。如辛丑高得甲乙之半。已癸闊得丙戊之半。其邊亦爲八等面原邊之半。其積得八等面八之五。何以知之。曰同類之體積以其邊上立方積爲比例。故邊得二之一。其積必八之一也。今所剖去之各尖俱以平方爲底而成方錐兩方錐合爲一八等面體皆等面等邊與原體爲同類而其邊正得原邊二之一則其積爲八之一也原體六尖各有所成之錐體皆相等合之成同類八等面之體凡三其積共爲原積八之三則所存燈體得八之五也

如上圖甲乙二錐合爲八等面體一丙戊二錐合爲八等面體一丁尖及所對之尖共二錐合爲八等面體一　通共剖去同類之形三

假如八等面之邊一百則其積四十七萬一千四百〇四其所容燈體邊五十其積必二十九萬四千六百二十七五　以八等面積五因八歸之見積

或用捷法竟以十六歸進位所得燈積亦同

右法乃八等面内容燈體比例也。

若燈體之邊與八等面同大則其積五倍大於八等面。

假如燈體邊一百。則其積二百三十五萬七千〇二十。以八等面邊一百之積四十七萬一千四百〇四加五倍得之。此法則燈體與八等面同爲立方所容之比例亦即爲燈内容八等面之比例。

准此而知燈内容八等面八等面又容燈則内燈體爲外燈體八之一。

燈體内容八等面　五之一

八等面内容燈體　八之五　用畸零乘法化大分爲小分以八等面母數八乘五之一。得八乘母數五。得四十。

外燈體四十　八等面體八　内燈體五　合之爲内體得外

體四十之五約爲八之一

又八等面容燈燈又容八等面內八等面亦爲外八等面八之一

　其體之比例既同則其所容之比例亦同也

立方內容燈體燈內又容立方則內立方邊得外立方邊三之二內立方積得外立方積二十七之八

以三之二自乘再乘爲三加之比例也

　　六之五　一百三十五

一百六十二

　二十七之八　四十八

準此而知燈內容立方則內立方積得燈積一百三十五之四十八　若燈容立方立方又容燈則內燈積亦爲外燈積二十七之八其爲所容者之比例卽能容者之比例故也

求方燈所去錐體

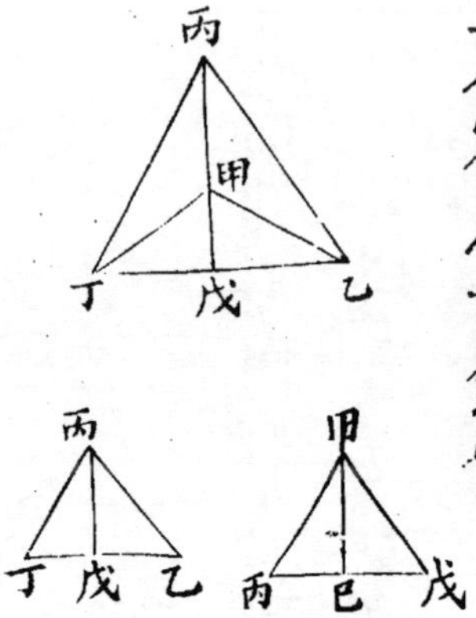

三角錐稜皆五十。即原邊之半。甲乙。甲丙。甲丁。底之邊皆七十。七一〇七。即燈體之邊。丙乙。乙丁。丁丙。其半三十五。三五五三。乙戊。戊丁。

求甲戊斜垂線。

法曰乙丁爲甲乙之方斜線。則甲戊爲半斜。與乙戊戊丁等。皆三十五。三五五三。其冪皆一千二百五十。

求丙戊中長線。

以戊丁冪三因之。爲丙戊冪。平方開之。得六十一。二三七二。爲丙丁乙等邊三角形中長線。

求甲己中高線

法以戊丁冪。一千二百五十。取三之一爲己戊冪。四百一十六六六六六。與甲戊冪即丁戊冪相減餘八百三十三三三三三。爲甲己中高冪開方得甲己中高二十八八六七五。

又以己戊冪開方得己戊二十○四一二四。以己戊二十○四一二四乘戊丁三十五三五五三得七百二十一六八六五。又三因之得二千一百六十四○五七五。爲乙丙丁三等邊冪。

又以中高甲乙二十八八六七五乘之。得數。三除之。得三角錐積二萬○八百二十三六六三五。又八乘之得一十六萬六千五百八十七○三。爲所去八三角錐共積。即立方一百萬六之一。與前所推合。本該一十六萬六千六百六十六六六六不盡。因積算尾數有欠。然不過萬分之一耳。

圓燈爲十二等面二十等面所變體勢並同而比例亦別。公法皆於原邊之半作斜線相聯則各平面之中成小平面此小平面與原體之平面皆相似即爲內容燈體之面。依此小平面之邊平剖之去原體之銳角此所去之銳角皆成錐體錐體之底平割錐體則原體挫銳爲平亦成平面於燈體原有若干銳亦成若干面而與先所成之小平面不同類然其邊則同。

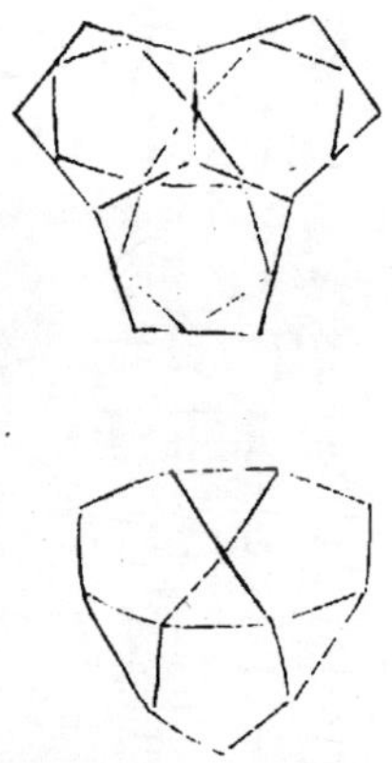

十二等面變燈之分形

十二等面每面五邊等今自其各邊之半聯爲斜線則成小平面於內亦五等邊爲同類。

依此斜線剖之而去其角所去者皆成三角錐錐體既去即成三等面爲

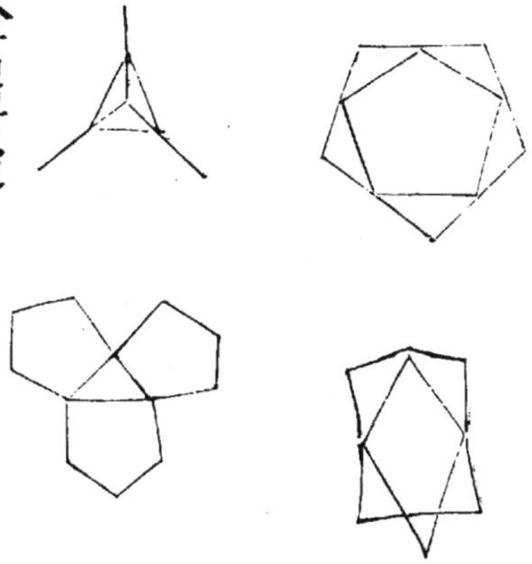

異類。

原有十二面。故所存小平面同類者亦十有二。

原有二十尖。故所剖錐體。而成異類之面者亦二十。

求燈體邊

法以十二等面邊。爲理分中末之大分。求其全分而半之。即爲內容燈體之邊。

一率　理分中末之大分　六十一八〇三三九八

二率　理分中末全分之半　五十〇

三率　十二等面之邊　一百〇〇

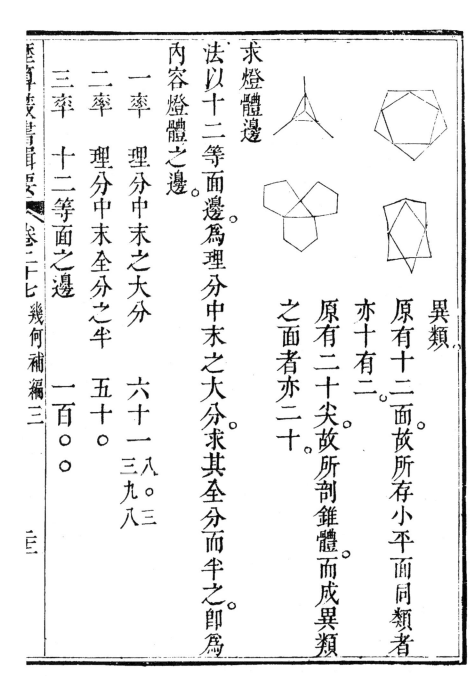

四率　內容燈體之邊　八十〇九。一七

燈體邊原為大橫線之半。十二等面邊與其大橫線。若小分與大分。則亦若大分與全分也。而十二等面邊與燈邊亦必若大分與全分之半矣。

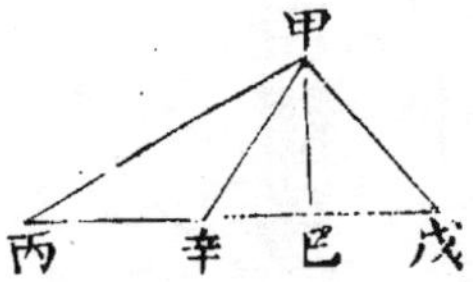

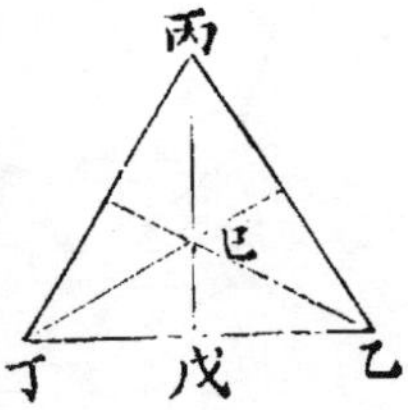

總乘較為實。戊丙底為法。法除實。得丙辛。以丙辛減戊丙。得戊辛。折半為戊巳。

法當以所得戊巳自乘為句冪。用減甲戊冪。餘為甲巳冪。開方得一十七八四一一為中高。

今改用捷法。省求丙辛。取戊丙冪九之一。

為戊己冪。戊己為戊丙三之一故其冪為九之一。得五百四十五。四二三七。

或徑用戊丁冪三之一。亦同。

又捷法不求甲戊斜垂線但以戊丁冪三分加一以減甲丁即甲丙或甲乙。冪為甲己冪開方即得甲己中高比前法省數倍之力。

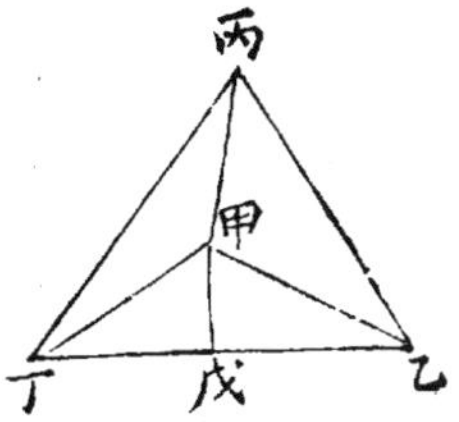

戊丁冪　一千六百三十六二七一二

三之一　五百四十五四二三七

併得　二千一百八十一六九四九

甲丁即甲丙冪　二千五百〇〇

相減餘甲乙冪　三百一十八三〇五一。　與前所得同。

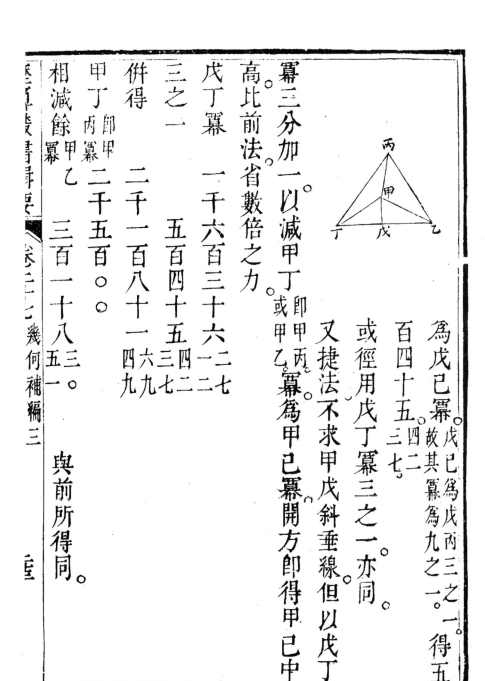

解曰原以戊丁冪減甲丁冪得甲戊冪復以戊丁冪三之一減甲戊冪得甲已冪今以戊丁三分加一而減甲丁冪即徑得甲已冪其理正同

訂定三角錐法 圓燈所去

用捷法以戊丁冪三分加一減甲丁冪爲甲已冪

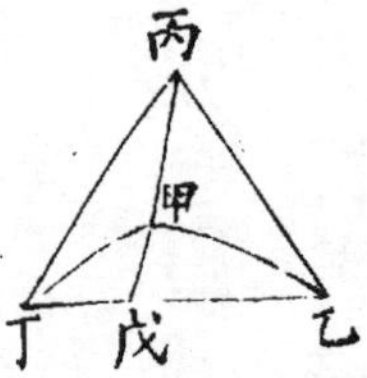

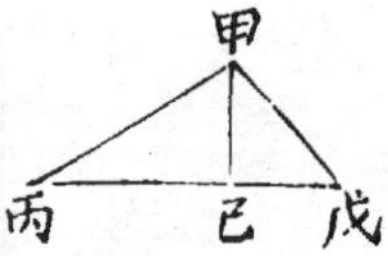

甲丁甲乙甲丙皆設五十

丙丁丁乙乙丙皆八十〇九一七〇其半戊丁戊乙四十〇四五〇八半〇

丙戊七十〇〇六二九〇爲底之垂線〇

甲已一十七八四一一爲中高〇

丙乙丁底冪二千八百三十四一〇三八〇

法以半邊丁戊乘中長戊丙得底冪丙乙丁○　以中高甲己乘底冪丙乙丁○得三角柱積五萬○五百六十三五二九三○　三除之得錐積一萬六千八百五十四五九七○　又以二十乘之爲燈體所去之積三十三萬七千○九十○一九四○

十二等面邊設一百前推其積爲七百六十八萬二千二百一十五○今減去積三十三萬七千○九十○存燈積七百三十四萬五千一百二十五○　內容燈體邊八十○九一七○

依測量全義凡同類之體皆以其邊上立方爲比例可以推知二十等面所變之燈體○

二十等面邊設一百則燈體之邊五十○求其積○

燈體邊八十○九一七之立方五十二萬九千○百○八五

二　燈體積七百三十四萬五千一百二十五

三　燈體邊五十之立方一十二萬五千

四　燈體邊五十之積一百七十三萬三千九百四十八

圓燈

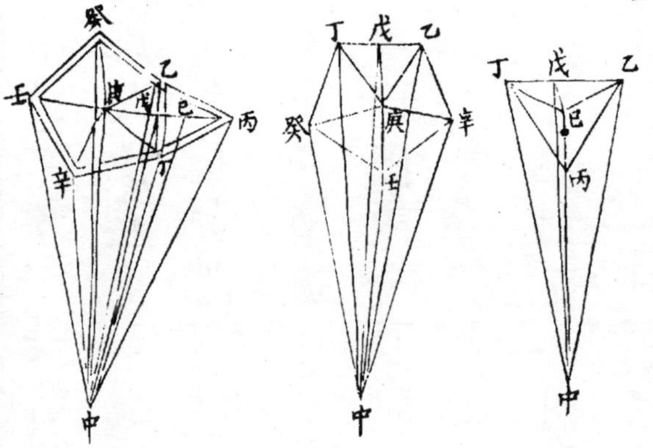

邊設三十○九○一七。即理分中末之大分乙丁。

外切立圓半徑五十○即理分中末之全分丁中。乙中。

外切立圓全徑一百○即外切立方。

體積四十○萬三千三百四十九。

內有三角錐計二十。共積一十二萬八千七百五十三。五稜錐計十二。

共積二十七萬四千五百九十六。

丁中丙乙三角錐爲圓燈分體之一　乙丁丙三等邊面已爲平面心中爲體心中已爲分體之中高戊丁爲半邊丁中自體心至角線爲分體之稜戊中爲斜垂線

乙癸中辛五稜錐亦圓燈分體之一　乙丁癸壬辛五等邊面庚爲平面心中庚爲分體中高其戊丁半邊丁中分體稜戊中斜垂線與前三角錐皆同一線

何以知兩種錐形得同諸線乎曰乙戊丁邊兩種分體所同用而兩種錐體皆以體心中爲其頂尖故諸線不得不同

先算三角錐共二十

半邊一十五四五〇八五〇　戊丁冪二百三十八七二八七〇

平面容圓半徑戊己〇八九二〇五其冪七十九五七六二〇用捷法取戊丁冪以三除得之

平面積乙丙丁面四百一十三四八七九。

中高即己中四十六七○七五。本法以戊丁冪減丁中冪爲戊中冪。又以戊丁冪三之一。當戊己冪減之爲己中冪。今徑以戊丁冪加三之一。減丁中冪爲己中。是捷法也。

三角錐積六千四百三十七六六二。

二十錐共積一十二萬八千七百五十三二四。

次算五稜錐共十二

半邊一十五四五○八五。戊丁。　半周七十七二五四二五。半邊五因得之。

平面容圓半徑二十一二六六三。戊庚。

五等邊平積一千六百四十二九一二○。　中高四十一七八五三。庚中。

五稜錐積二萬一千九百六十二六六。

十二錐共積二十七萬四千五百九十六。

求戊庚半徑　法爲三十六度之切線〇七二六五四與全數一〇〇〇〇〇〇。若半邊戊丁一十五四五八五與平面容圓半徑庚戊二十一二六六三也。

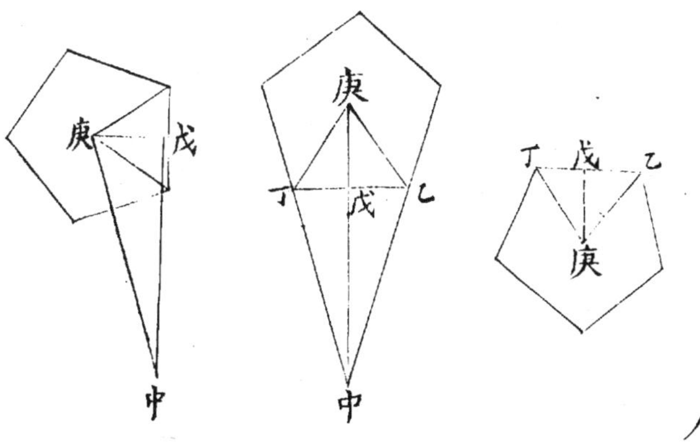

戊丁句冪二百三十八七二八七。
丁中弦冪二千五百〇〇相減。
戊中股冪二千二百六十一二七一三。

戊庚句冪四百五十二二五五五。
戊中弦冪二千二百六十一二七一三相減。
庚中股冪一千八百〇九〇一五八。

戊丁半邊冪四因之。爲全邊三十〇九〇一七之冪。

一　燈體邊五十之立方一十二萬五千

二　燈體邊五十之體積一百七十三萬三千九百四十八

三　燈體邊三十〇九〇一七之立方二萬九千五百〇八四九八七

四　燈體邊三十〇九〇一七之體積四十〇萬九千三百二十九

與細推者。只差五千九百八十。爲八十分之一。

柱積六萬八千六百四十九

錐積二萬二千八百八十三

十二錐共積二十七萬四千五百九十六

孔林宗附記

方燈可名爲二十四等邊體。　圓燈可名爲六十等邊體。

四等面體。又可變爲十八等邊體。爲六邊之面四。爲三邊之面

四凡十二角　又可變爲二十四等面體面皆三邊凸邊二十

四凹邊十二十字之交六凡八角如蒺藜形　六等面體又可

變三十六等邊體爲八邊之面六爲三邊之面八凡二十四角

八等面體亦可變三十六等邊體爲六邊之面八爲四邊之面

六凡二十四角　又可變四十八等邊體爲四邊之面十八爲

三邊之面八凡二十四角

歷算叢書輯要卷二十八

幾何補編四

諸體比例

凡諸體之比例有三。一曰同邊之比例。可以求積。一曰同積之比例。可以求邊。一曰相容之比例。可以互知。

内相容之比例亦有三。一曰立圓内容諸體之比例。所容體又容立圓。一曰立方内容諸體之比例。所容體又容立方。一曰諸體自相容之比例。即同徑同高之比例。或兩體互相容。或數體遞相容。

等積之比例　比例規解所用今攷定

立方積　一〇〇〇〇〇〇　其邊一百

四等面積　一〇〇〇〇〇〇　其邊二百〇四

八等面積　一〇〇〇〇〇〇　其邊一百二十八
十二等面積　一〇〇〇〇〇〇　其邊五十
二十等面積　一〇〇〇〇〇〇　其邊七十七
方燈
圓燈
凡方燈依楞剖之。縱橫斜側皆六等邊平面。
凡圓燈依楞剖之。縱橫斜側皆十等邊平面。
故皆有法形體。
等邊之比例　測量全義所用。今攷定。
立方邊　一〇〇　積一〇〇〇〇〇〇
方燈體邊　〇七〇七一〇六　積〇八三三三三三

邊　一〇〇　積二三五七〇二一

八等面邊　〇七〇七一〇六　積〇一六六六六六

邊　一〇〇　積〇四七一四〇四

四等面邊　一〇〇　積〇一一七八五一

十二等面邊　一〇〇　積七六八二二一五

二十等面邊　一〇〇　積二一八一八二三

圓燈體邊　〇三〇九〇一七　積〇二九〇九二九

邊　一〇〇　積

等徑之比例皆立方所容

立方徑　一〇〇積一〇〇〇〇〇　邊一〇〇

內容方燈徑　一〇〇積〇八三三三三　邊〇七〇七一〇六

內容四等面徑　一○○積○三三三三三三　邊一四一四二一三

內容八等面徑　一○○積○一六六六六六　邊○七○七一○六

內容立圓徑　一○○積○五二五八○九

內容二十等面徑　一○○積○五一五二二六　邊○六一八○三四

內容十二等面徑　一○○積○四二五九五○　邊○三八一九六六

內容圓燈徑　一○○積○二九○九二九　邊○三○九○一七

右以立方爲主而求諸體。

內立方及燈體之徑。爲自面至面。

四等面十二等面二十等面之徑。皆自邊至邊。以邊折半處作垂線至對邊折半處。形如工字。四等面。則上下邊遞相午錯如十字。

八等面之徑爲自尖至尖　然皆以其徑之兩端。正切於立方方面之中心一點。立方六面其相切。亦必六點。

求積約法

凡立方內容諸體。皆與立方之六面同高同闊。則燈形積爲立方積六之五。四等面積爲立方積三之一。八等面積爲立方積六之一。以上三者皆方斜比例。

燈形及八等面皆以方求斜法。以邊自乘倍之開方得外切立方徑。以徑再自乘得立方積。取六之五爲燈。六之一爲八等面積。

四等面則以方求其半斜法。以邊自乘半之開方得外切立方徑。以徑再自乘爲立方積。取三之一爲四等面積。

立圓在立方內則其積爲立方積二十一之十一。

謹按方圓比例祖率圓徑一百一十三圓周三百五十五見鄭世子律學新說較徑七周二十二之率爲密又今推平圓居平方四百五十二分之三百五十五較十四分之十一爲密又推得立圓居立方六百七十八分之三百五十五較二十一分之十一爲密

准立方比例以求各體自相比　皆以同高同闊同爲立方所容者較其積

燈內容同高之八等面爲八等面得燈積五之一　又立圓內容同高之八等面爲八等面得圓積六十六之二十一即二十二之七

二者皆同高而又能相容

用課分法母互乘子得之

八等面 六之一 二十一 七 若徑
立圓 二十一之十一 互得 六十六 約得 二十二 若圍
惟此而知立圓內容八等面其積之比例若圍與徑也
又立方內容十二等面其內又容八等面 又立方內容二十等面其內又容八等面 二者亦同高而能相容
同高之四等面積爲燈積五之二 即十之四以燈面四因退位得四等面積
同高之八等面積爲四等面積二之一
同高之四等面積爲立圓積十一之七
四等面 三之一 二十一 七
立圓 二十一之十一 互得 三十三 約得 十一
此三者但以同高同爲立方所容而不能自相容若相容則

不同高

凡立方之燈形內又容立方則內小立方邊與徑得外立方三之二體積爲二十七之八面冪爲九之四

凡燈容立方以其邊爲方而求其斜爲外切之立方邊取方斜三之二爲內立方邊

立方邊一〇〇　面冪一〇〇〇〇　體積一〇〇〇〇〇〇

燈邊〇七〇七一〇六　面冪〇五〇〇〇　體積〇八三三三三三

小立方邊〇六六六六六六　面冪〇四四四四四四　體積〇二九六二九六

凡方內容圓圓內又容方則內小方之冪得大方冪三之一

捷法以小方根倍之爲等邊三角形之邊而求其中垂線即外切立圓之徑亦即爲外大方之邊　如圖

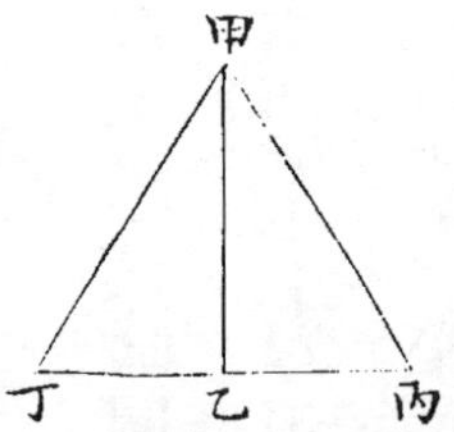

三邊旣等則乙丙得甲丙之半若乙丙一其冪亦一而甲丙二其冪則四以乙丙句冪一減甲丙弦冪四所餘爲甲乙股冪三　內方之冪一而外切渾圓之冪三故其根亦如乙丙與甲乙也。　或以小立方之根爲句倍根爲弦求其股爲外切渾圓徑亦同。渾圓徑即外方邊。

若以量代算則三角形便

如以大方求小方者則以大方爲中垂線而作等邊三角形其半邊即小方根也

或用大方爲股而作句股形使其句爲弦之半即得之

捷法句股形使甲角半於丙角則弦倍於句而句與股如小立

方根與大方根

或以甲角作三十度而自乙作垂線引之與甲丙弦線遇於丙
則乙丙即圓所容方之根

又按先有大方求小方者取大方根倍之爲等邊三角形之
邊而求其中垂線以三歸之即得

凡立方內容方燈燈內又容立圓圓內又容圓燈燈內又容八
等面凡四重在內其外切於立方也皆同點切立方有六處所同者皆在其方面之最中一點若從此一點剌一針則五層悉透內惟方燈以面切面不可言點若言點則有十二皆切在立方邊折半處

凡立方內容方燈燈內又容十二等面體體內又容圓燈燈內
又容八等面凡四重在內其切于立方也皆同處凡六處皆在立方面內之方燈體以面切面十二等面以邊切邊餘皆以尖切尖切者皆每面之最中點

凡立方內容方燈。燈內又容二十等面體。體內又容圓燈。燈內又容八等面。同上。

凡立方。方燈。立圓。十二等面。二十等面。圓燈。內所容之八等面皆同大。

凡立方內容四等面體。體內又容八等面。其切立方皆同處。四等面以邊切爲立方六面之斜。八等面以尖切居立方各面中心。即四等面邊折半處。

準此而知立方內所容之八等面。與四等面所容之八等面。亦同大。且同高。各體中所容八等面皆同大。因此可知。

凡立圓內容十二等面體。又容立方。其立方之角同十二等面之尖。而切於立圓。故立圓內所容之立方。與十二等面內所容之立方同大。

凡二十等面體內容立圓內又容立方立方之角切立圓以切二十等面之面故立圓所容之立方與二十等面內所容之立方必同大。

凡二十等面體內容立圓內又容十二等面體體內又容立方此立方之角切十二等面之角以切立圓而切於二十等面之面皆同處。

凡諸體能相容者其相容之中間皆可容立圓此立圓爲外體之內切圓亦爲內體之外切圓。

惟八等面外切二十等面十二等面四等面及圓燈其中間難著立圓何也八等面之切圓燈以尖切尖而其切四等面十二等面二十等面則以尖切邊故其中間不能容立圓。

其他相切之中間能容立圓者皆以內之尖切外之面

凡諸體在立方內即不能外切他體惟四等面在立方內能以其角同立方之角切他體故諸體所容四等面之邊皆與其所容立方之面爲斜線

凡諸體相容其在內之體爲所容其在外之體爲能容能容與所容兩體之相切必皆有一定之處

凡相容兩體之相切或以尖或以邊即體之稜或以面

渾圓在立方內爲以面切面其相切處只一點皆在立方每面之中央立方六面相切凡六點

立方在渾圓內爲以尖切面立方之角有八故相切有八點有一點不相切者即非正相容也

渾圓在諸種體内皆與在立方内同謂其皆以面切諸體之面而切處亦皆一點也然其數不同如四等面則切點有四方燈則切點有六八等面則切點有八十二等面及圓燈則切點有十二二十等面則切點有二十其切點之數皆如其面之數而皆在其面之中央也方燈則以其方面爲數圓燈則以其五等邊之面爲數而不論三角之面者何也三角之面距體心遠故不能内切立圓也

諸體在渾圓内皆與立方在渾圓内同謂其皆以各體之尖切渾圓之面也其數亦各不同如四等面則切點亦四方燈則切點十二八等面則切點六十二等面則切點二十二十等面則切點十二圓燈則切點三十皆如其尖之數也

四等面在立方内以邊稜切立方之面四等面有六稜以切立方之六面皆徧其四尖又皆切於立方之角

十二等面二十等面在立方内皆以其邊稜切立方之面兩種各有三十稜其切立方只有其六以立方只有六面也

此三者爲以楞切面

八等面在立方内以尖切面凡六點　圓燈在立方内亦以尖切面有六點皆在立方面中尖與八等面同

方燈在立方内則以面切面皆方面也方燈之方面六亦與立方等也其十二尖又皆切於立方之十二邊楞皆在其折半處爲點

十二等面與二十等面遞相容皆以内體之尖切外體之面

十二等面在八等面內以其尖切八等面之面體有二十尖只用其八也

方燈在八等面內亦以面切面而皆三角面方燈之三角面有八數相等也又其尖皆切於八等面各稜之中央折半處稜有十二與燈之尖正等也

圓燈在十二等面內以面切面皆五等邊平面也圓燈體之五等邊平面原有十二故也又皆以其尖切十二等面之邊楞而皆在其中半

圓燈在二十等面內亦以面切面皆三角平面也圓燈體之三角平面原有二十故也又皆以其尖切二十等面之邊楞而皆在其中半

問十二等面與二十等面體勢不同而圓燈之尖皆能切其楞邊何也曰圓燈有三十尖而兩等面體皆有三十楞故也

凡能容之體皆可改為所容之體遞相容者亦可遞改

如立方容圓即可刓方為圓渾圓容方即可削圓為方

遞相容者如立方內容渾圓圓內又容十二等面體體內又容二十等面即可遞改

凡所容之體皆可補為能容之體皆以數求之

如立方外切立圓以其尖角則求立方心至角之線為立圓半徑

凡以面切面者其情相通

如方燈以其方面切立方面又能以其三角切八等邊面則此

三者皆方斜之比例也

又如圓燈以其五等邊面切十二等面。又能以其三角面切二十等面。則此三者皆理分中末之比例也。

若反用之。而令立方在方燈之內。則立方之尖所切者必三角面。若八等面在方燈之內。則其尖所切又必方面也。

若令十二等面在圓燈內。則所切者必三角面。而二十等面居圓燈內所切者又必五等邊面也。故曰其情相通。

諸體相容

凡立圓立方皆可以容諸體。

凡立圓內容立方。立方內又可容立圓。兩者不雜他體。可以相生而不窮。

凡立圓內容立方此立方內又可容四等面四等面又可容立圓三者以序進亦可以不窮

凡立圓內容立方又容四等面四等面在立方內以其尖切立圓與立方尖所切必同點

凡立圓容四等面在立圓所容立方內必以其楞爲立方面之斜依此斜線衡轉成圓柱形必爲立圓之所容而此柱形又能含立方

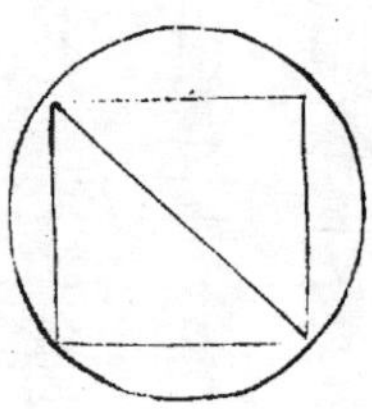

外圓者柱之底若面內方者立方之底若面直而斜者四等面之邊

凡四等面體在立圓內任以一尖爲頂以所對之面爲底旋而

作圓錐。此錐體必爲立圓之所容。而不能爲立方之容。

此兩體雖非正相容體。然皆有法之體。

凡立方內可容八等面。八等面又可容立方。而相與爲不窮。

凡立方有六等面八尖。八等面有八等面六尖。故二者相容。則所容體之尖。皆切於爲所容大體之面之中央而等。

凡立方內容立圓。此立圓內。仍容八等面。其八等面尖切立圓之點。即可爲切立方之點。

八等面內容立圓。此立圓內仍容立方。則立方尖切立圓之點。亦即可爲其切八等面之點。

凡立圓可爲諸等面體所容。其在諸體內。必以圓面一點切諸體之各面。此一點皆在其各等面之中心而等而徧。

凡八等面內容立圓仍容立方此立方內仍容四等面而四等面以其角切立方角即可同立方角切立圓以切八等面叠串四體皆一點相切必在八等面各面之中心

立方設一百內容二十等面邊六十一八〇三三九八內又容立圓九十三四一七二

簡法取內容立圓徑冪三之一開方得內容小立方再以小立方爲理分中末之全分而求其大分得內容十二等面邊

凡十二等面二十等面皆能爲立圓之所容皆以其尖切渾圓

凡十二等面二十等面皆能容立圓皆以各面之中心一點正與渾圓相切

凡十二等面與二十等面可以互相容皆以內體之尖切外體

之各面中心一點。

凡十二等面內容渾圓內又容二十等面與無渾圓者同徑。二十等面內容渾圓內又容十二等面亦與無渾圓同徑。何也。渾圓在各體內皆以其體切於外體各面之中心點而此點即各內體切渾圓之點故也。

以上皆可以迭串相生而不窮。

凡十二等面內容渾圓渾圓又容十二等面亦可以相生不窮。二十等面與渾圓遞相容亦同。

凡立方內容十二等面皆以十二等面之邊正切於立方各面之正中凡六皆遥相對如十字。

假如上下兩面所切十二等面之邊横則前後兩面所切之邊

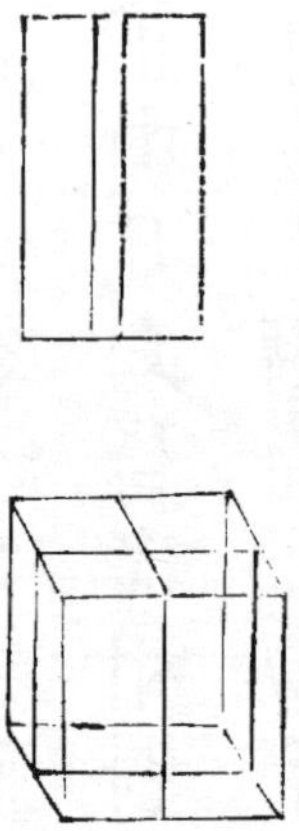

必縱而左右兩面所切之邊又橫若引其邊爲周線則六處相交皆成十字。

立方內容二十等面邊亦同。

凡各體相容皆以內之尖切外之面。惟立方內容四等面則以角而切角。立方內容十二等面二十等面則以邊而切面。

大圓容小圓法

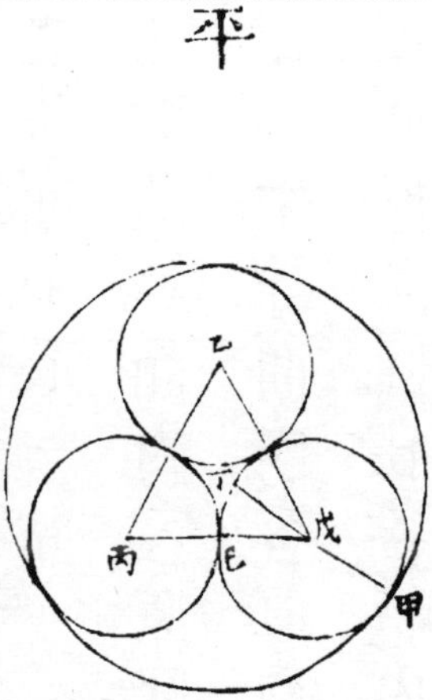

甲大圓內容乙戊丙三小圓。

法以小圓徑如乙戊、戊丙。爲邊作等邊三角形。而求其心如丁。乃於丁戊三角形自心至角線。加戊甲小圓半徑。爲大圓半徑丁甲。

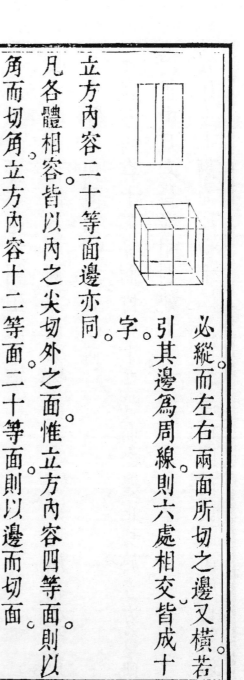

凡平圓內容三平圓。四平圓。五平圓。六平圓。皆以小圓自相扶立。

若平圓內容七平圓以上。皆中有稍大圓夾之。

渾

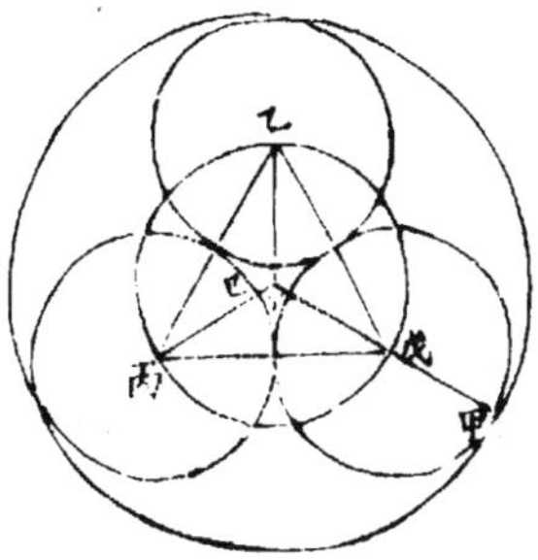

甲大渾圓內容丙戊乙巳四小渾圓。

法以小渾圓徑如乙戊戊巳等為邊。作四等面體。而求其體心如丁。　次求體心至角線。如丁戊丁巳丁乙丁丙。又為外切立圓半徑。　加小渾圓半徑。即戊甲為大渾圓半徑。如丁甲

凡渾圓內容四渾圓。或容六渾圓。或容八渾圓。十二渾圓。皆直以小渾圓自相扶。　若渾圓內容二十渾圓。則中多餘空。必內有稍大渾圓夾之。

甲大平圜內容乙戊丙己四小平圜。

法以小圜徑如乙戊等爲邊作平方如乙戊丙己方。而求其斜如丁乙即方心至小圜心線。加小圜半徑如乙甲。爲大圜半徑如丁甲。

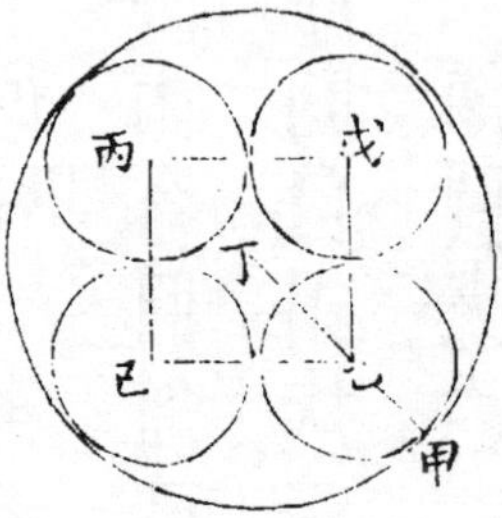

平

若先有大圜甲。而求所容小圜。則以三率之比例求之。法爲方斜幷數二四一四與方根一○。若所設之渾圜半徑丁甲與所容之小圜半徑乙甲

推此而知五等邊形於其銳角爲心。半其邊爲界作小圜。而以五等邊之心至角加半邊以爲半徑而作大圜。則大圜容五小圜俱如上法。

若六等邊於其銳作小圜。仍可於其心作圜。共七小圜。何也。六

渾

正面

渾

對面

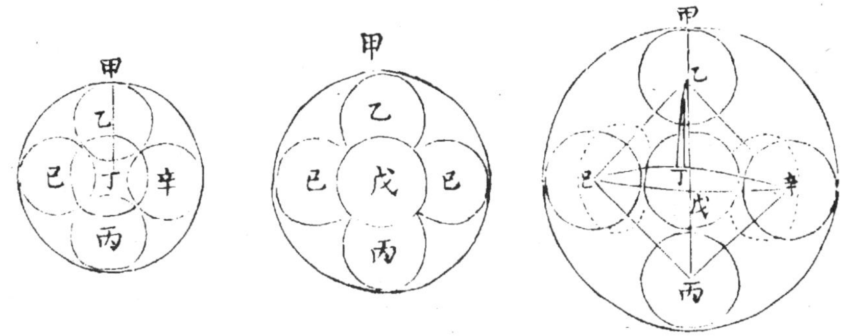

等面之邊與半徑等也其法只以小圓徑（即六等邊）二分加一爲大圓半徑

甲大渾圓內容乙丙等六小渾圓法以小渾圓之徑爲邊作八等面虛體如乙己丙辛戊皆小立圓之心聯爲線則成八觚乃求八等面心丁至角之度（如丁乙等）加小圓半徑（如甲乙）爲大渾圓半徑（如甲丁）

捷法以小渾圓徑爲方（即乙己丙辛平方）求其斜（如乙丁）加小圓半徑（如甲乙）爲大圓半徑

或以小渾圓徑自乘而倍之開方得根加小圓半徑爲大圓半徑亦同

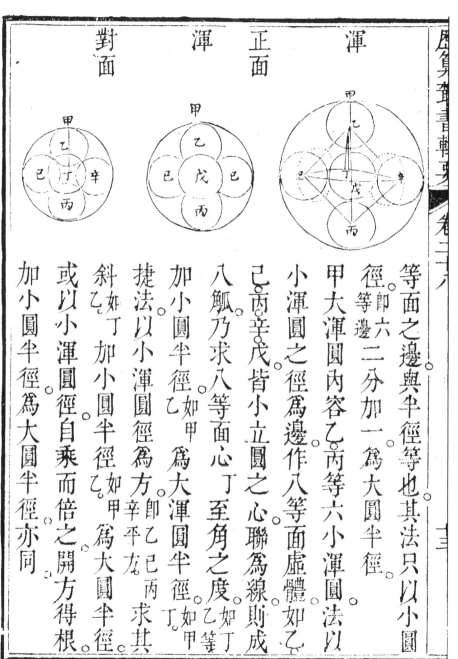

或先得大圓而求小圓徑則用比例法爲方斜并二四一四與方根一〇〇若所設大渾圓之徑與內容六小渾圓之徑

甲渾圓內容乙丙戊己庚壬辛及癸丑子寅卯十二小圓

正面

渾

法以小立圓徑。如乙丙等。作二十等面虛體之稜。即乙丙等。俱小圓之心。聯之則成二十等面之稜。次求體心丁至角即小圓心線。如丁乙。加小圓半徑。如乙。爲大圓半徑。如甲丁。

按體心至角線。卽二十等面外切圓半徑

對面

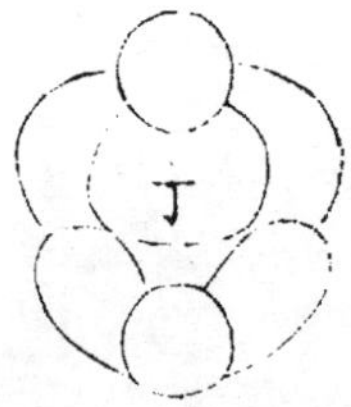

二十等面之側邊一百。卽小渾圓側徑。

外切渾圓側徑二百八十八一三五五。

二十等面邊一百者。其外切渾圓徑一百八十八奇。又加小圓側徑得此數。

若先有大渾圓而求所容之十二小渾圓則以二率爲一率四

率爲三率。

一　外切渾圓之例徑二百八十八一三五五

二　二十等面之例邊一百即小渾圓例徑

三　設渾圓之全徑一百

四　內容十二小渾圓之徑三十八六九四八其比例如全分與小分。

甲庚大平圓內容七小圓

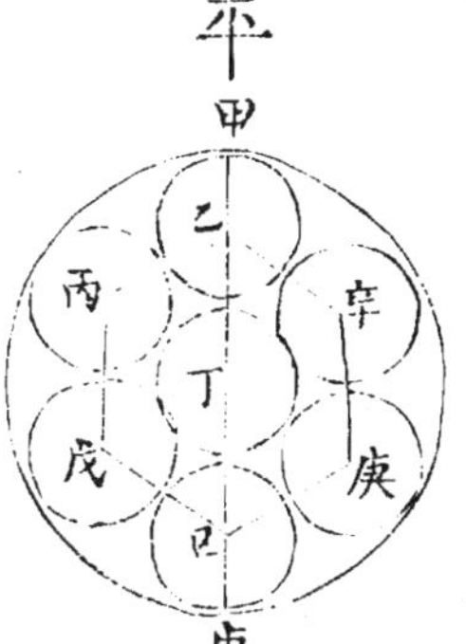

法以甲庚圓徑取三之一。如丁乙庚辛等爲小圓徑。

若容八圓以上。則其數變矣。假如以七小圓均布於大圓周之內。而切於邊。則中心一小圓必大於七小圓。而後能相切。以上倣此。

甲大渾圓內容八小立圓

渾

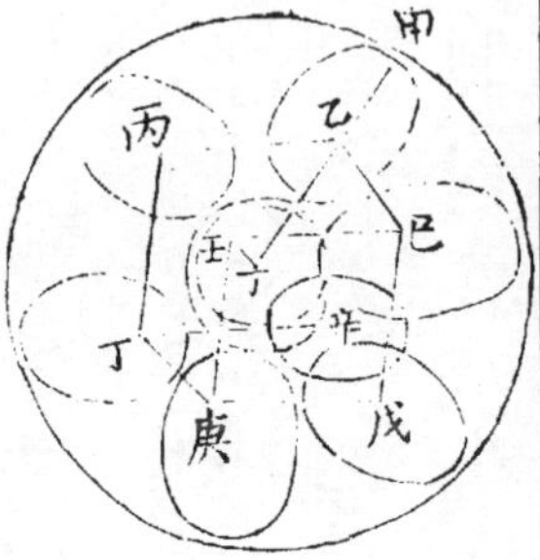

法以小圓徑作立方。如乙庚方。求其立方心至角數。即外切渾圓半徑如乙丁。再加小圓半徑。如甲乙。爲大渾圓半徑。如甲丁。

按八小圓半徑十。甲乙則其全徑二十。內斜線丁乙十七。加甲乙共二十七。內減小圓徑二十。餘七。倍之得十四。是比小圓半徑爲小。其比例爲十之七。安得復容一稍大小圓在內乎。

又二十等面十二尖。可作十二小圓。以居大渾圓內。而爲所容。

又八等面有六尖。可作六小圓。爲大渾圓所容。　四等面有四尖。可作四小圓。

又方燈亦有十二尖。可作十二小圓。爲大渾圓所容。其中容空

處仍容一小圓爲十三小圓皆等徑也

十二等面有二十尖用爲小渾圓之心可作二十小立圓以切大渾圓內有稍大渾圓夾之

圓燈尖三十可作三十小球亦皆以內稍大渾圓夾之

公法皆以心至尖爲小渾圓心距體心之度皆以小渾圓徑爲所作虛體邊

如作內容二十小渾圓聯其心成十二等面虛體

虛體之各邊皆如小渾圓徑也虛體之各尖距心皆等此距心度以小渾圓半徑加之爲外切之大渾圓半徑以小渾圓半徑減之爲內夾稍大渾圓半徑

渾圓內容各種有法之體以查曲線弧面之細分

公法凡有法之體在渾圓體内其各尖必皆切於渾圓之面。凡渾圓面與内容有法體之尖相切成點皆可以八線知其弧度所當。内惟八等面皆以弧線十字相交爲正角餘皆鋭角其十二等面則鈍角。

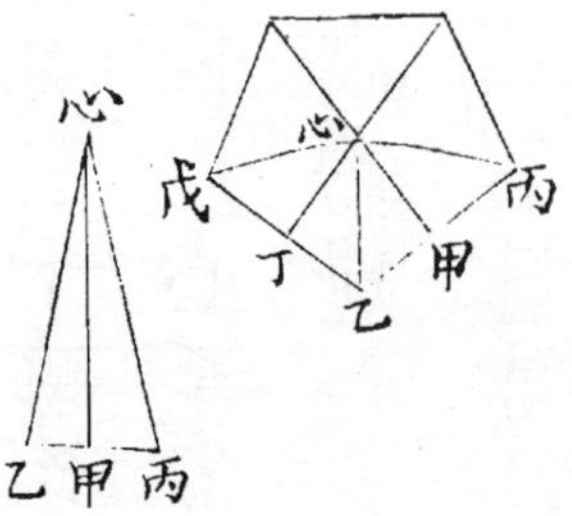

十二等面每面五邊等析之從每面之角至心成平三角形五則輳心之角皆七十二度半之三十六度即甲心乙角其餘心乙甲角必五十四度倍之爲甲乙丁角則百八度故爲鈍角。

凡渾圓面切點依内切各面之界聯爲曲線以得所分渾體之弧面皆如其内切體等面之數之形。

如四等面則其分爲弧面者亦四而皆爲三角弧面十二等面則亦分弧面爲十二而皆成五邊弧形八等面則弧面亦分爲八二十等面弧面亦分二十而皆爲三角弧形內惟六等面爲立方體所分弧面共六皆爲四邊弧形

凡渾圓面上以內切兩點聯爲線皆可以八線知其幾何長其法以各體心到角之線命爲渾圓半徑以此半徑求其周作圈線卽爲圓渾體過極大圈以八線求兩點所當之度卽知兩點間曲線之長

凡渾圓面以曲線爲界分爲若干相等之弧面卽可以知所分弧面之冪積

假如四等面外切渾圓依切點聯爲曲線分渾圓面爲四則此

四相等三角形弧面各與渾圓中剖之平圓面等羃何也渾圓全羃得渾體中剖平圓面之四倍今以渾羃分爲四卽與渾圓中剖之平圓等羃矣

推此知六等面分外切渾圓羃爲六卽各得中剖平圓三之二

八等面分渾圓羃爲八卽各得中剖平圓之半羃

十二等面分渾圓羃爲十二卽各得中剖平圓三之一

二十等面分渾圓羃爲二十卽各得中剖平圓五之一

凡依等面切渾所剖之圓羃又細剖之皆可以知其分羃

假如四等面分爲渾圓羃四之一作三角弧面若中分其邊而會於中心則一又剖爲三爲渾圓羃十二之一與十二等面所分正等但十二

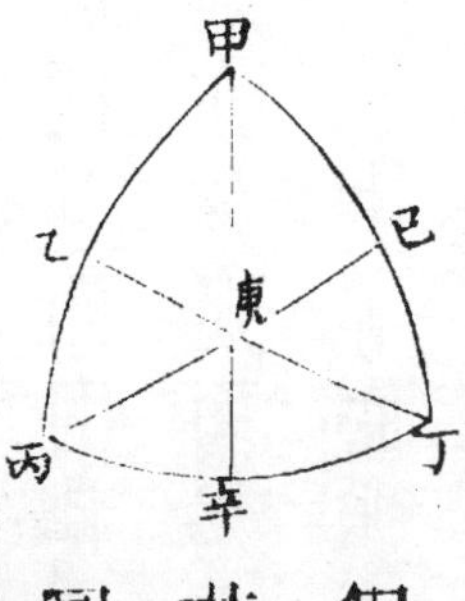

等面剖爲三邊弧線等。此所分爲四邊弧線形。如方勝而邊不等。若自各角中剖會於心。成三邊形。其冪亦等。而邊亦不等也。再剖則一剖爲六。爲渾圓面冪二十四之一。皆得十二等面所剖之半而邊不等。若但一剖爲二。則得渾圓冪八之一。與八等面所剖正等。但八等面三邊等。又三皆直角。此則邊不等。又非直角。

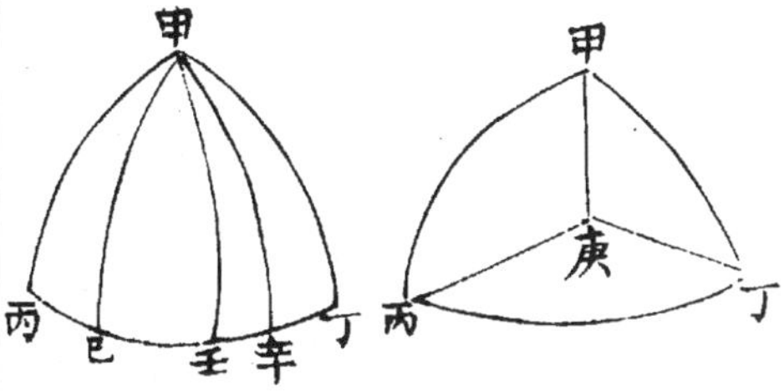

假如八等面剖爲渾冪八之一。若一剖爲二。則十六之一。剖爲四。則三十二之一。可剖爲六十四至四千九十六。　若三剖則渾冪二十四之一。如十二等面之均剖。亦如四等面之六剖也。再細剖之。可剖爲九十。是依度剖也。可剖爲五千四百。則依分剖也。再以秒微剖之。可至無窮。

惟八等面可以細細剖之者以腰圍爲底而兩弦會於極其形皆相似故剖之可以不窮

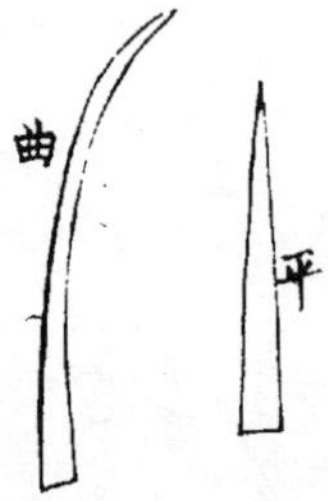

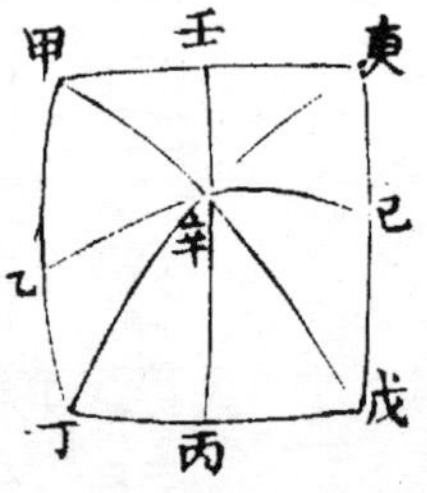

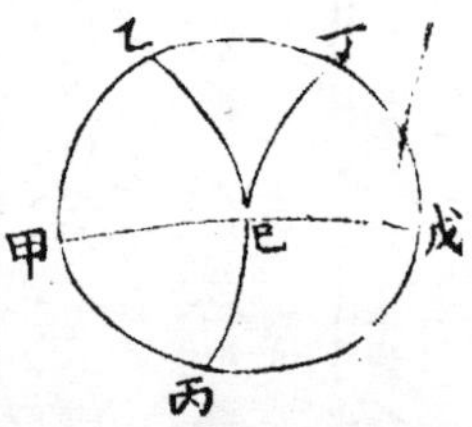

又以此知曲面之容倍於平面何也八等面所剖之渾體腰圍即平圓周也以平圓周之九十度爲底兩端皆以半徑爲兩弦以會於平圓之心則其冪爲平圓四之一若渾體四面以腰圍九十度爲底兩端各以曲線爲兩弦以會於渾圓之極則其冪爲平圓二之一矣

假如六等面即立方在渾圓內剖渾冪爲六得渾冪六之一若一剖爲二則與十二等面所剖等剖爲四則二十四之一再剖則一爲八而得四

十八之一

假如十二等面剖渾羃爲十二各得十二之一若剖一爲五則得六十之一再剖一爲十則得百二十之一而與八等面所剖爲十五之一

假如二十等面剖渾羃爲二十各得渾羃二十之一若一剖二則四十之一若一剖三則六十之一若一剖六則百二十之一皆與十二等面所剖之羃等而邊不必等也

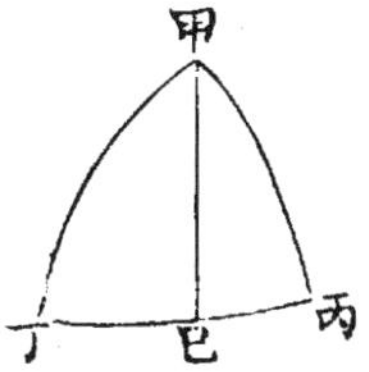

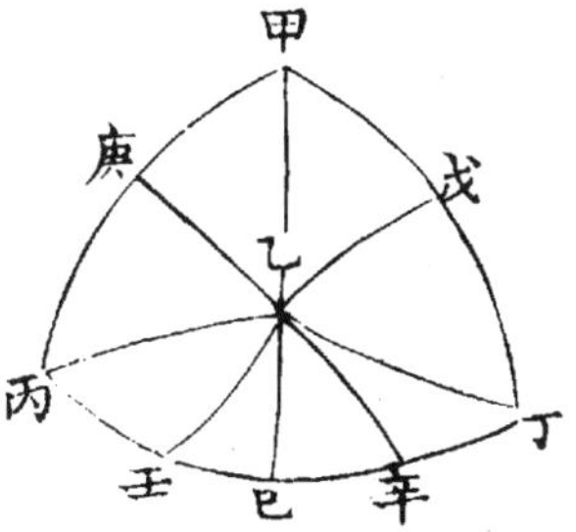

凡球上所剖諸羃以爲底直剖至球之中心成錐形即分球體爲若干分如四等面之羃得球羃四之一依其邊直剖至球心成三角錐其錐積亦爲球體四之一推之盡然

通率表附

此表瑴成供奉

內廷抄得中秘之本。謹附於諸體比例卷後。以公同好。

面線	不同面積相等	面線	相等面積不同
○	一〇〇〇〇〇〇〇	○	一〇〇〇〇〇〇〇
△	一三四六七七三八	△	〇五五一三二八九
□	〇八八六二二七〇	□	一二七三二三九四
⬠	〇六七五六四八〇	⬠	二一九〇五七九六
⬡	〇五四九八一八〇	⬡	三三〇七九七三一

尺寸	不一積數相等	積數	不一尺寸相等
○	一〇〇〇〇〇〇〇	○	一〇〇〇〇〇〇〇
◫	〇八〇五九九六〇	◫	一九〇九八五九二
△	一二五九九二一一	△	〇五〇〇〇〇〇〇
▯	〇八七三五八〇五	▯	一五〇〇〇〇〇〇
◇	一一六二四四七四	◇	〇六三六六一九七
方	一〇〇〇〇〇〇〇	斜	一四一四二一三四

寸	〇	兩	錢	分		兩	錢	分
金	一	六	八	〇	鉛	九	九	三
鋈	一	二	二	八	銅	七	五	〇
銀	〇	九	〇	〇	鐵	六	七	〇
玉	〇	三	〇	〇	錫	六	三	〇

圓線內各形比例

	一〇〇〇〇〇〇〇
	〇四一三四九六七
	〇六三六六一九七
	〇七五六八二六七
	〇八二六九九三三

圓線外各形比例

	一〇〇〇〇〇〇〇
	一六五三九八六七
	一二七三二三九四
	一一五六三二八四
	一一〇二六五七八

徑	一	一	三
週	三	五	五

	兩	錢	分	釐
石	二	五	〇	〇
水	〇	九	一	七
油	〇	八	二	〇

知一邊求垂線

	一〇〇〇〇〇〇〇
	〇八一六四九六五
八面	〇七〇七一〇六七
二十面	一一一三五一六二
十二面	〇七五五七六一四

求球內各形之一邊

	一〇〇〇〇〇〇〇
	〇八一六四九六五
	〇五七七三五〇三
	〇七〇九一〇六七
二十面	〇三五六八二二一
十二面	〇五二五七三一一

求球外各形之一面

	一〇〇〇〇〇〇〇
	二四四九四八九七
	一〇〇〇〇〇〇〇
八面	一二二四七四五〇
二十面	〇四四九〇二八三
十二面	〇六六一五八四五

知一邊求一面

	一〇〇〇〇〇〇〇
	〇四三三〇一二七
八面	〇四三三〇一二七
二十面	一七二〇四七七四
十二面	〇四三三〇一二七

求球內各形之一面

	一〇〇〇〇〇〇〇
	〇二八八六七五一
	〇三三三三三三二
八面	〇二一六五〇六四
二十面	〇二一九〇五四六
十二面	〇一一九六八一七

求球外各形之一面

	一〇〇〇〇〇〇〇
	二五九八〇七六一
	一〇〇〇〇〇〇〇
八面	〇六四九五一九二
二十面	〇三四六八九三七
十二面	〇一八九五二七一

知一邊求體積

	一○○○○○○○
	○一一七八五一一
八面	○四七一四○四五
十二面	七六六三一一八○
二十面	二一八一六九五二

求球内各形之體積

	一○○○○○○○
	○○六四一五○○
	○一九二四五○○
八面	○一六六六六六六
十二面	○三四八一四五三
二十面	○三一七○一七九

求球外各形之體積

	一○○○○○○○
	一七三二○五○七
	一○○○○○○○
八面	○八六六○二五八
十二面	○六九三七八七五
二十面	○六三一七五七○

知一邊求面積	
	○四三三○一二七
知一邊求高數	
	○八六六○二五九
知徑數求面積	
	○七八五三九八二
知大小徑數求面積	
	○七八五三九八二
知大小徑數求體積	
	○五二三五九九四
知底徑高數求體積	
	○七八五三九八二
知上下各大小徑數高數求體積	
	○一三○八九九七

知面積求一邊	
	二三○九四○一一
知徑數求體積	
	○五二三五九九四
知徑數求渾圓面冪	
	三一四一五九二六
知大小徑數求外面積	
	三一四一五九二六
知上下徑數高數求體積	
	○二六一七九九四
知底徑高數求體積	
	○二六一七九九四
知一邊數求體積	
	○一一七八五一一

終

歷算叢書輯要卷二十九

弧三角舉要自序

歷家所憑全恃測驗昔者蔡邕上書願匍匐渾儀之下按度考數著於篇章以成一代盛典古人之用心蓋可想見然則儒者端居斗室足不履觀臺目不睹渾象安所得測驗之事而親之而安從學之曰所恃者有測驗之法之理在則句股是也遭秦之厄天官書器散亡漢洛下閎鮮于妄人等追尋墜緒歷代相承攷訂加詳至於今日厥理大著則句股之用於渾圓是也今夫測量之法方易而圓難古用徑一圍三聊舉成數非有所不知也自劉徽祖冲之各為圓率迨元趙友欽定為徑一則圍三一四一五九二與今西術略同皆割圓以得之非勾股奚藉焉

西法割圓比例以直角三邊形為主即句股也但異其名不異其實然用勾股測平圓猶易用句股測渾圓更難曆家所測皆渾圓也非平圓也古有黃赤道相準之率大約於渾器比量僅得梗槩未能彰諸算術近代諸家以相減相乘推變其差損益有序稍為近之而未親也惟元郭太史守敬始以弧矢命算有平視側視諸圖推步立成諸數黃赤相求斯有定率視古為密由今觀之皆句股也但其立法必先求矢又用三乘方取數不易故但能列其一象限中度率不復能求其細分之數曆書之法則先求角既因弧以知角復因角以知弧而句股之形能預定其比例又佐之八線互用以通其窮其法以三弧度相交輒成三角則此三弧度者各有其相應之弦弧與弧相割即弦與弧相遇而句股生焉苟熟其法則

正反斜側八線犂然各相得而成句股八線比例以半徑全數爲弦正弦餘弦爲句爲股又以割線爲弦切線與半徑全數爲其句股表中所列句股形凡五千四百於是乎黄可變赤赤可變黄可以經度知緯可以緯度知經羅絡鉤連旁通曲暢分秒忽微臚陳算位求諸中心可無纖芥之疑告諸同學亦如指掌之晰即不必匍匐渾儀之下可以不窺牖而見天道賴有此具也全部曆書皆弧三角之理即皆句股之理顧未嘗正言其爲句股使人望洋無際彼云直角三邊形此云句股乃西國方言譯書時不知此理遂生分别又譯書者識有偏全筆有工拙語有淺深詳略所載圖説不無滲漏之端影似之談與臆參之見學者病之茲稍爲摘其肯綮從而疏剔訂補以直截發明其所以然竊爲一言以蔽之曰析渾圓爲句股而已蓋于是而知古聖人立法之精雖弧三角之巧豈

能出句股範圍然句股之用亦必至是而庶無餘藴爾曆法之深微與衍不啻五花八門其章句之詰曲離奇不啻羊腸紆度而由是以啓其扃鑰庶將掉臂游行若揭日月而騁康莊矣文雖不多實爲此道中開闢塗徑蓋積數十年之探索而後能會通簡易故亟欲與同志者共之余老矣禹服九州之大歷代聖人教澤所漸被必有好學深思其人所冀大爲闡發俾古人之意晦而復昭一綫之傳引而弗替則生平之志願畢矣豈必身擅其名然後爲得哉余拭目竢之康熙二十三年上元甲子長至之吉勿菴梅文鼎書於栢梘山中

弧三角舉要目錄

垂弧捷法

弧三角舉要五　　卷之三十三

八綫相當法

弧三角與平異理故先體勢知體勢然後可以用算而算莫先於正弧猶平三角之有句股形也故以為弧度之宗正弧形之乙角取法於黃赤交角則有定度而餘角取法於過極圈交黃道之角則隨度而移互用之其理益顯故有求餘角法弧三角以一角對一邊而比例等與平三角同而其理迥別故有弧角比例法斜弧無相對之弧角則比例之法窮故有垂弧法三角求邊則垂弧之法又窮故有次形法垂弧與次形合用則有捷法弧與角各有八綫而可以互視故有相當法餘詳環中黍尺及塹堵測量

歷算叢書輯要卷二十九

宣城梅文鼎定九甫著
男以燕正謀學　孫瑴成重較録
受業　安溪李鍾倫世得
宿遷徐用錫壇長
景洲魏廷珍君璧
交河王蘭生振聲
河間王之鋭仲穎同校字

弧三角舉要一

弧三角體勢

一弧度與天相應。弧三角之法。以測渾圓。渾圓之大者莫如天。圓之至者亦莫如天。故弧三角之度。皆天度也。以平測圓。

其難百倍以圓測圓其簡百倍而得數且眞是故測天者必以弧度而論弧度者必以天爲法

一測弧度必以大圈　渾球上弧度有極大之圈乃腰圍之一線也如赤道帶天之紘原止一綫如黃道如子午規如地平規盡然　又如測得兩星相距之遠近亦爲大圈之分若以此兩星之距弧引而長之必匝於渾圜之體而成大圈不論從衡斜側皆同一法

一球上大圈必相等　所以必用大圈者以其相等也　渾球上從衡斜側皆可爲大圈而其大必相等者以俱在腰圍之一綫也如黃道赤道及子午規地平規俱係大圈必皆相等不相等卽非大圈故惟大圈可相爲比例　任測兩星之距不必當

黄赤道而能與二道相比例者，以其皆大圈也。

一球上兩大圈無平行者。大圈在渾球既爲腰圍之一綫，則必無兩圈平行之法。若平行，即非大圈。如黄赤道並止一綫而無廣，即無地可容平行綫也。子午規、地平規亦然。

一球上圈能與大圈平行者，皆小圈，謂之距等圈。離大圈左右作平行圈，皆曰距等圈，謂其四圍與大圈相距皆等。如於黄道內外作緯圈，其與黄道相距，或近則四面皆近，或遠則四面亦皆遠，無毫忽之不同，平行故也。赤道緯圈、地平高度並同。而其自相距亦等，故曰距等也。如黄道內外或近或遠，處處可作距等圈，而皆與黄道平行，即其圈亦自相平行，故並爲等距。距等圈皆小於大圈。如黄道內外緯圈，但離數分，其圈即小於黄道，其距益遠，其圈益小，小之極，至一點而止。諸緯圈並然。不能與大圈爲比例。大圈惟一，距等圈無數，無一同者，無法可爲比例。故爲比例者必大圈也。圖如後。

距等圈正視圖

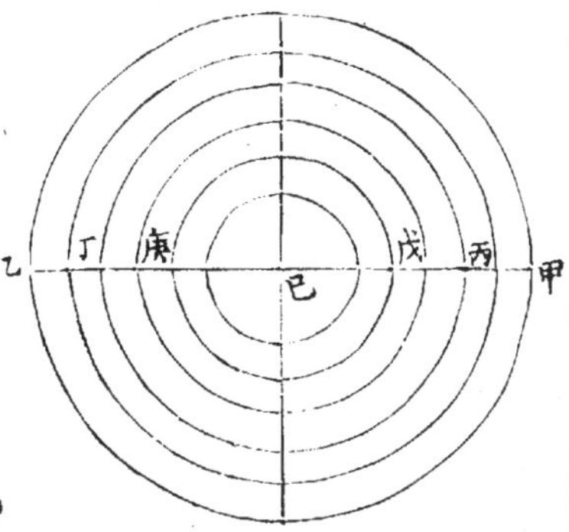

距等圈旁視圖

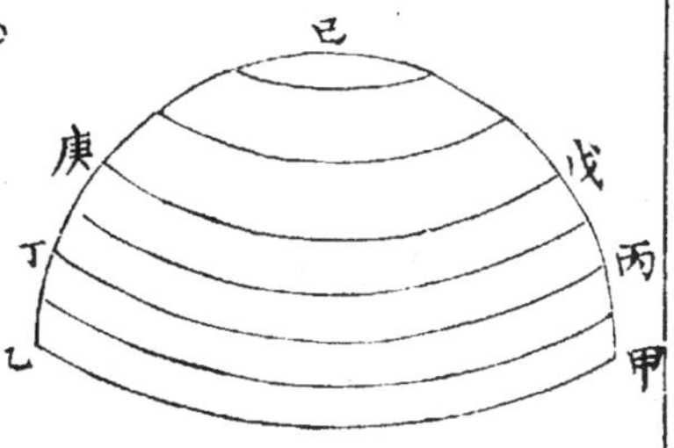

如圖。甲乙為大圈。大圈只一。丙丁及戊庚等皆小圈。小圈無數。漸近圓頂己。卽其圈愈小而成一點。大小懸殊。故不可以相爲比例。

一大圈之比例以度。不拘丈尺。凡圈皆可分三百六十度。每圈平分之。成半周。四平分之。成象限。象限又各平分之。為九十度。成三百六十度。而球大者其大圈大。球小者其大圈小。皆以本球之圍徑自為比例。不拘丈尺。盡本球之圍分為全周之度。其球上之度。卽皆以此為準。但在本球上為最大。故謂之大圈。非以丈尺言其大小。古人以八尺渾儀準周天。蓋以此也。又如古渾儀原有三重。其在內之環周。必小於外。而其度皆能相應者。在內環周雖小。而在內之渾圓

以此爲大圈即在內之各度並以此爲準故也

一大圈之度爲公度。　凡球上距等圈亦可平分三百六十度。而其圈皆小於本球之大圈。又大小不倫則其所分之細度亦皆小於大圈而大小不倫矣。惟本球腰圍大圈上所分之度得爲公度。故凡言度者必大圈也。

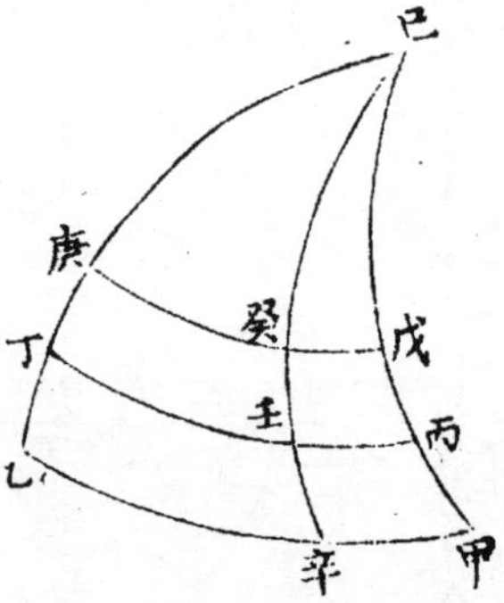

如圖甲乙爲大圈一象限。丙丁及戊庚各爲距等小圈一象限。象限雖同而大小迥異。又如甲辛爲大圈三十度。丙壬及戊癸亦各爲小圈之三十度。其爲三十度雖同而大小亦異。再細攷之至一度或至一分。亦大小異也。故惟大圈之度爲公度。

一大圈即本球外周其度即外周之度而横直皆相等　平圓有徑有周渾圓亦有徑有周立渾圓於前則外周可見即腰圍之大圈也旋而視之皆可為外周故大圈之横直皆等皆以外周度為其度故等

如圖子午規為渾儀外周其度三百六十乃直度也地平為腰圍度亦三百六十乃横度也横度直度皆得為外周故其度相等若依北極論之則赤道又為腰圍而亦即外周也推是言之渾球上大圈從横斜側皆相等何則旋而視之皆得為腰圍即皆得為外周故也

一大圈上相遇有相割無相切大圈相割各成兩平分　球上

從衡斜側既皆成大圈則能相割矣而皆爲渾圓之外周則必無相切之理。若相切者。必在外周之內爲距等小圈。

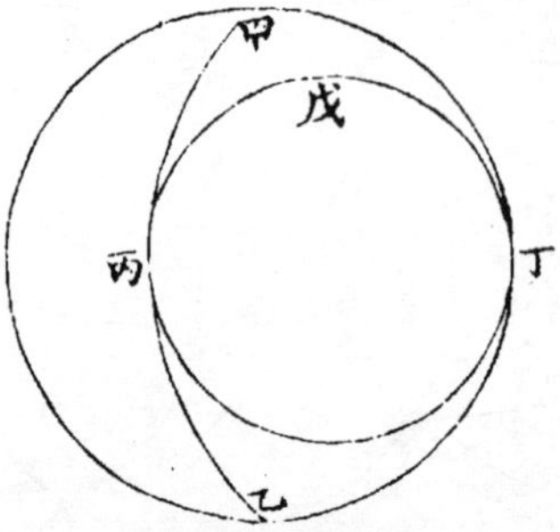

如圖甲丙乙爲大圈半周。能割大圈于甲于乙。而不能相切。丙丁成小圈。則能切大圈于丙于丁。

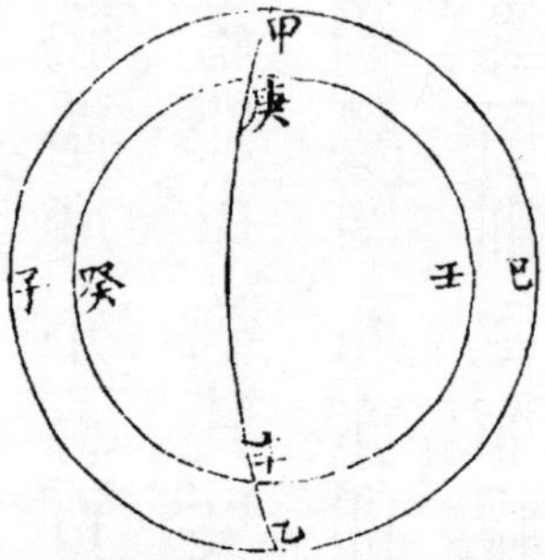

如圖甲庚辛乙爲大圈半周。割外圈于甲于乙則甲巳乙。乙子甲。亦各成半周。若壬癸距等圈。割大圈于庚于辛。而庚辛非半周。

球上兩大圈相割。必有二處此二處必相距一百八十度。而各成兩平分。如黄赤二道相交於春分。必復相交於秋分即二分之距。必皆半周一百八十度。而黄道成兩平分赤道亦兩平分也。若距等圈與大圈相割。必不能成兩平分。

一兩大圈相遇則成角

球上大圈既不平行則其相遇必相交相割而成角弧三角之法所由立也角有正有斜斜角又有鋭鈍共三種而角兩旁皆弧綫與直綫角異

如圖巳午戊子爲子午規辛午乙子爲地平規兩大圈正相交于南地平之午北地平之子則皆正角而四角皆等並九十度角也正角一名直角一名十字角一名正方角

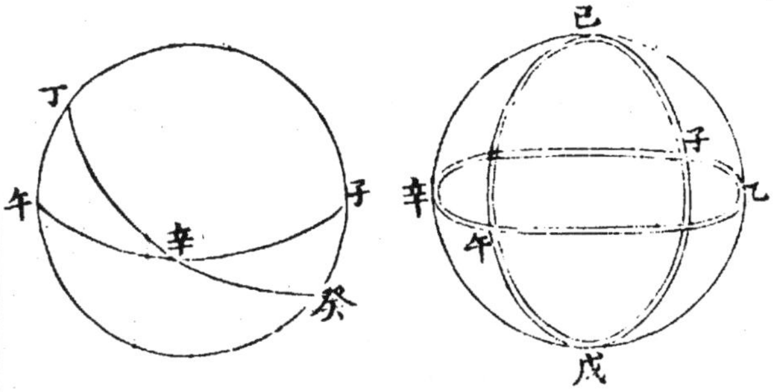

如圖午辛子爲地平規丁辛癸爲赤道規兩大圈斜相交于辛則丁辛子鈍角大于九十度丁辛午鋭角小于九十度兩角相並一百八十度減鋭角其外角必鈍若減鈍角亦得鋭角也故

有内角即知外角。又兩鋭角相對兩鈍角相對其度分必等。故有此角即知對角。

凡此數端並與平三角同。然而實有不同者以角兩旁之爲弧綫也。

一弧綫之作角必兩。直綫剖平圓作角形如分餅角旁兩綫皆半徑至周而止弧綫剖渾冪作角形如剖瓜角旁兩弧綫皆半周必復相交作角而等。如黄赤道交於二分其角相等。

一角有大小量之以對角之弧。其角旁兩弧必皆九十度。弧綫角既如瓜瓣則其相距必兩端狹而中闊其最闊處必離角九十度。此處離兩角各均即球上腰圍大圈也。故其度即爲角度。如黄赤道之二分交角二十三度半即二至時距度。此時黄赤道離二分各九十度乃腰圍最闊處也。

一大圈有極　大圈能分渾圓之面冪爲兩。則各有最中之處而相對。是爲兩極。兩極距大圈四面各九十度。

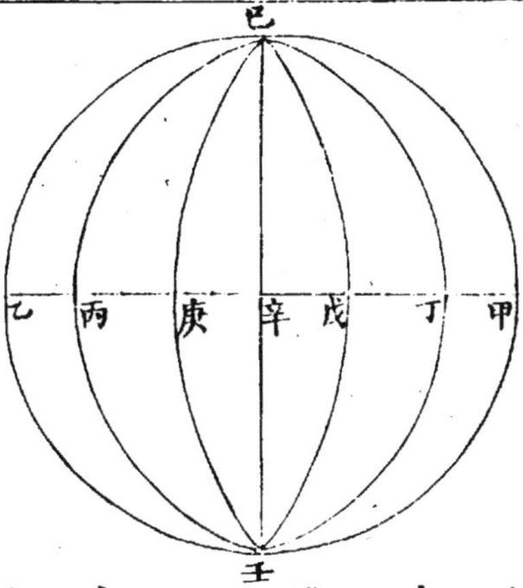

如圖甲辛乙爲赤道大圈。巳爲北極。壬爲南極。甲巳丁巳等弧綫距北極各九十度。距南極亦然。　若巳爲天頂。甲辛乙爲地平大圈。亦同。如甲正北。辛正東。乙正南。丁東北。丙東南。所在不同。而甲乙等高弧距天頂各九十度皆等。

一大圈上作十字弧線。引長之。必過兩極。兩極出弧線至大圈。必皆十字正交。　如赤道上經圈皆與赤道正交。爲十字角。則其圈必上過北極。下過南極也。然則從兩極出弧綫過赤道必

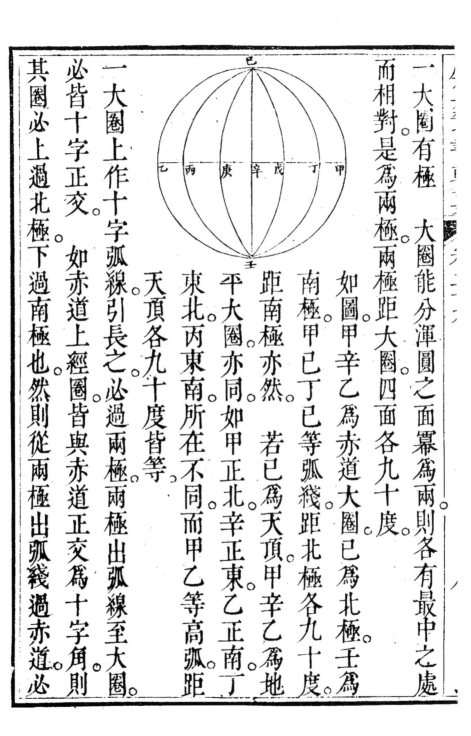

十字正交矣。

一大圈之極。爲衆角所輳。　如赤道上逐度經圈。皆過兩極。則極心一點。爲衆角之宗。經圈之弧。在赤道上成十字者。本皆平行漸遠漸狹。至兩極。則成角形之鋭尖。角無論大小。皆輳於極而合成一點。離此一點外。卽成鋭鈍之形。而皆與赤道度相應。所謂量角以對弧度。而角兩旁皆九十度。以此。

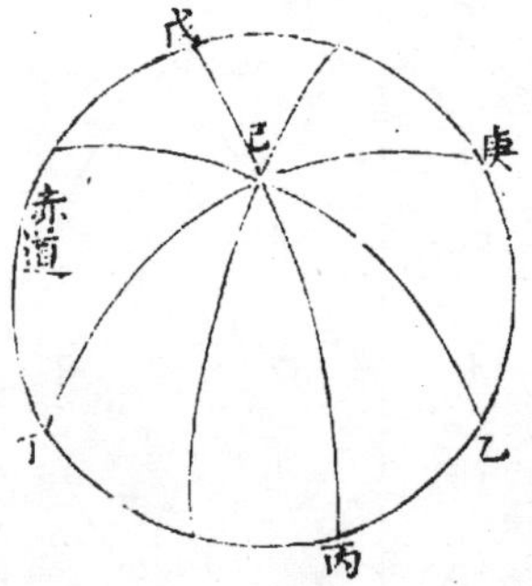

如圖。己爲北極。卽衆角之頂。其所當赤道之度。如乙丙等。則己角爲鋭角。如丙庚等。則己角爲鈍角。　若己爲天頂。外圈爲地平。亦然。

一角度與角旁兩弧之度。並用本球之大圈度。故量角度者。以角爲極。　有弧綫角不知其度。亦不知角旁弧之度。法當先求本球之九十度。其法以角旁二弧。各引長之。使復作角。乃中分其弧。即成本弧之九十度。而角旁弧之度可知。以角為心。九十度為界作大圜。與角旁兩弧並本球大圜。而其分度等。乃視角所當之弧。即角旁兩九十度弧所界。於大圜上得若干度分。即角度也。故曰以角為極。

一三大圜相遇。則成三角三邊。此所謂弧三角形也。如黃道赤道既相交於二分。又有赤道經圈截兩道而過之。則成乙丙甲弧三角形。

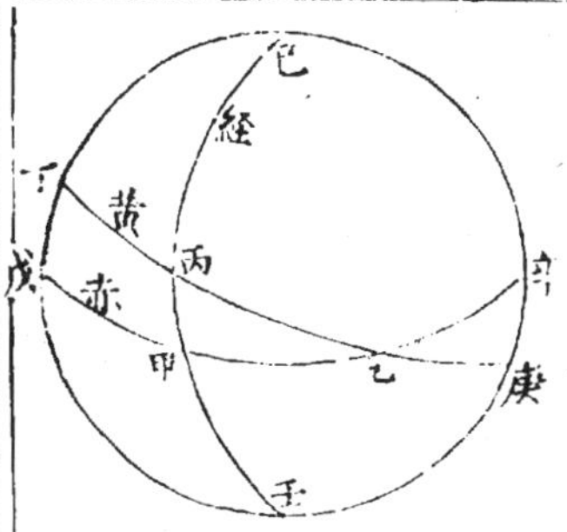

如圖。己為北極。戊辛為赤道。丁庚為黃道。二道相交於春分。成乙角。又己壬為過極經圈。自北極己出弧線。截黃道於丙。得丙乙邊。為黃道之一弧。亦截赤道於甲。成甲乙邊。為赤道之一弧。

而過極經圈爲二道所截成丙甲邊爲經圈之一弧是爲三邊即又成丙角甲角合乙角爲三角

一弧三角不同於平三角之理　弧三角形有三角三邊共六件以先有之三件求餘三件與平三角同所不同者平三角形之三角并之皆一百八十度弧三角不然其三角最小者比一百八十度必盈三邊在一度以下可借平三角立算因其差甚微然其角度視半周必有微盈但不得滿五百四十度角之極大者合之以比三半周必不能及　平三角之邊小僅咫尺大則千百萬里弧三角邊必在半周以下不得滿一百八十度合三邊不得滿三百六十度如滿全周即成全員而不得成三角　平三角有兩角即知餘一角弧三角非算不知　平三角有一正角餘二角必銳弧三角則否有三正角兩正角者其餘角有鈍有銳或兩銳或兩鈍或一銳一鈍不等　平三角有一鈍角

餘二角必鋭弧三角則否其餘角或鋭或正或鈍甚有三鈍角者　平三角以不同邊而同角爲相似形同邊又同角爲相等形弧三角則但有相等之形而無相似之形以同角者必同邊也　平三角但可以三邊求角不可以三角求邊弧三角則可以三角求邊弧三角之邊皆圓度也初無丈尺可言故三角可以求邊若平三角邊各有丈尺則必有先得之邊以爲之例所以不同　前條言有相等之形無相似之形亦謂其所得之度相等非謂其丈尺等也

一弧三角用八綫之理　平三角用八綫惟用於角弧三角用八綫幷用於邊平三角以角之八綫與邊相比弧三角是以角之八綫與邊之八綫相比平三角有正角即爲句股若正弧三角形實非句股而以其八綫輳成句股

平三角以角求邊是用弧綫求直綫也有角即有弧　以邊求角是用

直綫求弧綫也然角以八綫爲用仍是以直綫求直綫也句股法也弧三角以邊求角以角求邊並是以弧綫求弧綫也而角與邊並用八綫仍是以直綫求直綫也亦句股法也蓋惟直綫可成句股所不同者平三角所成句股形即在平面而弧三角所成句股不在弧面而在其内外

一弧三角之點綫面體　測量家有點有綫有面有體弧三角備有之其所測之角即點也但其點俱在弧面如於渾球任指一星爲所測之點即角度從兹起如太陽太陰角度並從其中心一點論之　弧三角之邊即綫也但其綫皆弧綫如於渾球上任指兩星即有距綫或於一星出兩弧綫與他星相距即成角而角旁兩綫皆弧綫也　弧三角之形即面也但其面皆渾球

上面羃之分形　弧三角之所麗即渾體也剖渾圓至心即成錐體而並以弧三角之形爲底（詳塹堵測量）

一渾圓內點綫面體與弧三角相應　前條點綫面體俱在球面可以目視器測但皆弧綫難相比例（比例必用句股句股必直綫故也）賴有相應之點綫面體在渾體內歷歷可指雖不可以目視而可以算得弧三角之法所以的確不易也

如渾球中剖則成平圓即面也於是以球面之各點（即弧三角之各角）依視法移於平圓面即渾圓內相應之點也又以弧與角之八綫移至平面成句股以相比例是渾圓內相應之綫也　又如弧三角之三邊各引長之成大圈各依大圈以剖渾圓即各成平圓面是亦渾圓內相應之面也二平圓面相割成瓜瓣之體

三平圓面相割成三楞錐體若又依八綫橫剖之即成塹堵諸體是渾圓體內相應之分體也此皆與弧面相離在渾圓之內非剖渾圓即不可見而可以算得即不啻目視而器測矣

一大圈與渾圓同心　渾球上大圈之心即渾圓之心若依各大圈剖渾圓成平圓面其平圓心即渾圓之心若距等小圈則但以渾圓之軸為心而不能以渾圓心為心同心者亦同徑大圈以渾圓徑為徑若距等圈則但以通弦為徑渾體內諸綫能與弧三角相應者以此渾圓體內諸綫皆宗其徑弧三角既以大圈相割而成必宗大圈之徑徑同故內外相應弧三角之邊不用小圈亦以此也距等圈既與大圈異徑則其度不齊不能成邊而所作之角必非真角無從考其度分

一弧三角視法　弧三角非圖不明然圖弧綫於平面必用視法變渾為平

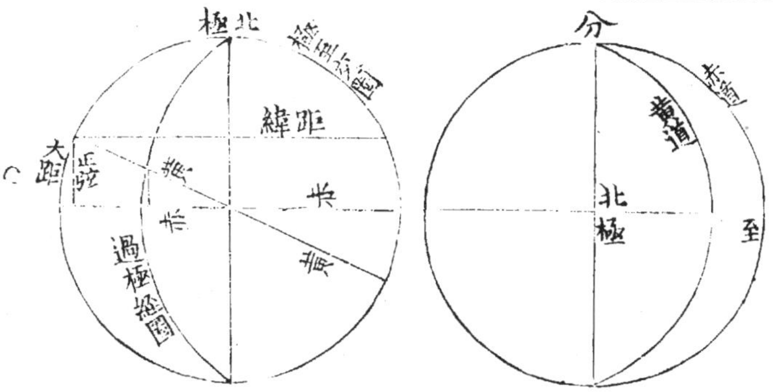

平置渾儀從北極下視則惟赤道爲外周不變而黃道斜立即成撱形　其分至各經圈本穹然半圓今以正視皆成圓徑是變弧綫爲直綫也

立置渾儀使北極居上而從二分平視之則惟極至交圈爲外周不變其赤道黃道俱變直綫爲圓徑而成輳心之角即大距度平面角是變弧綫角爲直綫角也又距等圈亦變橫綫而成各度正弦與圓徑平行。

其赤道上逐度經圈之過黃赤道者雖變撱形而其正弦不變且歷歷可見如在平面而與平面上之大距度正弦同角成大小句股比例是弧面各綫皆可移于平

面也。故視法不但作圖之用，即步算之法已在其中。

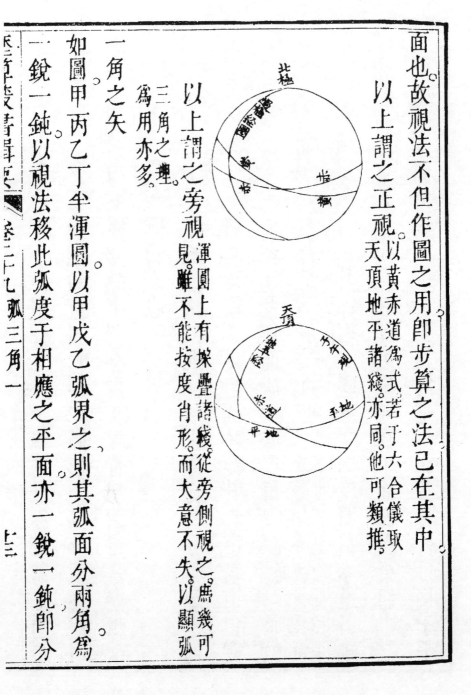

以上謂之正視。以黃赤道爲式，若于六合儀取天頂地平諸綫，亦同。他可類推。

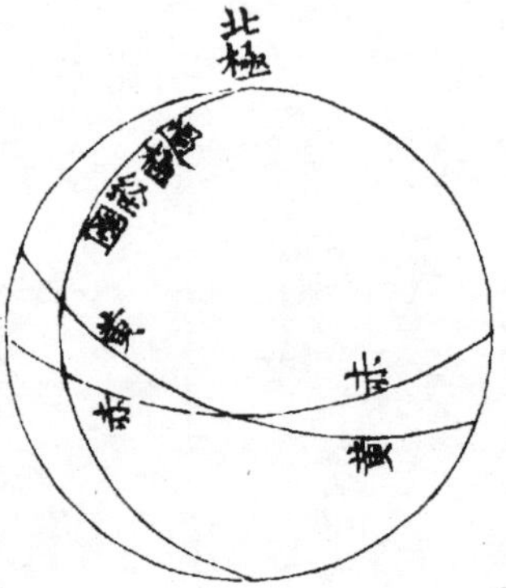

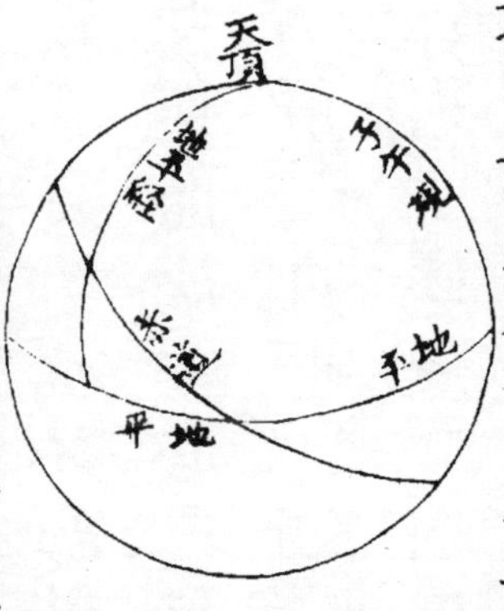

以上謂之旁視。渾圓上有累疊諸綫，從旁側視之，庶幾可見。雖不能按度肖形，而大意不失。以顯弧三角之理，爲用亦多。

一角之矢

如圖甲丙乙丁半渾圓，以甲戊乙弧界之，則其弧面分兩角爲一銳一鈍。以視法移此弧度于相應之平面，亦一銳一鈍，即分

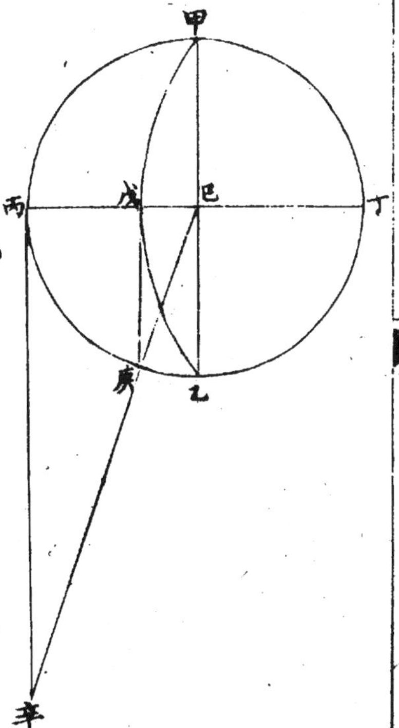

圓徑爲大小二矢。而戊丙正矢爲戊甲丙鋭角之度。戊乙丙亦同。戊丁大矢爲戊甲丁鈍角之度。戊乙丁亦同。故得矢即得角。

一角之八綫。

如前圖。丙戊弧爲甲鋭角之度。與丙庚等。則丙戊之在平面者。變爲直綫。即爲甲鋭角之矢。而戊巳爲角之餘弦。戊庚爲角之正弦。丙辛爲角之切綫。巳辛爲角之割綫。皆與平面丙庚弧之八綫等。

丁巳戊過弧。爲甲鈍角之度。與丁乙庚過弧等。則丁戊在平面者變爲鈍角之大矢而戊已餘弦戊庚正弦丙辛切綫已辛割綫並與鋭角同（平面鈍角之八綫與外角同用。弧三角亦然。）

一正弧斜弧之角與邊分爲各類

凡三角內有一正角謂之正弧三角形三角內並無正角謂之斜弧三角形

正弧三角形之角有三正角者有二正角一鋭角者有二正角一鈍角者（以上三種不須用算。）又有一正角兩鋭角者（內分二種。一種兩鋭角同度。一種兩鋭角不同度。）有一正角兩鈍角者（內分二種。一種兩鈍角同度。一種兩鈍角不同度。）有一正角一鋭角一鈍角者（內分二種。一種鋭鈍兩角合之成半周。一種合鋭鈍兩角不能成半周。）計正弧之角九種而用算者六也

正弧三角形之邊有三邊並足者（足謂足九十度。）有二邊足一邊小者

在象限以下爲小。有二邊足一邊大者過象限以上爲大。以上三種可不用算。有三邊並小者丙分二種。一種二邊等。一種三邊不等。有二邊大而一小者丙分三種。一種二大邊等。一種二大邊不等。一種小邊爲一大邊減半周之餘。計正弧之邊八種而用算者五也

二邊俱小則餘邊必不能大故無二小一大之形　二邊俱大則餘邊亦不能大故無三邊並大之形　一邊若足則餘邊亦有一足故無一邊足之形

正弧三角形圖　一計三種

甲形三角並十字正方。三邊並足九十度。

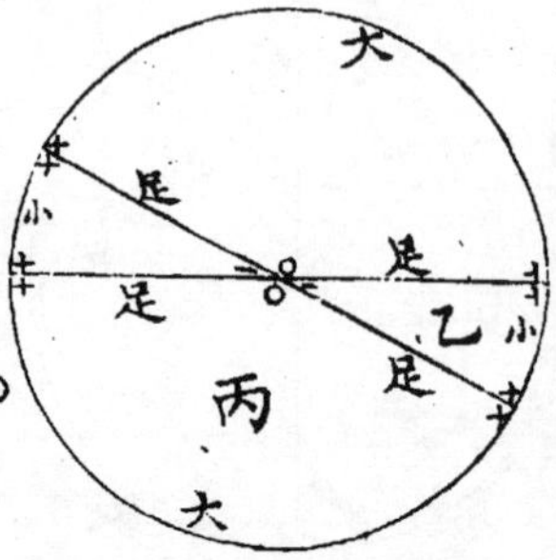

乙形角二正一鋭。邊二足一小。

丙形角二正一鈍。邊二足一大。

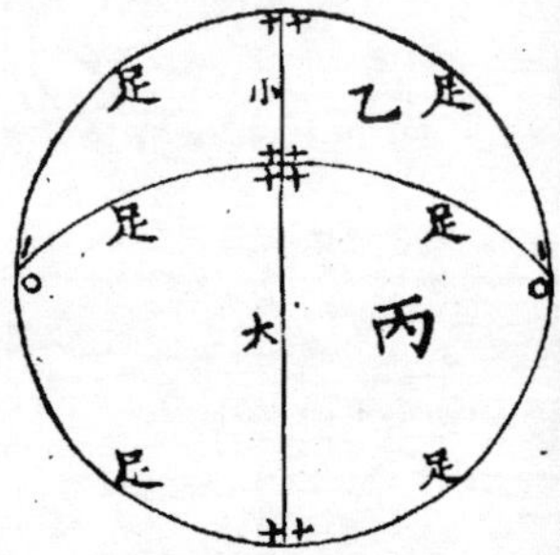

此置正角在凸面與正角在邊者並一法。

以上三種不須用算。

正弧三角形圖二 計三種

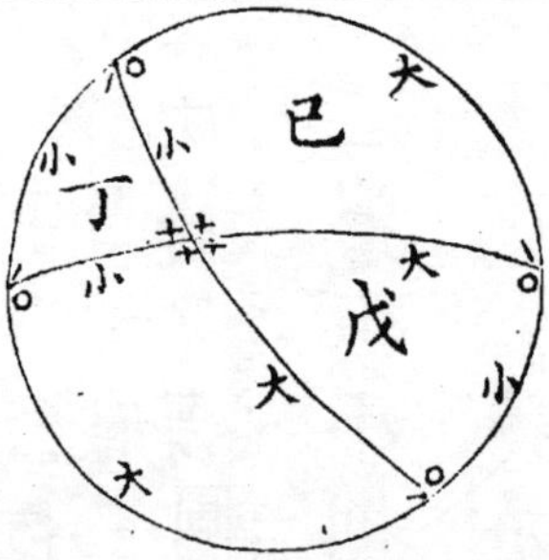

丁形角一正二鋭。鋭同度。三邊並小。同者二。

戊形角一正二鈍。鈍同度。邊二大同度。一小。

已形角一正一鋭一鈍。其鈍鋭兩角成半周。邊二大一小。內一大邊與小邊成半周。

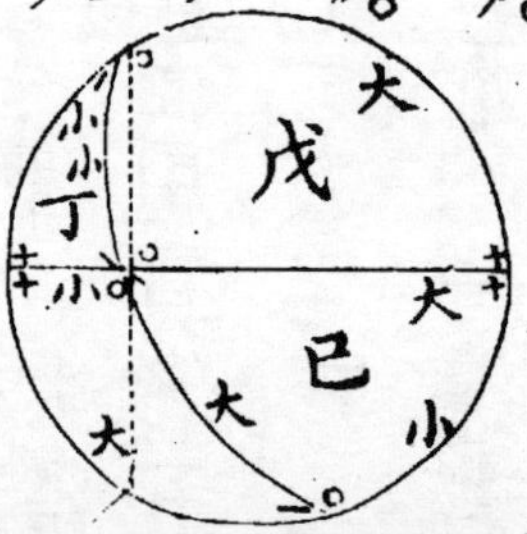

此正角在邊與前圖正角在面者同法。後庚辛壬形倣此。

以上正弧形三種有同度之邊與角謂之二等邊形。

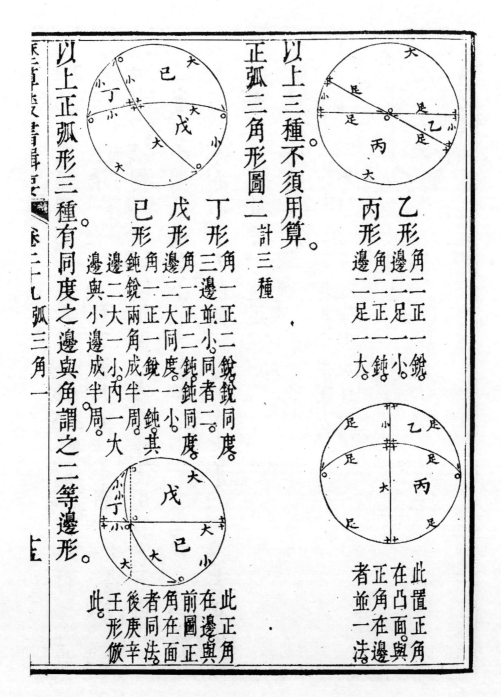

內有已形雖無同等之邊角而有共爲半周之邊角度雖不同而所用之正弦則同即同度也　凡邊等者角亦等後倣此

正弧三角形圖三　計三種

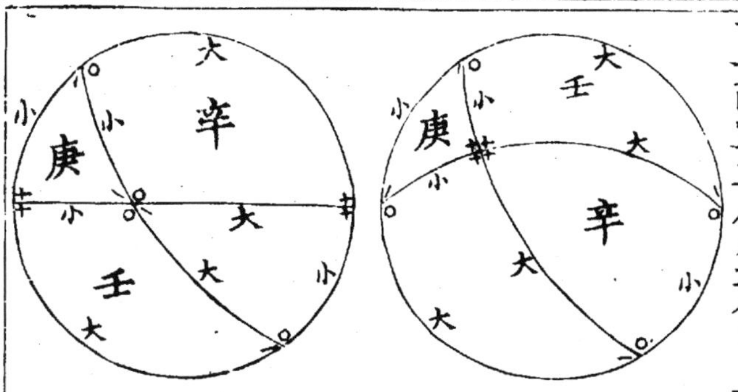

庚形角一正二鋭　三邊並小　並同丁形而無等度

辛形角一正二鈍　邊二大一小　並同戊形而無等度

壬形角一正一鋭一鈍　邊二大一小　並同巳形而大小二邊不能成半周角亦然

以上正弧形三種邊角與丁戊巳三種無異但無同度之邊

斜弧三角形之角有三角並銳者内分三種。一種有二角相等。一種三角不相等。一種三角俱等。有二角銳而一鈍者内分四種。一種二銳角相等。一種二銳角不相等。一種鈍角爲一銳角減半周之餘。一種二銳角相等。而又並爲鈍角減半周之餘。有二角鈍而一銳者内分四種。一種二鈍角相等。一種二鈍角不相等。一種銳角爲一鈍角減半周之餘。一種二鈍角相等。而又並爲銳角減半周之餘。有三角並鈍者内分三種。一種有二角相等。一種三角不相等。一種三角相等。計斜弧之角十有四種。

斜弧三角形之邊有一邊足二邊小者内分二種。一種二小邊相等。一種二小邊不等。

有一邊足二邊大者内分二種。一種二大邊等。一種二大邊不等。有一邊足一邊小一邊大者内分二種。一種大小二邊合之成半周。一種合二邊不能成半周。有三邊並小者内分三種。一種三邊不等。一種二邊等。一種三邊俱等。有二邊大而一小者内分四種。一種二大邊等。一種二大邊不等。一種小邊爲一大邊減半周之餘。一種二大邊等而又並爲小邊減半周之餘。有二邊小而一大者内分四種。一種二小邊等。一種二小邊不等。一種大邊爲一小邊減半周之餘。一種二小邊等而又並爲大邊減半

周之有三邊並大者。內分三種。一種三邊不等。一計斜弧之邊
餘。種二邊等。一種三邊俱等。
二十種。

斜弧三角形圖一　計四種

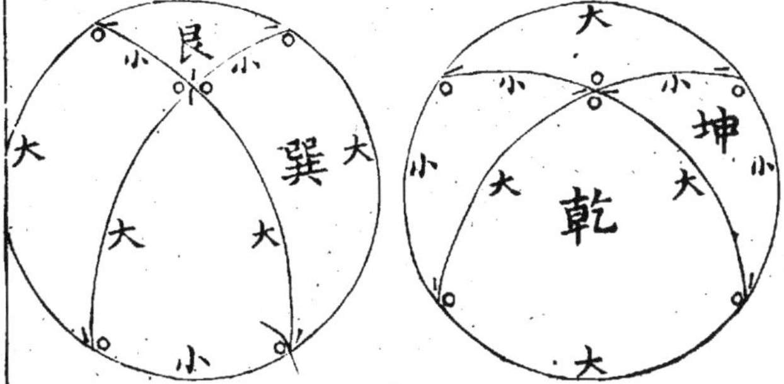

乾形三角並鈍。又皆同度。三邊並大。又皆同度。

坤形角一鈍二銳。銳同度。其鈍角爲銳角減半周之餘。邊一大二小。小同度。其大邊爲小邊減半周之餘。

艮形三角並銳。又皆同度。三邊並小。又皆同度。

巽形角一銳二鈍。鈍同度。又皆爲銳角減半周之餘。邊一小二大。大同度。又皆爲小邊減半周之餘。

以上斜弧形四種。並三角三邊同度。謂之三等邊形。內有二等邊者。其一邊爲等邊減半周之餘。與三等邊同法。以同用正弦故。

斜弧三角形圖二 計十二種

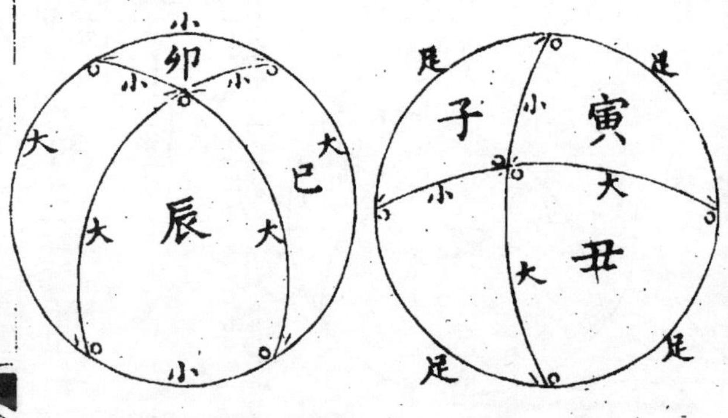

子形 二鋭角同度。一鈍。二小邊同度。一足。

丑形 三鈍角。內同度者二。二大邊同度。一足。

寅形 二鋭角一鈍。內一鋭角爲鈍角減半周之餘。邊一足一大一小。小邊爲大邊減半周之餘。

卯形 二鋭角同度。一鈍。三邊並小。同者二。

辰形 三角並鈍。內同度者二。二大邊同度。一小。

巳形 二鋭角一鈍。內一鋭角爲鈍角減半周之餘。二大邊一小。內一大邊爲小邊減半周之餘。

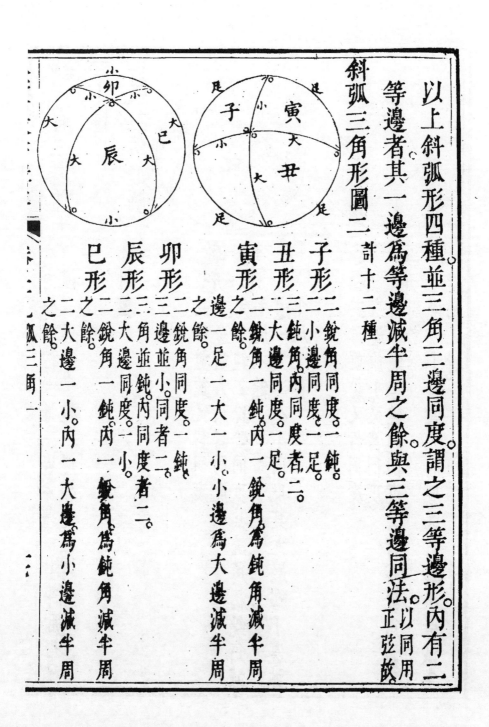

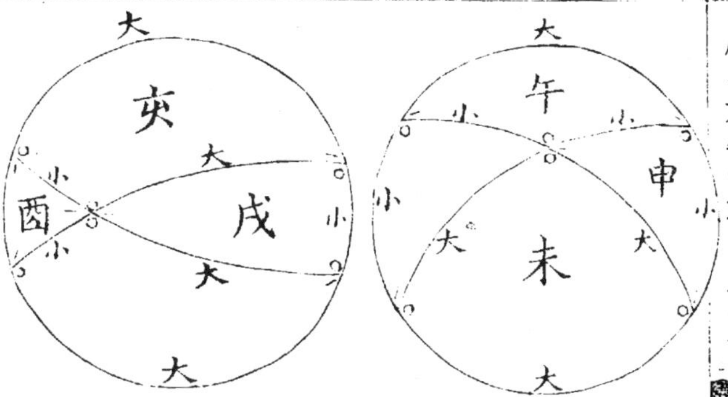

午形二銳角同度。一鈍。二小邊同度。一大。

未形三角並鈍。同度者二。三邊並大。同度者二。

申形二銳角一鈍。內一銳角。為鈍角減半周之餘。二小邊一大。內一小邊。為大邊減半周之餘。

酉形三角並銳。同度者二。三邊並小。同度者二。

戌形二鈍角同度。一銳。二大邊同度。一小。

亥形二鈍角一銳。內一鈍角。為銳角減半周之餘。二大邊一小。內一大邊。為小邊減半周之餘。

以上斜弧三角形十二種。並二等邊形。內有四種。以大小二邊度成半周。與二等邊同法。小邊為大邊減半周之餘。則同用一正弦。

斜弧三角形圖三 計十種

曆書只九種。遺一鋭二鈍形。

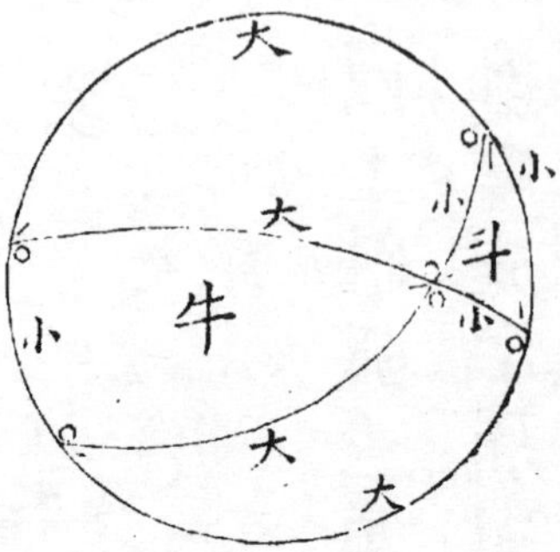

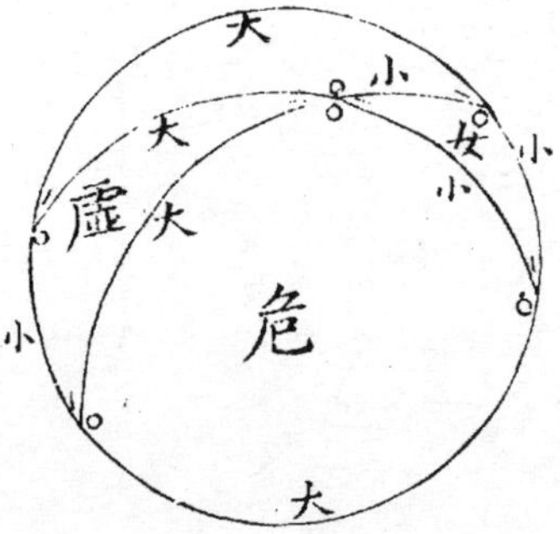

斗形三角並鋭。三邊並小。

牛形角一鋭二鈍。邊二大一小。

女形角一鈍二鋭。三邊並小。

虛形角一鈍二鋭。邊二大一小。

危形三角並鈍。邊二大一小。

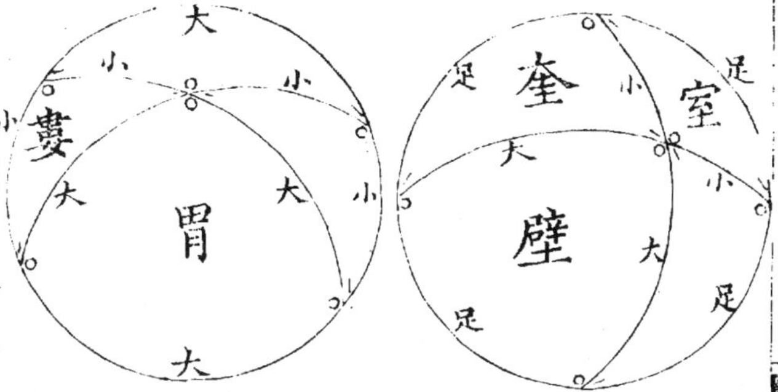

室形角一鈍二銳。邊一足二小。

壁形三角並鈍。邊一足二大。

奎形角一鈍二銳。邊一大一足一小。

婁形角一鈍二銳。邊一大二小。

胃形三角並鈍。三邊並大。

以上斜弧三角形十種。並三邊不等。用算只四種。

通共弧三角形三十五種。內除正弧三種不須用算。實三十二種。

終

歷算叢書輯要卷三十

弧三角舉要二

正弧三角形以八綫成句股。

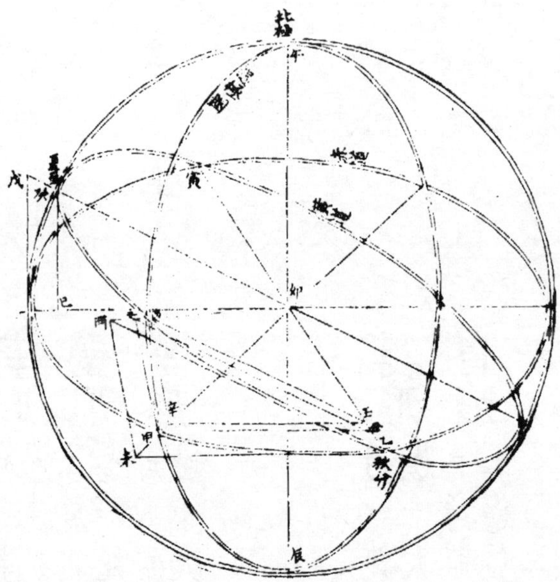

乙丁寅爲赤道。乙丙癸爲黃道。乙與寅爲春秋分。癸爲夏至。午癸丁辰爲極至交圈。午與辰爲南北極。午丙甲爲過極經圈。

丙乙爲黃道距二分之度。甲乙爲赤道距二分之度。卽同升度。丙甲爲黃赤距緯。成丙乙甲

三角弧形甲爲正角乙春秋分角與渾圓心卯角相應

癸丁弧爲黃赤大距。即乙角之弧亦爲卯角之弧。癸巳爲乙角正弦卯巳其餘弦。戊丁爲乙角切綫戊卯其割綫。卯癸及卯丁皆半徑成癸巳卯及戊丁卯兩句股形。

丙辛爲丙甲距度正弦丙壬爲丙乙黃道正弦作辛壬綫與丁卯平行。成丙辛壬句股形。

子甲爲丙甲距度切綫甲丑爲甲乙赤道正弦作子丑綫與丙壬平行。成子甲丑句股形。

酉乙爲丙乙黃道切綫未乙爲甲乙赤道切綫作酉未綫與子甲平行。成酉未乙句股形。

前二句股形。在癸丁大距弧內外。癸巳卯用正餘弦。在弧內戊丁卯用割切綫出弧外

後三句股形在丙乙甲三角內外丙辛壬在丙角用兩正弦在渾圓內子甲丑在甲角兼用正弦切綫半在丙半在外酉未乙用兩切綫在渾圓外

論曰此五句股形皆相似故其比例等何也赤道平安從乙視之則丁乙象限與丁卯半徑視之成一綫而辛壬聯綫甲丑正弦未乙切綫皆在此綫之上矣以其綫皆平安皆在赤道平面與赤道半徑平行故也是爲句綫

赤道平安則黃道之斜倚亦平其癸乙象限與癸卯半徑從乙視之成一綫而丙壬正弦子丑聯綫酉乙切綫皆在此綫之上矣以其綫皆斜倚皆在黃道平面與黃道半徑平行故也是爲弦綫

黃赤道相交成乙角而赤道既平安則從乙窺卯卯乙半徑竟成一點而乙丑壬卯角合成一角矣

諸句股形既同角而其句綫皆同赤道之平安其弦綫皆同黄道之斜倚則其股綫皆與赤道半徑爲十字正角而平行矣是故形相似而比例皆等也

又論曰丙辛壬形兩正弦丙辛丙壬俱在渾體之内其理易明子甲丑形甲丑正弦在渾體内子甲切綫在渾體之外已足詫矣酉未乙形兩切綫酉乙未乙俱在渾體之外雖習其術者未免自疑曆書置而不言葢以此耶今爲補説詳明庶令學者用之不疑

用法

假如有丙乙黄道距春分之度求其距緯丙甲法爲半徑癸卯與乙角之正弦癸已若丙乙黄道之正弦丙壬與丙甲距緯之正弦丙辛也

若先有丙甲距度。而求丙乙黃道距二分之度。則反用之。爲乙角之正弦癸巳。與半徑癸卯。若丙甲距緯之正弦丙辛與丙乙黃道之正弦丙壬也。

假如有甲乙赤道同升度。求距緯丙甲。法爲半徑卯丁。與乙角切綫丁戊。若甲乙赤道正弦甲丑。與丙甲距緯切綫子甲也。

若先有丙甲距緯。而求甲乙赤道。則反用之。爲乙角之切綫戊丁。與半徑丁卯。若丙甲距緯之切綫子甲。與甲乙赤道之正弦甲丑也。

假如有丙乙黃道距二分之度。徑求甲乙赤道同升度。法爲半徑卯癸。與乙角之餘弦卯巳。若丙乙黃道之切綫酉乙。與甲乙赤道之切綫末乙也。

若先有甲乙赤道而求黃道丙乙法爲半徑丁卯與乙角之割綫戊卯若甲乙赤道之切綫未乙與丙乙黃道之切綫酉乙也

論曰以上兩條酉未乙形用法子所補也有此二法黃赤道可以自相求而正角弧形之用始備矣外此仍有三弧割綫餘弦之用具如別紙

十餘年前曾作弧三角所成句股書一册稾存兒輩行笈中覓之不可得也庚辰年乃復作此至辛巳夏復得舊稾爲之憪然然其理固先後一揆而說有詳畧可以互明不妨並存以徵予學之進退因思古人畢生平之力而成一事良自不易世有子雲或不以覆瓿置之乎康熙辛巳七夕前兩日勿菴梅文鼎識是日也爲立秋之辰好雨生涼炎歊頓失稍簡殘帙殊散人懷

附舊稾

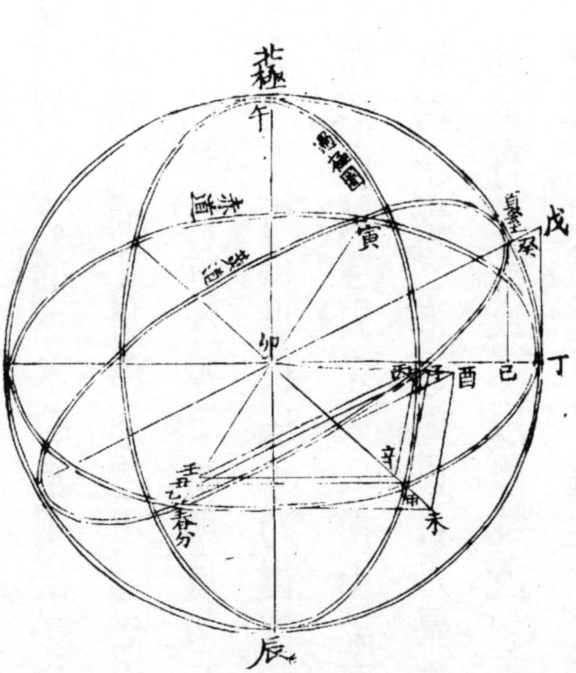

甲乙丙正弧三角形。卽測量全義第七卷原圖。稍爲酌定。又增一酉未乙形。

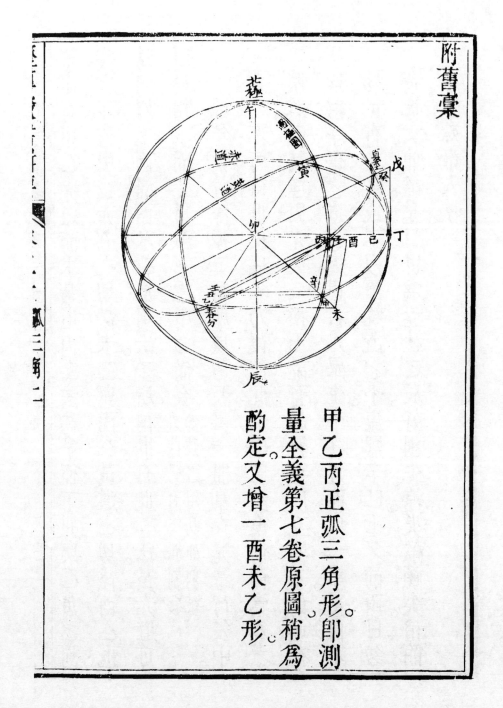

又圖

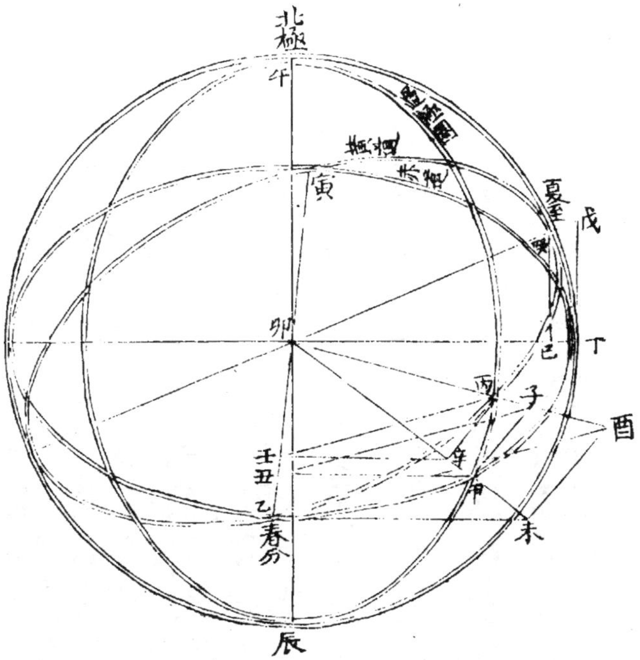

測圓之用甚博。非止黄赤也。然黄道赤道南北極二分二至諸名。皆人所習聞。故仍借用其號。以便識別。

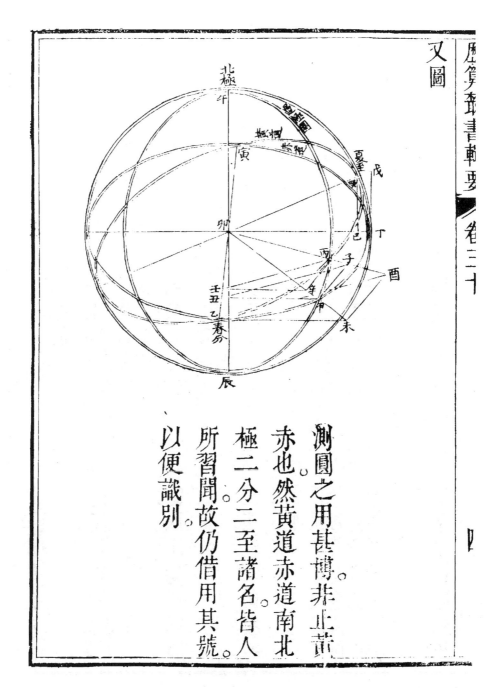

案圖中句股形凡五皆形相似。

其一癸巳卯形以癸卯半徑爲弦。卽黃道半徑。癸巳正弦爲股。卽黃赤大距弧之正弦。巳卯餘弦爲句。卽黃赤大距弧之餘弦。

其二戊丁卯形以戊卯割綫爲弦。卽黃赤大距弧之正割綫。戊丁切綫爲股。卽黃赤大距弧之正切綫。丁卯半徑爲句。卽赤道半徑。

以上二句股形生於黃赤道之大距度。乃總法也。兩句股形。一在渾體之內。一出其外。同用卯角。卽黃道心。亦卽春分角。

其三丙辛壬形以丙壬正弦爲弦。卽黃經乙丙弧之正弦。以丙卯黃道半徑爲其全數。而卯壬其餘弦。丙辛正弦爲股。卽黃赤距緯丙甲弧之正弦。亦以丙卯黃道半徑爲其全數。而辛卯其餘弦。壬橫綫爲句。

法於赤道平面上作橫綫。聯兩餘弦。成卯壬辛平句股形。此形以距緯餘弦卯辛爲弦黄經餘弦卯壬爲股而辛壬其句也此辛壬綫旣爲兩餘弦平句股形之句亦卽能爲兩正弦立句股形之句矣曆書以辛壬爲丙辛之餘弦誤也然則當命爲何綫曰此非八綫中所有乃立三角體之楞綫也

其四子甲丑形以子丑斜綫爲弦此亦立三角體之楞綫也非八綫中之綫子甲切綫爲股卽黄赤距緯弧之正切綫以赤道半徑甲卯爲其全數而子卯其割綫也甲丑正弦爲句卽赤經乙甲弧之正弦亦以赤道半徑甲卯爲其全數而丑卯其餘弦也

其五酉未乙形以酉乙切綫爲弦卽黄經丙乙弧之正切綫以黄赤半徑卯乙爲其全數而酉卯其割綫也酉未立綫爲股此亦立三角之楞綫非八綫中之綫未乙切綫爲句卽赤經乙甲弧之正切綫亦以黄赤半徑卯乙爲其全數而未卯其割綫也

以上三句股形生於設弧之度第三形在渾體之內第四形

半在渾體之內而出其外第五形全在渾體之外

問既在體外其狀何如曰設渾圓在立方之內而以兩極居立方底蓋之心以乙春分居立方立面之心則黃赤兩經之切線酉乙未乙皆在方體之立面而未乙必為句酉乙必為弦于是作立綫聯之即成酉未乙句股形矣此一形曆書遺之予所補也詳塹堵測量

論曰此五句股形皆同角故其比例等然與弧三角真同者乙角也

第一癸巳卯形第二戊丁卯形兩形皆乙角原有之八綫即春秋分角也其度則兩至之大距也

或先有角以求邊則以此兩形中綫例他形中綫得綫則得

邊矣。

或先有邊以求角。則以他形中綫例此兩形中綫。得綫則亦得角矣。蓋卯角即乙角也。若欲求丙角則以丙角當乙角。如法求之。

第三形丙辛壬形。以黃經之正弦丙壬黃赤距度之正弦丙辛為弦與股。

是以黃經與距緯相求。

或先有乙角有黃經以求距緯。用乙角實用壬角下同。

或先有乙角有距緯以求黃經。

或先有黃經距緯可求乙角亦可求丙角。

第四形子甲丑形。以黃赤距緯之切綫子甲赤經之正弦甲丑為股與句。

是以距緯與赤經相求。

或先有乙角有赤經以求距緯。用乙角實用丑角下同。

或先有乙角有距緯以求赤經

或先有赤經距緯可求乙角亦可求丙角

第五形酉未乙形以赤經之正切未乙黃經之正切酉乙爲句與弦是黃赤經度相求

或先有乙角有黃經以求赤道同升度

或先有乙角有赤道同升以求黃經

或先有黃赤二經度可求乙角亦可求丙角

又論曰諸句股形所用之卯壬丑乙四角實皆一角何也側望則弧度皆變正弦而體心卯作直綫至乙爲卯壬丑乙綫即半徑也今以側望之故此半徑直綫化爲一點則乙角即卯角亦即壬角亦即丑角矣

側望之形

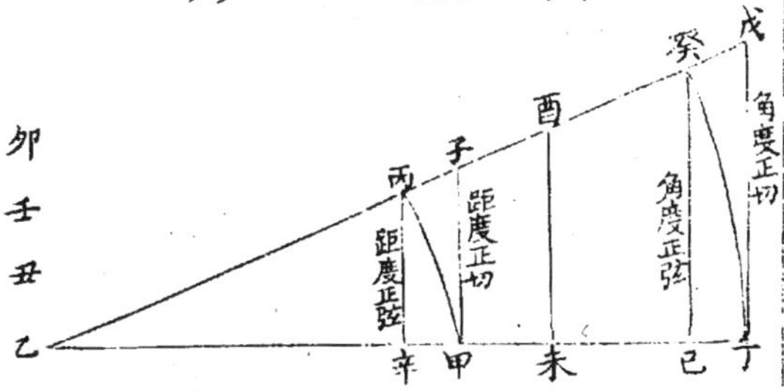

癸丁爲乙角之度。卽黃赤大距二至緯度。癸乙爲黃道半徑。丁乙爲赤道半徑。戊丁爲乙角切綫。癸己爲乙角正弦。戊乙爲乙角割綫。己乙爲乙角餘弦。癸己乙戊丁乙。皆句股形。其乙角卽卯角。丙甲爲設弧距度。其正弦丙辛。其切綫子甲。丙乙爲所設黃道度。其正弦丙壬。因側望弧度正弦成一綫。偕距度正弦丙辛成句股形。其乙角卽壬角。甲乙爲所設赤道同升度。其正弦甲丑。因側望弧度正弦成一線。偕距度切綫子甲成句股形。其乙角卽丑角。酉乙爲所設黃經切綫。未乙爲赤道同升度切綫。此兩綫成一酉未乙句股形。在體外。眞用乙角。

正弧三角形求餘角法。

凡弧三角有三邊三角先得三件可知餘件與平三角同理。前論正弧形以黃赤道爲例而但詳乙角者因春分角有一定之度人所易知故先詳之。或疑求乙角之法不可施於丙角。茲復爲之條析如左。仍以黃道上過極經圈之交角爲例。

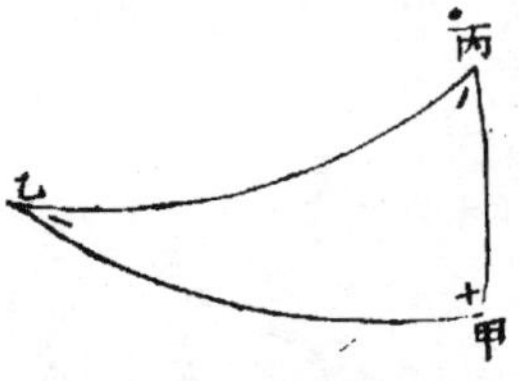

丙乙爲黃道度。甲乙爲赤道同升度。丙甲爲黃赤距度。丙角爲黃道上交角。乙爲春分角。甲常爲正角。

假如有乙丙黃道度。有乙甲赤道同升度。而求丙交角。則爲乙丙之正弦與乙甲之正弦。若半徑與丙角之正弦也。

假如有丙甲距度及乙甲同升度而求丙交角則爲丙甲之正弦與乙甲之切綫若半徑與丙角之切綫。

假如有丙甲距度及乙丙黄道度而求丙交角則爲乙丙之切綫與丙甲之切綫若半徑與丙角之餘弦。

又如有丙交角有乙丙黄道度而求乙甲同升度則爲半徑與丙角之正弦若乙丙之正弦與乙甲之正弦。

或先有乙甲同升度而求乙丙黄道度則以前率更之爲丙角之正弦與半徑若乙甲之正弦與乙丙之正弦。

又如有丙交角有乙甲同升度而求丙甲距度則爲丙角之切綫與半徑若乙甲之切綫與丙甲之正弦。

或先有丙甲距度而求乙甲同升度則以前率更之爲半徑與

丙角切綫若丙甲正弦與乙甲切綫

又如有丙交角有乙丙黄道度求丙甲距度則爲半徑與丙角餘弦若乙丙切綫與丙甲切綫

或先有丙甲距度而求乙丙黄道則以前率更之爲丙角餘弦與半徑若丙甲切綫與乙丙切綫

論曰求丙角之法一一皆同乙角更之而用丙角求餘邊亦如其用乙角也所異者乙角定爲春分角則其度不變丙角爲過極經圈交黄道之角隨度而移交角近大距則甚大類十字角近春分只六十六度半弱中間交角度度不同他形亦然皆逐度變丙角有時大於乙角有時小於乙角乙角不及半象限則丙角大乙角過半象限則丙角有時小故必求而得之　乙角所成諸句股皆以戊丁卯爲例丙角所成諸句股皆以亥辰卯爲例

丙角所成句股

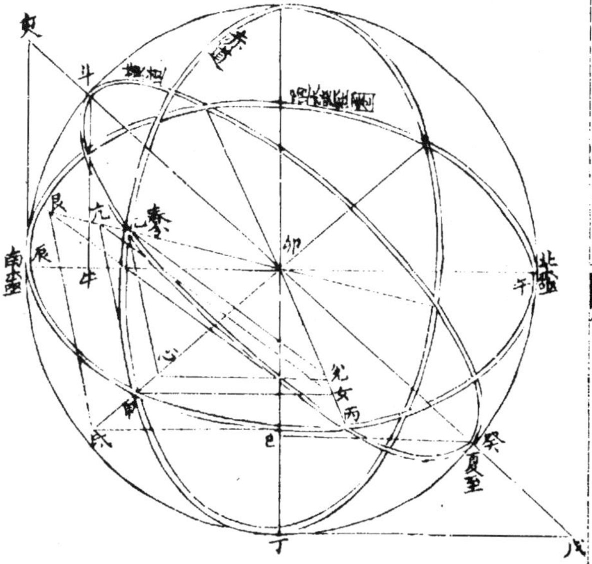

乙角所成句股

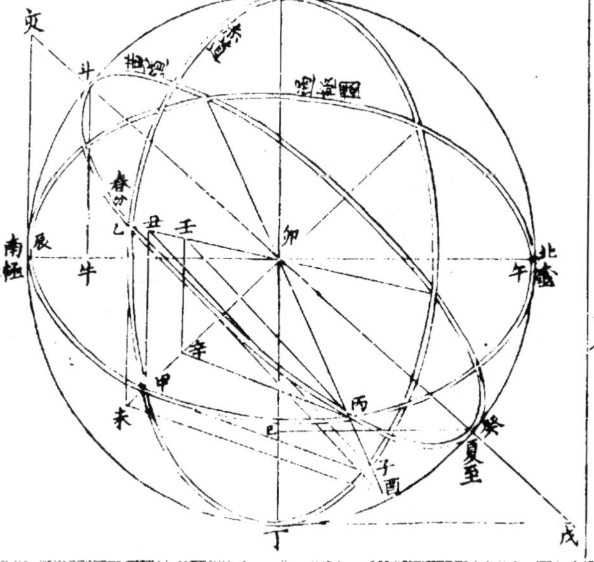

如圖丙角第一層句股兌乙心形即乙角之壬丙辛也在乙角兩正弦交於丙在丙角兩正弦交於乙皆弦與股之比例而同弦不同股。乙角丙角。並以乙丙正弦為弦。而乙角以丙甲正弦為股。丙角以乙甲正弦為股。皆正弦也。而弦同股別。

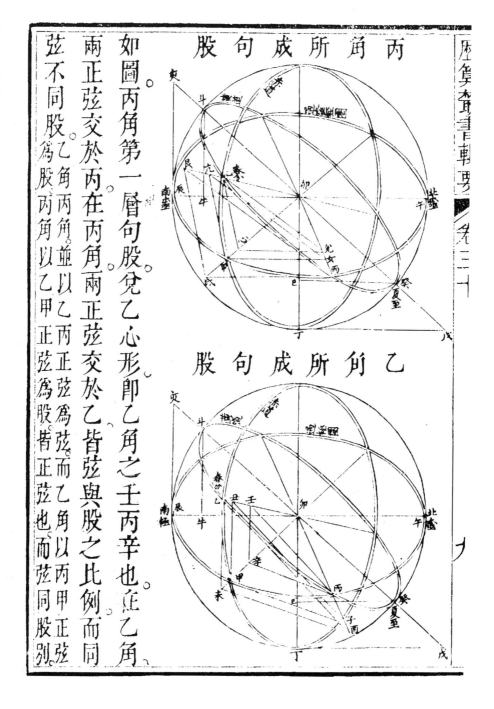

丙角第二層句股女甲亢形即乙角之子甲丑也乙角丙角並以一正弦一切綫交於甲為句與股之比例而所用相反（乙角於乙甲用正弦於丙甲用切綫丙角則於乙甲用切綫於丙甲用正弦皆乙甲丙甲兩弧之正弦切綫而所用迥別）

丙角第三層句股艮丙氐形即乙角之酉乙未也在乙角以兩切綫聯於乙在丙角以兩切綫交於丙皆弦與句之比例而同弦不同句（乙丙兩角並以乙丙切綫為弦而乙角以乙甲切綫為句丙角以丙甲切綫為句皆切綫也而弦同句別）

論曰丙交角既隨度移而甲角常為正角何也凡球上大圈相交成十字者必過其極今過極經圈乃赤道之經綫惟二至時則此圈能過黃赤兩極其餘則但過赤道極而不能過黃道極故其交黃道也常為斜角（即丙角）交赤道則常為正角（即甲角）

又論曰丙角與乙角共此三邊其所用比例者亦共此三邊之

八綫而所成句股形遂分兩種可互觀也

球面弧三角形弧角同比例解

第一題

正弧三角形以一角對一邊則各角正弦與對邊之正弦皆爲同理之比例

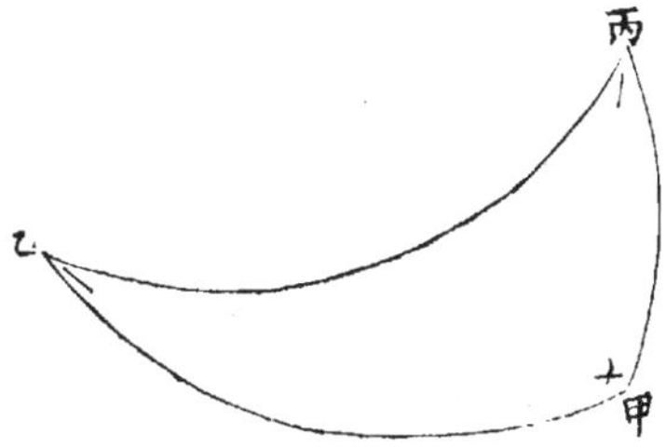

如圖乙甲丙弧三角形甲爲正角　法爲半徑與乙角之正弦若乙丙之正弦與丙甲之正弦更之則乙角之正弦與對邊丙甲之正弦若半徑與乙丙之正弦也又丙角之正弦與其對邊乙甲之正弦亦若半徑與乙丙之正弦也合之則乙角之正弦與其對邊丙甲之正弦亦若丙角之正弦與其對邊乙甲之正弦

論曰乙丙兩角與其對邊之正弦既並以半徑與乙丙爲比例則其比例亦自相等而兩角與兩對邊其正弦皆爲同比例

又論曰甲爲正角其度九十而乙丙者甲正角所對之邊也半徑者即九十度之正弦也以半徑比乙丙之正弦即是以甲角之正弦比對邊之正弦故以三角對三邊皆爲同比例

第二題

凡四率比例二宗內有二率三率之數相同則兩理之首末二率爲互視之同比例即斜弧比例之所以然故先論之

假如有甲乙丙丁四率甲四與乙八若丙六與丁十二皆加倍之比例也又有戊乙丙辛四率戊二與乙八若丙六與辛二十四皆四倍之比例也此兩比例原不同理特以兩理之第二第三同

為乙八丙六。故兩理之第一第四能互用為同理之比例。先理之第一甲四。與次理之第四辛二十四。若次理之第一戊二。與先理之第四丁十二。皆六倍之比例也。

一	甲四	戊二	一	甲四
二	乙八	乙八	二	辛二十四
三	丙六	丙六	三	戊二
四	丁十二	辛二十四	四	丁十二

論曰。凡二率三率相乘為實。首率為法。得四率。今兩理所用之實。皆乙八丙六相乘四十八之實。惟甲四為法。則得十二。若戊二為法。則得二十四矣。法大者得數小。法小者得數大。而所用之實本同。故互用之。卽為同理之比例也。

試以先理之四率更為首率。其理亦同。丁與辛。若戊與甲。皆加倍比例。

若反之令兩四率並爲首率亦同。甲與戊。若辛與丁。皆折半比例。並如後圖。

一	丁二十	戊二	
二	乙八	乙八	
三	丙六	丙六	
四	甲四	辛二十四	

一	丁二十	
二	辛二十四	
三	戊二	
四	甲四	

第三題

斜弧三角形。以各角對各邊。其正弦皆爲同比例。

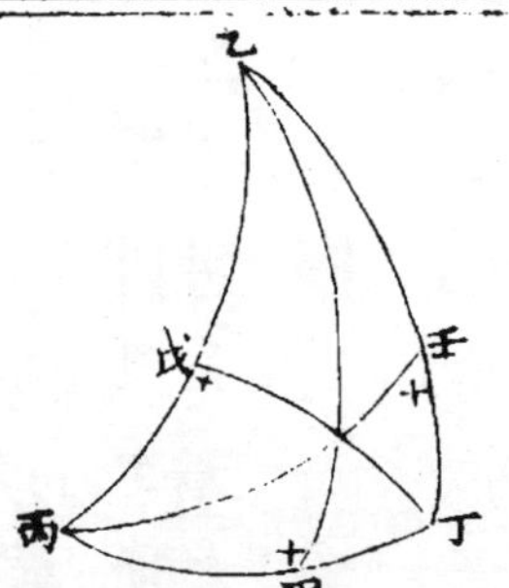

乙丙丁斜弧三角形。任從乙角作乙甲垂弧至對邊。分元形爲兩正角形。甲爲正角。依前正角形論。各對邊之正弦與所對角之正弦比例皆等。

乙甲丁形。丁角正弦與乙角正弦。若半

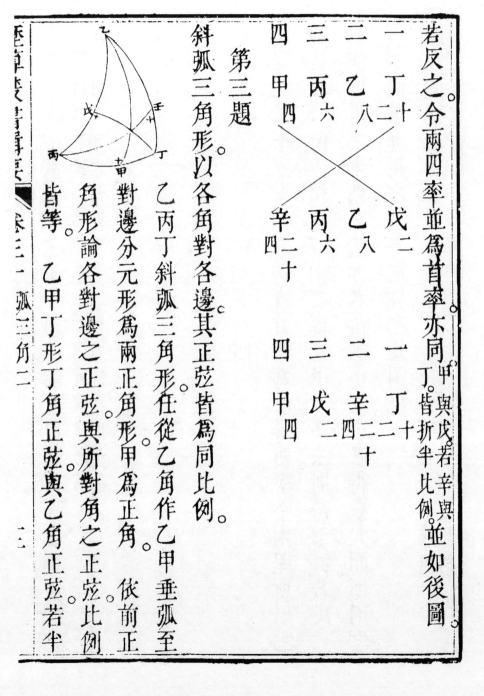

徑即甲正弦角與丁乙正弦是一理也　乙甲丙形丙角正弦與乙甲正弦若半徑與乙丙正弦是又一理也　兩理之第二同爲乙甲第三同爲半徑則兩理之首末二率爲互視之同比例故丁角之正弦與乙丙之正弦若丙角之正弦與丁乙之正弦也

又如法從丁角作丁戊垂弧至對邊分兩形而戊爲正角則乙角正弦與丁丙正弦亦若丙角正弦與乙丁正弦　又從丙作垂弧分兩形而壬爲正角則乙角與丁丙亦若丁角與乙丙

一	丁角正弦	丙角正弦
二	乙甲正弦	乙甲正弦
三	甲正角半徑	甲正角半徑
四	乙丁正弦	乙丙正弦

一	丁角正弦
二	乙丙正弦
三	丙角正弦
四	乙丁正弦

若垂弧在形外其理亦同

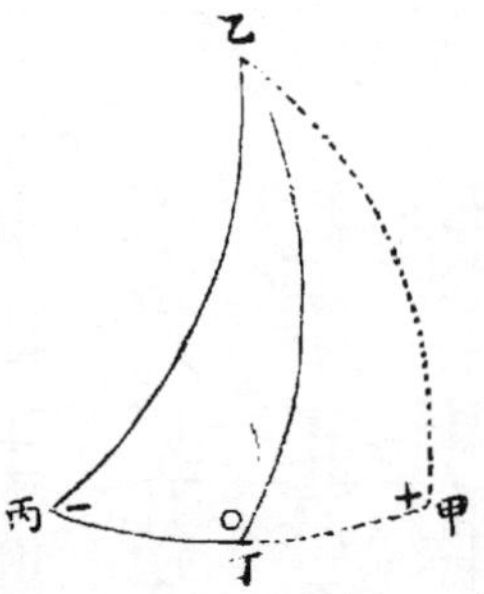

乙丙丁斜弧三角形丁爲鈍角　法從乙角作乙甲垂弧於形外亦引丙丁弧會於甲成乙甲丁虛形亦湊成乙甲丙虛實合形甲爲正角

乙甲丁形丁角之正弦與乙甲邊若半徑與乙丁邊正弦一理也　乙甲丙形丙角之正弦與乙甲邊若半徑與乙丙正弦又一理也　準前論兩理之第二第三既同則丁角正弦與乙丙正弦若丙角正弦與乙丁正弦也

論曰丁角在虛形是本形之外角也何以用爲內角曰凡鈍角之正弦與外角之正弦同數故用外角如本形角也

若用乙角與丁丙邊則作丙庚弧於形外取庚正角其理同上

或作丁戊垂弧於形內取戊正角分兩形則如前法並同

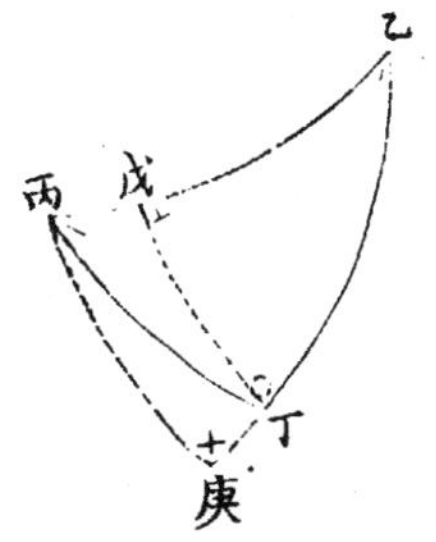

用法

凡弧三角形不論正角斜角但有一角及其對角之一弧則其餘有一角者可以知對角之弧而有一弧者亦可以知對弧之角皆以其正弦用三率比例求之

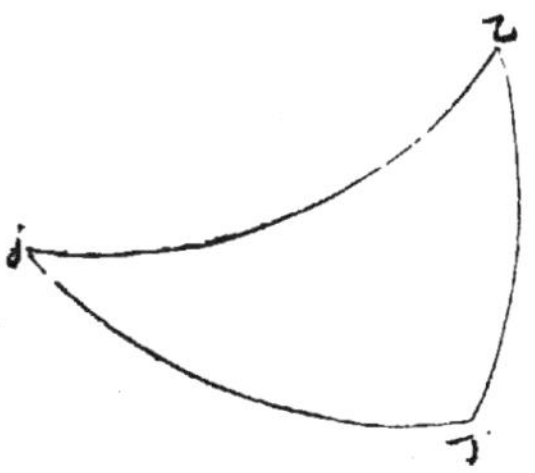

假如乙丁丙三角形先有丁角及相對之乙丙弧則其餘但有丙角可以知乙丁弧有乙角可以知丁丙弧此為角求弧也若有乙丁弧亦可求丙角有丁丙弧亦可求乙角此為弧求角也

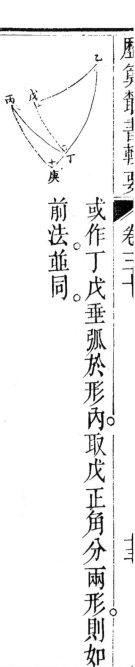

歷算叢書輯要卷三十一

弧三角舉要三

斜弧三角形作垂弧說

正弧形有正角，如平三角之有句股形也。斜弧形無正角，如平三角之有鋭鈍形也。平三角鋭鈍二形並以虚綫成句股，故斜弧形亦以垂弧成正角也。正弧形以正弦等綫立算，句股法也。斜弧形仍以正角立算，亦句股法也。

垂弧之法有三：其一作垂弧於形内，則分本形爲兩正角形；其二作垂弧於形外，則補成正角形；其三作垂弧於次形。

總法曰：三角俱鋭，垂弧在形内。一鈍二鋭，或在形内，或在形外。

自鈍角作垂弧，則在形内。

自鋭角作垂弧，則在形外。兩鈍一鋭，或三角俱鈍，則用次形。其所作垂弧在次形之內之外。次形無鈍角。垂弧在其內。有鈍角。垂弧在其外。若破鈍角。亦可在內。

第一法。垂弧在形內。成兩正角。內分五支。

設甲乙丙形。有丙鈍角。有角旁相聯之乙丙甲丙二邊。求對邊及餘兩角。

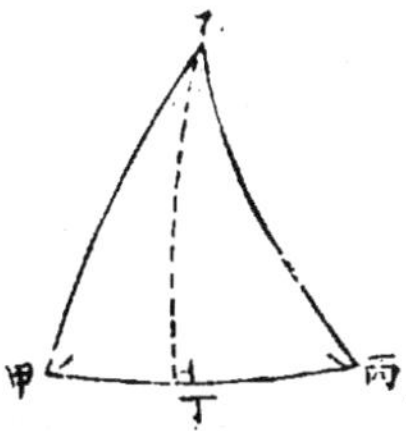

法於乙角。在先有乙丙邊之端。乃不知之角。作垂弧如乙丁。至甲丙邊。分甲丙邊為兩。即分本形為兩。而皆正角。凡垂弧之所到。必正角也。角不正。即非垂弧。故所分兩角皆正。後倣此。

一　乙丁丙形。此形有丁正角。丙角。乙丙邊。為兩角一邊。可求丁丙邊。乃丙甲邊之分。乙丁邊。即垂弧。及丁乙丙角。即乙分角。　次乙丁甲形有丁正角。甲丁邊。甲丙內減丁丙。其餘丁甲。乙丁邊。為一角兩邊。可求乙甲邊甲角。及丁乙甲分角。　末以兩乙角并之。成乙角。

或如上圖于甲角端作垂弧至乙丙邊分乙丙爲兩亦同

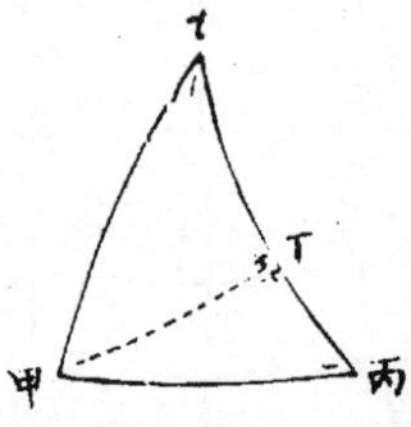

右一角二邊而先有者皆角旁之邊爲形内垂弧之第一支此所得分形丁丙邊必小於元設邊卽垂弧在形内而甲爲鋭角

設甲乙丙形有兩鋭角有角旁相連之丙乙邊及與角相對之乙甲邊求餘兩角一邊

法于不知之乙角在先有二邊之中作乙丁垂弧分兩正角形

一乙丙丁形此形有丁正角有丙角有乙丙邊可求乙丁分綫及所分丁丙邊及丁乙丙分角

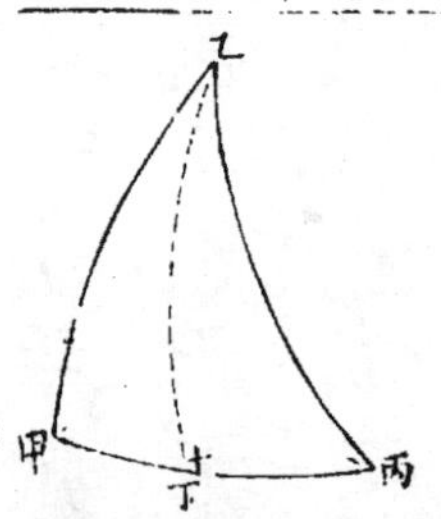

次乙甲丁形此形有丁正角有乙丁邊有乙甲邊可求甲角及丁乙甲分角丁甲邊　末以兩分角丁乙丙及丁乙甲并

之成乙角。以兩分邊丁丙及丁甲并之成甲丙邊。

右一角二邊而先有對角之邊爲形內垂弧之第二支。

設甲乙丙形有乙丙二角有乙丙邊在兩角之間。求甲角及餘邊。

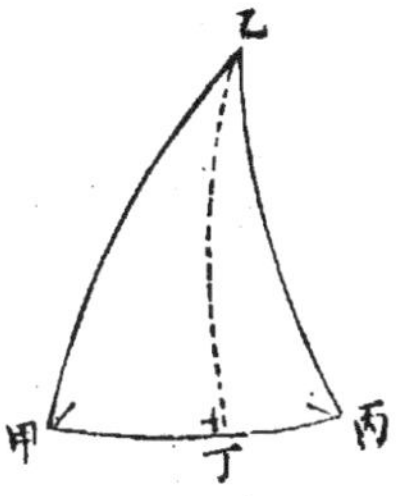

法于乙角作垂弧分兩形並如前。但欲用乙丙邊。故破乙角存丙角。

一乙丙丁形有丁正角丙角乙丙邊可求乙丁邊。丁丙邊。丁乙丙分角。

次乙丁甲形有乙丁邊。丁正角丁乙甲分角原設乙角內減丁乙丙得丁乙甲。可求乙甲邊甲角及甲丁邊。

末以甲丁并丁丙得甲丙邊。

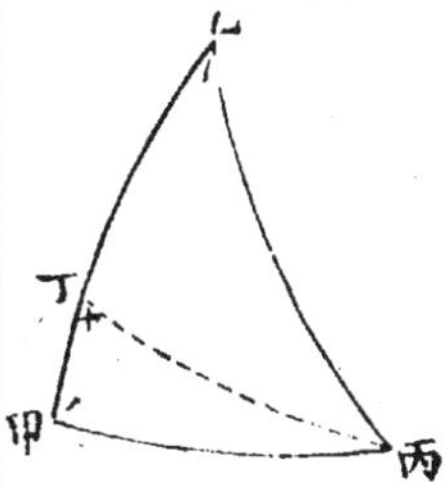

或於丙角作垂綫亦同。

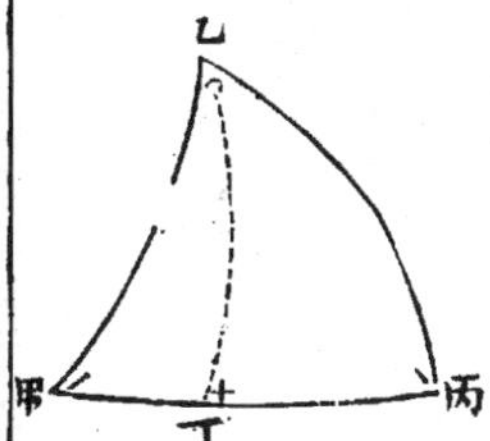

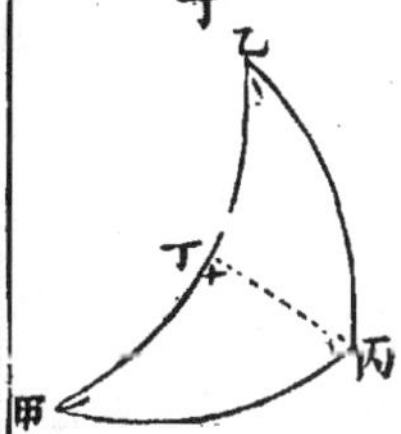

若角一鈍一銳卽破鈍角作垂綫其法並同。

右二角一邊而邊在兩角之間不與角對爲形內垂弧之第三支。此必未知之角爲銳角。則垂弧在形內。

設甲乙丙形有丙甲二角有乙甲邊求乙角及餘邊。

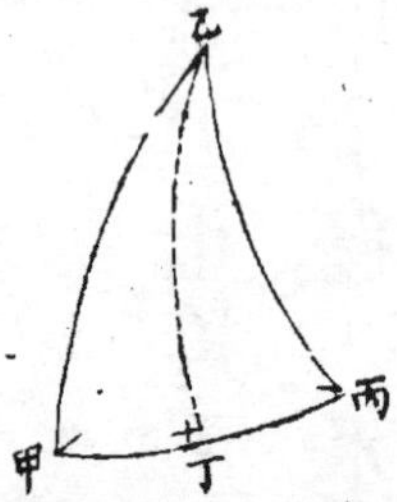

法於乙角爲未知之角作垂弧分爲兩形而皆正角。

一乙丁甲形有丁正角甲角乙甲邊可求甲丁邊乙丁邊丁乙甲分角。次丁乙丙形有丁正角乙丁邊丙角可求乙丙邊丁丙邊丁乙丙分角。末以甲丁丁丙并之成甲丙邊。以兩分角丁乙甲丁乙丙。并之成乙角。

右二角一邊而先有對角之邊爲形內垂弧之第四支。此先有二角必俱銳則垂弧在內。

設乙甲丙形有三邊而內有乙甲乙丙二邊相同求三角。

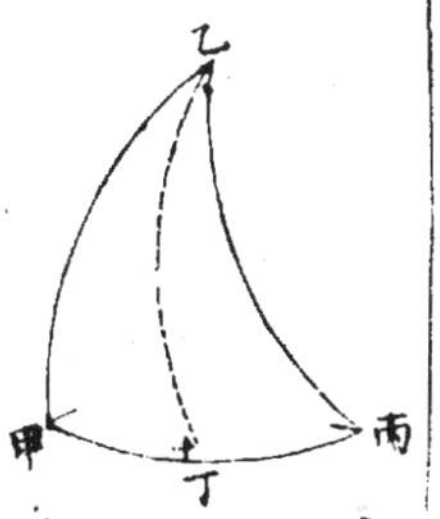

法從乙角（在相同二邊之間）作垂弧至丙甲邊（乃不同之一邊）分兩正角形（其形必相等而甲丙綫必兩平分）乙丙丁形有丁正角乙丙邊丁丙邊（即甲丙之半）可求丙角乙分角（乃乙角之半）倍之成乙角而甲角即同丙角（不須再求）

右三邊求角而丙有相同之邊故可平分是為形內垂弧之第五支（此必乙丙乙甲二邊並小在九十度內若九十度外甲丙二角必俱鈍當用次形詳第三又法）

第二法垂弧在形外補成正角（丙分七支）

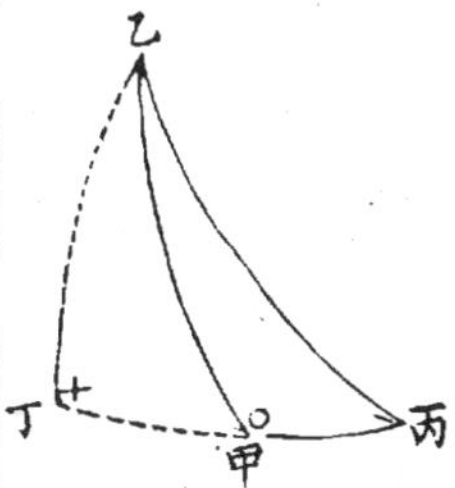

設甲乙丙形有丙銳角有夾角之兩邊（乙丙甲丙）求乙甲邊及餘角

法自乙角（在先有邊之一端）作垂弧（乙丁）於形外引丙甲邊至丁補成正角形二（一丙乙丁半虛半實形二甲乙丁虛形）

先算丙乙丁形此形有乙丙邊丙角有丁正角可

求丙乙丁角半虛半實乙丁邊形外垂弧丁丙邊丙甲引長邊次甲乙丁虛形有丁正角有乙丁邊甲丁邊丁丙內減丙甲得甲丁可求乙甲邊甲角及甲乙丁虛角。末以甲角減半周得原設甲角以甲乙丁虛角減丙乙丁角得原設丙乙甲角。

右一角二邊角在二邊之中而爲銳角是爲形外垂弧之第一支。此所得丁丙必大于原設邊即垂弧在形外而甲爲鈍角。

設乙甲丙形有甲鈍角有角旁之丙甲乙甲二邊求乙丙邊及餘角。

法於乙角作垂弧乙丁引丙甲至丁補成正角。

先算乙丁甲虛形此形有丁正角甲角即原設甲角減半周之餘亦曰外角有乙甲邊可求甲丁邊乙丁邊丁乙甲虛角。

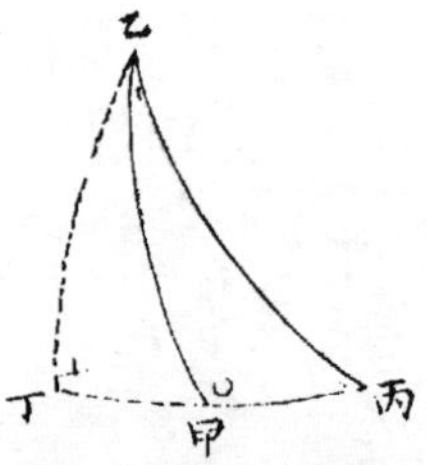

次丁乙丙形有乙丁邊丁丙邊甲丙加丁甲得之丁正角可求乙

丙邊丙角丙乙丁角　末於丙乙丁丙減丁乙甲虛角得原設乙角。

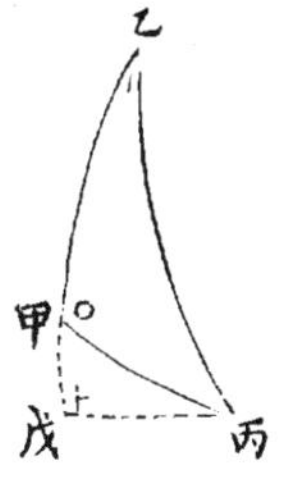

或從丙作垂弧至戊。引乙甲邊至戊。補成正角。亦同。

右一角二邊角在二邊之中為鈍角乃形外垂弧第二支。

設乙甲丙形有丙銳角有角旁之乙丙邊有對角之乙甲邊求丙甲邊及餘二角

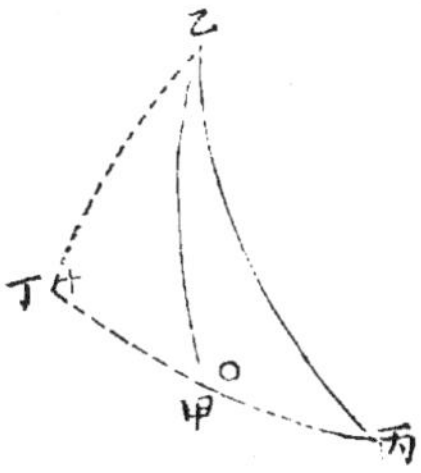

法從乙角作垂弧至丁成正角。亦引丙甲至丁。

先算丙乙丁形有丁正角丙角乙丙邊可求諸數。乙丁邊。丁丙邊。丙乙丁角。

次丁乙甲虛形有丁正角乙丁乙甲二邊可求諸數。乙甲丁角。甲乙丁角。甲丁邊。

末以所得虛形甲角減半

周得原設甲鈍角於丙乙丁丙減虛乙角得原設乙角於丁丙丙減甲丁得原設丙甲

右一角二邊角有所對之邊而爲鋭角乃形外垂弧之第三支此必甲爲鈍角故垂弧在外

設乙甲丙形有甲鈍角有角旁之甲丙邊及對角之乙丙邊求乙甲邊及餘二角

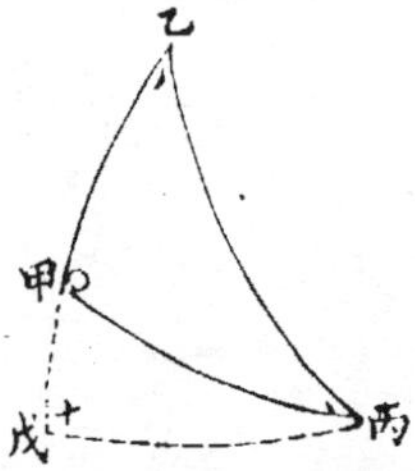

法於丙角作垂弧至戊補成正角

先算虛形甲丙戊有戊正角甲角甲鈍角減半周之餘甲丙邊可求諸數丙戊邊甲戊邊丙虛角

次虛實合形乙丙戊有戊正角丙戊邊乙丙邊可求原設乙角及諸數乙丙戊角乙戊邊

末以先得虛形減之得原設數丙角內減丙虛角得原設丙角乙戊內減甲戊虛引邊得原設乙甲邊

右一角二邊角有所對之邊而為鈍角乃形外垂弧之第四支（此先得鈍角垂綫必在外）

設乙甲丙形有丙甲二角（一銳一鈍）有丙甲邊在兩角之中

法於丙銳角作垂弧至丁（在甲鈍角外）補成正角丁丙甲虛形有丁正角甲外角丙甲邊可求諸數（丙丁邊甲丁邊丙虛角）次乙丙丁形（半虛實）有丁正角丙丁邊丙角（以丙虛角補原設丙角得丁丙乙角）可求原設乙丙邊乙角及乙甲邊（求得乙丁邊內減虛形之甲丁邊得原設甲乙邊）

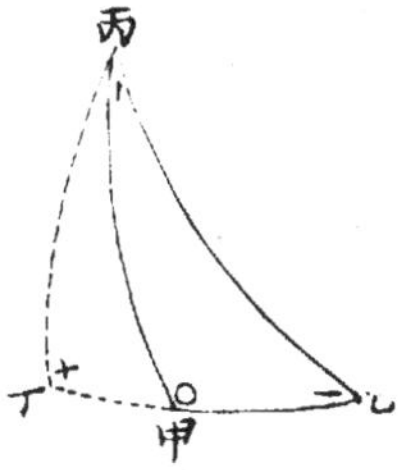

右二角一邊邊在兩角間為形外垂弧之第五支（此亦可于甲鈍角作垂弧則在形內法在第一法之第三支）

設乙甲丙形有乙甲二角（乙銳甲鈍）有丙甲邊與乙銳角相對（鈍角相遠）

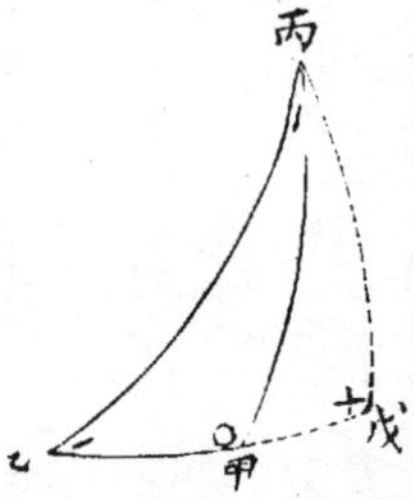

法于丙鋭角作垂弧至戊。在丙甲邊外。補成正角甲戊丙虛形，有戊正角，有丙甲邊，甲角，原設形之外角。可求諸數。丙戊、甲戊二邊，丙虛角。次乙丙戊形有戊正角，乙角，丙戊邊，可求丙角。求得乙丙戊角，內減丙虛角，得原設丙角。乙丙邊，乙甲邊。求到乙戊邊，內減甲戊，得乙甲。

右二角一邊而邊對鋭角為形外垂弧之第六支

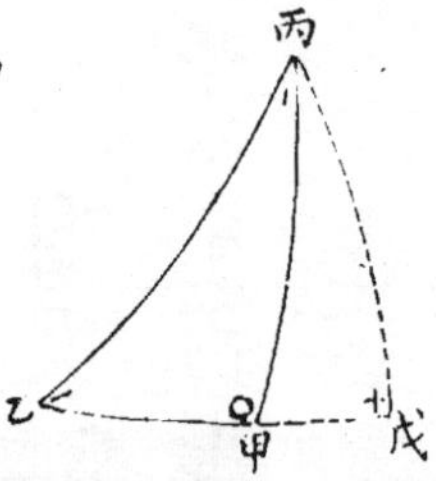

設乙甲丙形有乙鋭角，甲鈍角，有丙乙邊與甲鈍角相對。鋭角相連。

法于丙鋭角作垂弧至戊。在甲鈍角外。補成正角乙丙戊形，有戊正角，乙角，乙丙邊，可求諸數。丙戊、乙戊二邊，乙丙戊角。次甲丙戊虛形有戊正角，甲外角，丙戊邊，可求原設丙甲邊，甲乙邊。求到戊甲虛邊，以減乙戊，得原設乙甲。丙角。求到丙虛角，以減乙丙戊角。得原設丙角。

右兩角一邊。而邊對鈍角。爲形外垂弧之第七支。

第三垂弧又法　用次形　內分九支

設乙甲丙形。有乙丙二角。有乙丙邊在兩角間。而兩角並鈍。求餘二邊及甲角。

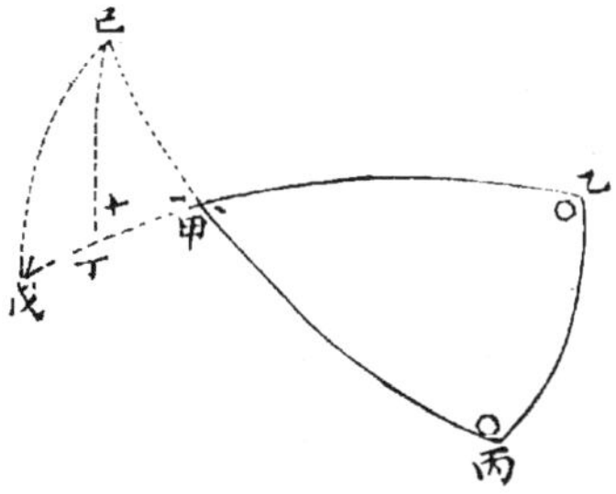

法引丙甲至巳。引乙甲至戊。各滿半周。作戊巳邊。與乙丙等。而巳與戊並乙丙之外角。成甲戊巳次形。乃作垂弧於形內。如巳丁分爲兩形。一巳丁戊一巳丁甲。可求乙甲邊。以巳丁戊分形。求丁戊。以巳丁甲形。求甲丁。合之成甲戊。以減半周。即乙甲。丙甲邊。以巳丁甲分形。求巳甲。以減半周。即丙甲。甲角。以巳丁甲分形。求甲交角。

右二角一邊。邊在角間。而用次形爲垂弧又法之第一支。

論曰舊說弧三角形以大邊爲底底旁兩角同類垂弧在形內異類垂弧在形外由今考之殆不盡然蓋形內垂弧分底弧爲兩成兩正角形所用者鋭角也（底旁原有兩鋭角分兩正角形則各有兩鋭角）形外垂弧補成正角形所用者亦鋭角也（底旁原有一鋭角補成正角形則虛實兩形各有兩鋭角）故惟三鋭角形作垂弧于形內一鈍兩鋭則垂弧或在形內或在形外若兩鈍一鋭則形內形外俱不可以作垂弧（垂弧雖有內外而其用算時並爲一正角兩鋭角之比例若形有兩鈍角則雖作垂弧只能成一正一鈍一鋭之形無比例可求則垂弧爲徒設矣）故必以次形通之而所作垂弧即在次形不得謂之形內然則同類之說止可施于兩鋭（若兩鈍雖亦同類而不可于形內作垂弧）異類之說止可施于一鈍兩鋭（若兩鈍一鋭而底弧之旁一鈍一鋭雖亦異類然不可于形外作垂弧）非通法矣（兩鈍角不用次形垂弧之法已窮況三鈍角乎）

又論曰以垂弧之法徵之則大邊爲底之說理亦未盡蓋鈍角所對邊必大既有形外立垂線垂弧之法則鈍角有時在下而所對之邊在上矣不知何術能常令大邊爲底乎此尤易見

設乙甲丙形有丙甲二角有乙甲邊與丙角相對而兩角俱鈍求乙角及餘邊

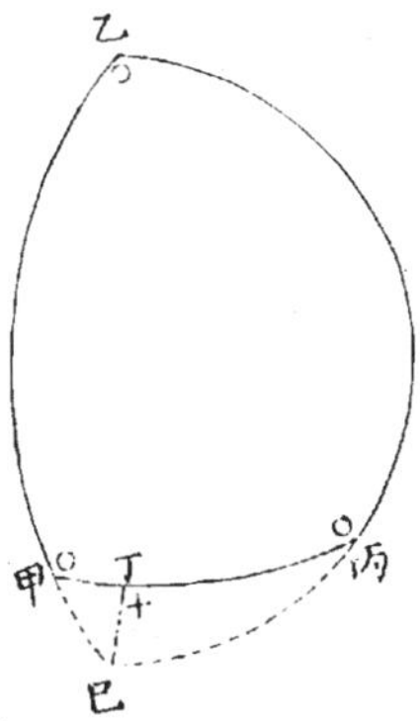

如法引甲乙丙乙俱滿半周會于已成丙甲已次形作已丁垂弧于次形内分次形爲兩可求乙角依法求到分形兩已角合之爲次形已角與乙對角等甲丙邊求到分形甲丁及丁丙并之即甲丙乙丙邊求到次形已丙以減半周得之

右二角一邊邊與角對而用次形爲垂弧又法之第二支

此三角俱鈍也或乙爲銳角亦同

設乙甲丙形有乙丙乙甲兩邊有乙角在兩邊之中

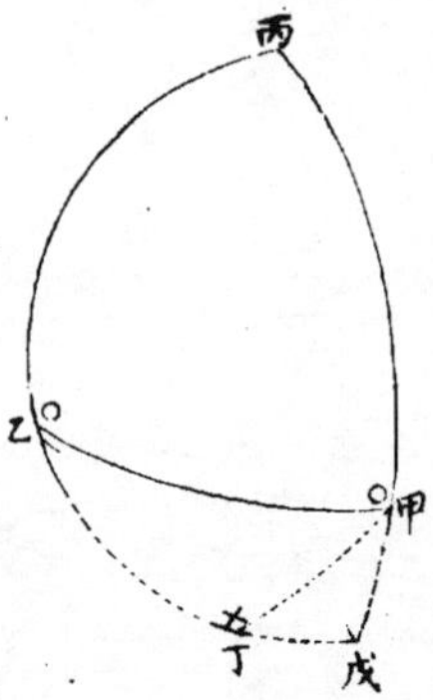

法用甲乙戊次形有乙甲邊。有乙戊邊。爲乙丙減半周之餘。有乙外角。作甲丁垂弧。分爲兩形可求丙甲邊及餘兩角以乙甲丁分形。求到丁乙。及甲分角。又以甲戊丁形。求到甲戊。以減半周爲丙甲。又得甲分角。并先所得成甲角。即甲外角。又得戊角。即丙對角。

右二邊一角。角在二邊之中。而用次形爲垂弧又法之第三支。

或丙爲鈍角。則於次形戊角作垂弧法同上條。

設乙甲丙形。有丙角。有甲丙邊與角連。有乙甲邊與角對。

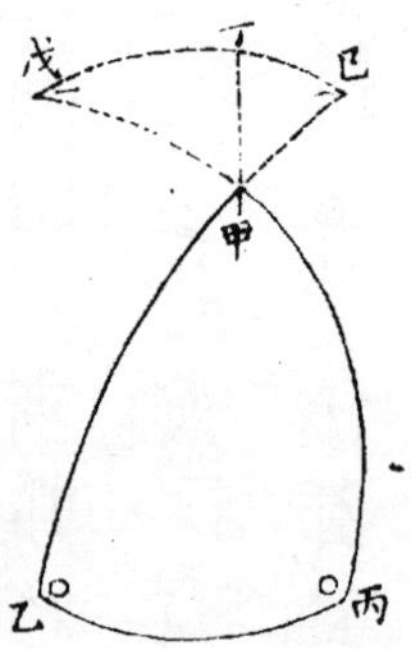

法用甲巳戊次形。甲巳爲甲乙減半周之餘。甲戊爲甲丙減半周之餘。戊角爲丙之外角。作垂弧甲丁于內。分爲兩形。可求丙乙邊及餘兩角以甲丁戊分形。求丁戊及甲分角。又以甲丁巳形求得丁巳。以并丁戊成巳戊。即丙乙也。又得甲分角。以并先得分角。即甲交角也。又得巳角。即乙外角也。

右二邊一角。角與邊對。而用次形爲垂弧又法之第四支。

若甲爲鈍角。亦同。

論曰。先得丙鈍角。宜作垂弧於外。而乙亦鈍角。不可作垂弧。故用次形。

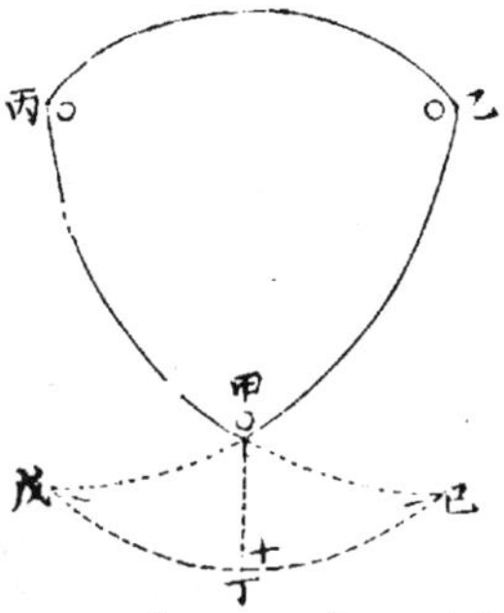

設乙甲丙形。有三邊。內有乙甲丙甲二邊相同。而皆爲過弧。求三角。

法引相同之二邊各滿半周。作弧綫聯之。成戊甲巳次形。如法作甲丁垂弧。分次形爲兩。其形相等。可求相同之二角。任以甲丁戊分形。求到戊角。以減半周。得乙角。亦即丙角。及甲角。求到甲半角。倍之。成甲角。

右三邊求角。內有相同兩大邊。爲垂弧又法之第五支。

若甲為鋭角亦同

以上垂弧並作於次形之內

設乙甲丙形有丙甲二鈍角有甲丙邊在兩角間

法引乙丙乙甲滿半周會於戊成甲戊丙次形自甲作垂弧與丙戊引長弧會于丁補成正角可求乙甲邊乙丙邊乙角先求丙甲丁形諸數次求甲戊丁得甲戊以減半周為乙甲又以丁戊減先得丁丙得丙戊以減半周為乙丙又求得戊虛角減半周為戊角即乙對角

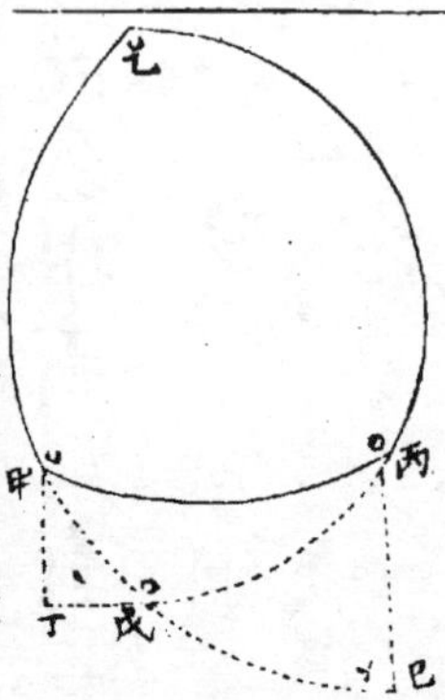

或自丙角作垂弧亦同

右兩鈍角一邊邊在角間而於次形外作垂弧為又法之

第六支

設乙甲丙形有乙甲二鈍角有甲丙邊與角對

法引設邊成丙戊甲次形有甲外角有戊鈍角爲乙對角有丙甲邊如上法作丙丁垂弧引次形邊會於丁可求乙丙邊先求甲丁丙形諸數次丙丁戊虛形求到丙戊以減半周爲乙丙。乙甲邊先求到丁甲以虛綫丁戊減之得戊甲即得乙甲。丙角先求到甲丙丁角內減丙虛角得丙外角即得元設丙角。

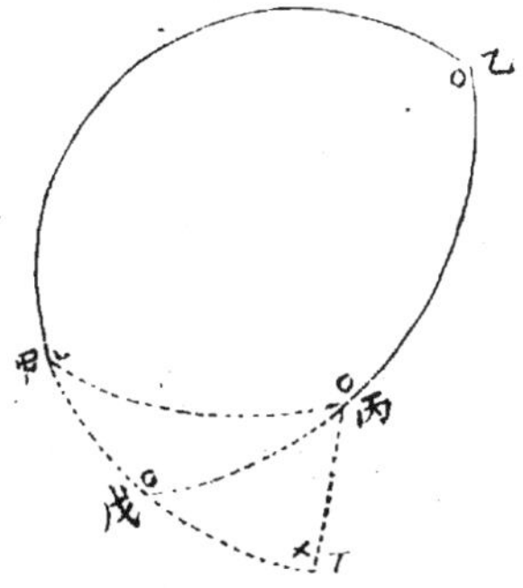

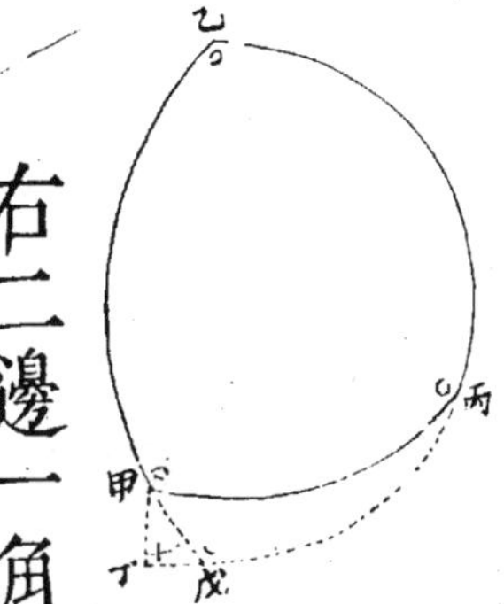

右二角一邊邊與角對垂弧在次形外爲又法之第七支。

設乙甲丙形有丙鈍角有角旁之兩邊丙乙丙甲。

法用甲戊丙次形作甲丁垂弧引丙戊會於丁可求乙甲邊及甲乙二角先以甲丁丙形求到諸數再以甲丁戊虛形求甲戊即得乙甲又甲虛角減先得甲角成甲外角又戊虛角即乙外角。

右二邊一角角在二邊之中垂弧在次形外爲又法之第

八支。

設乙甲丙形有甲鈍角有一邊與角對乙丙一邊與角連丙甲

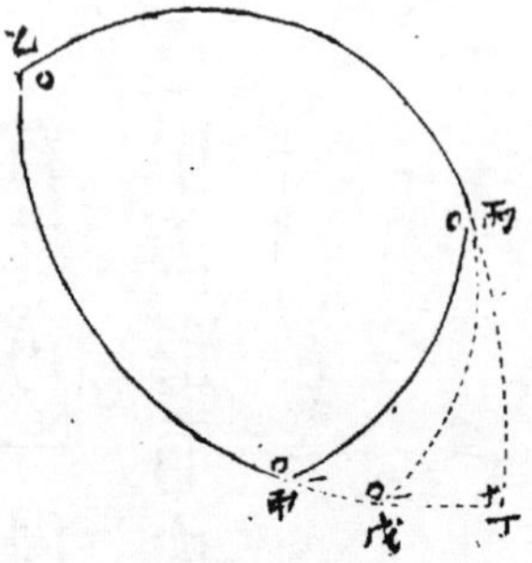

法用丙戊甲次形自丙作垂弧與甲戊引長
邊會于丁可求乙甲邊及餘兩角依法求到甲戊即得
乙甲。求戊角即乙角。以丙虛
角減先得丙角。即丙外角。

右二邊一角角有對邊垂弧在次形外爲又法之第九支。

以上垂弧並作於次形之外。

論曰三角俱鈍則任以一邊爲底其兩端之角皆同類矣今以次形之法求之而垂弧尚有在次形之外者葢可與前論相發也。

終

歷算叢書輯要卷三十二

弧三角舉要四

弧三角次形法其用有二

正弧三角斜弧三角並有次形法而其用各有二其一易大形為小形則大邊成小邊鈍角成鋭角其一易角為弧易弧為角則三角可以求邊亦二邊可求一邊

第一正弧三角形易大為小　用次形

如圖戊己甲乙半渾圜以戊丙甲己丙乙兩半周線分為弧三角形四一戊丙乙二己丙戊三己丙甲並大四乙丙甲為最小今可盡易為小形

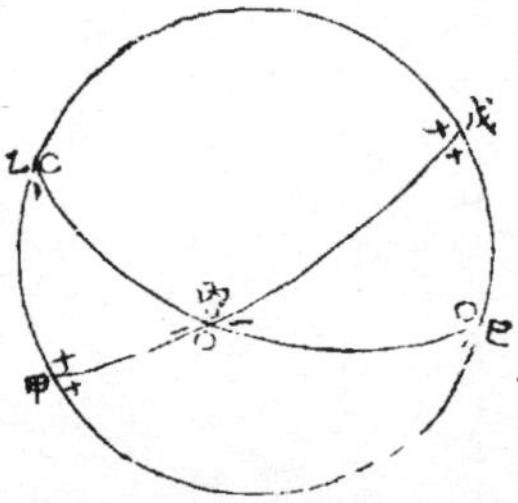

一戊丙乙形易為乙甲丙形戊丙減半周餘丙甲又戊乙減半周

餘乙甲。而乙丙爲同用之弧。則三邊之正弦同也。乙丙甲角爲戊丙乙外角。甲乙丙爲戊乙丙外角。戊角又同甲角。則三角之正弦同也。故算甲丙乙。即得戊丙乙。

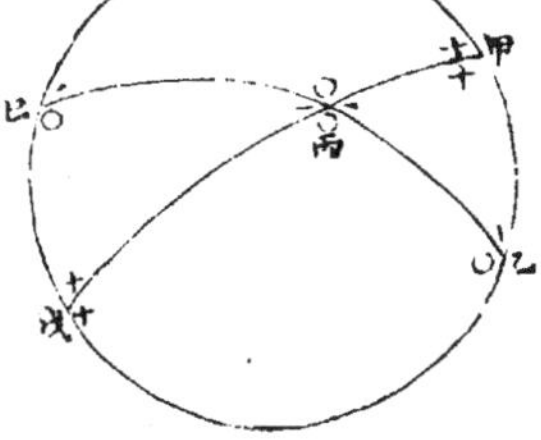

二已丙戊形。易爲乙甲丙形。乙甲已。及甲已戊。並半周。丙各減已甲。則乙甲同已戊。而乙丙于已丙。及甲丙于戊丙。皆半周之餘。又甲戊並正角。丙爲交角。而乙角又爲已角之外角。故算乙丙甲。得已丙戊。

三已丙甲形。易爲乙丙甲形。乙甲爲已甲減半周之餘。乙丙爲丙已減半周之餘。而同用甲丙。又次形丙角。爲元形之外角。乙角同已角。甲同爲正角。故算乙丙甲。得已丙甲。

凡正弧三角內。有大邊及鈍角者。皆以次形立算。但於得數後。以次形之邊與角減半周。即得元形之大邊及鈍角。其元形內。原有小邊及鈍角。與次形同者。逕用得數命之。不必復減半周。斜弧同。

以上易大形爲小形而大邊成小邊鈍角成銳角爲正弧

三角次形之第一用（大邊易小，鈍角易銳，則用算畫一。算理易明，其算例並詳第二用。）

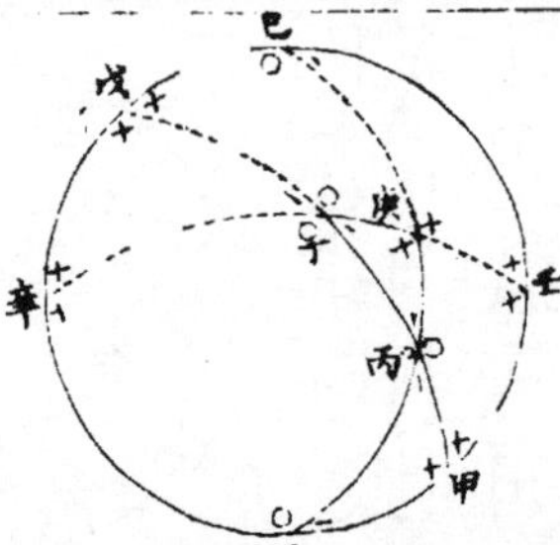

第二正弧三角形弧角相易　用次形（丙分四支）

一乙甲丙形易爲丁丙庚次形。

解曰：丁如北極。戊己壬甲如赤道圈。己庚乙如黃道半周。辛丁壬如極至交圈。（壬如夏至，辛如冬至。）戊丁甲如所設過極經圈。乙如春分，己如秋分。並以庚壬大距爲其度。丙如所設某星黃道度。

丙乙如黃道距春分度。其餘丙庚即黃道距夏至，爲次形之一邊。

丙甲如黃赤距度。其餘丙丁即丙在黃道距北極度。爲次形又一邊。

庚丁如夏至黃道距北極，而爲乙角餘度。是角易爲邊也。（壬庚爲乙角度，其餘庚丁。）是爲次形之三邊。

又丙交

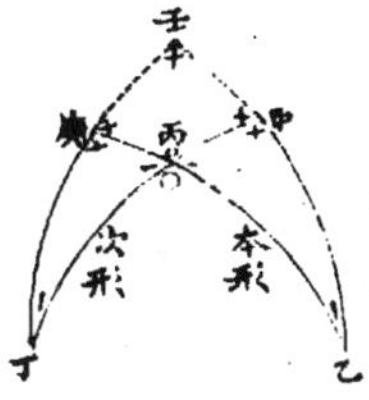

角如黃道上交角○庚正角如黃道夏至○甲乙如赤道同升度其餘壬甲如赤道距夏至○卽丁角之弧○是邊易爲角也○則次形又有三角

假如有丙交角○乙春分角而求諸數○是三角求邊也○乙丙兩角并甲正角而三○法爲丙角之正弦與乙角之餘弦○若半徑與丙甲之餘弦○得丙甲邊可求餘邊○

一	丙角正弦	丙角正弦
二	乙角餘弦	丁庚正弦
三	半徑甲角	半徑庚角
四	甲丙餘弦	丁丙正弦

在次形

右以三角求邊也○若三邊求角○反此用之○

若先有乙丙邊乙甲邊而求甲丙邊則爲乙甲餘弦。即次形丁角正弦。與乙丙餘弦。即庚丙正弦。若半徑。甲角即次形庚角。與甲丙餘弦。即丁丙正弦。

或先有乙丙邊甲丙邊而求乙甲邊則爲甲丙餘弦。即丁丙正弦。與乙丙餘弦。即庚丙正弦。若半徑。甲角即庚角。與乙甲餘弦。即丁角正弦。

或先有乙甲邊甲丙邊而求乙丙邊則爲半徑。甲角即庚角。與甲丙餘弦。即丁丙正弦。若乙甲餘弦。即丁角正弦。與乙丙餘弦。即庚丙正弦。

右皆以兩弧求一弧而不用角也。

以上爲乙甲丙形用次形之法。本形三邊皆小。一正角。借有鋭角次形亦然。所以必用次形者。爲三角求邊之用也。

右爲正弧三角次形第二用之第一支。

二已丙甲形。甲正角。餘二角丙鈍已鋭。丙甲邊小。餘二邊並大。易爲丁丙庚次形。

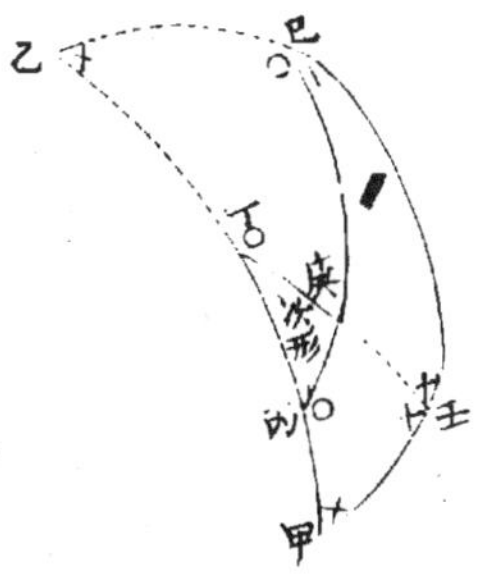

法曰截已甲於壬截已丙於庚使已壬已庚皆滿九十度作壬庚丁象限弧又引丙甲邊至丁亦滿象限而成丁丙庚次形此形有丁丙邊為丙甲之餘有庚丙邊為已丙之餘凡過弧內去象限其餘度正弦即過弧之餘弦故已丙內減已庚而庚丙為其餘弧有庚丁邊為已角之餘乃角易為邊也庚與壬皆象限即庚壬為已角之度而丁庚為其餘又有丙鋭角為元形丙鈍角之外角有庚正角與元形甲角等壬庚既為已角之弧則壬與庚必皆正角有丁角為已甲邊之餘已甲過弧以壬甲為餘度說見上文乃邊易為角也

假如有甲正角已鋭角丙鈍角而求丙甲邊法為丙鈍角之正弦即次形丙鋭角正弦蓋外角內角正弦同用也與已角之餘弦即次形丁庚邊之正弦若半徑即次形庚正角之正弦與丙甲邊之餘弦即次形丁丙邊之正弦

既得丙甲可求己丙邊。法爲半徑與丙角餘弦若甲丙餘切、次形爲丁丙正切。與己丙餘切。次形爲庚丙正切。得數以減半周爲己丙。下同。凡以八綫取弧角度者，若係大邊鈍角，皆以得數與半周相減命度。後倣此。

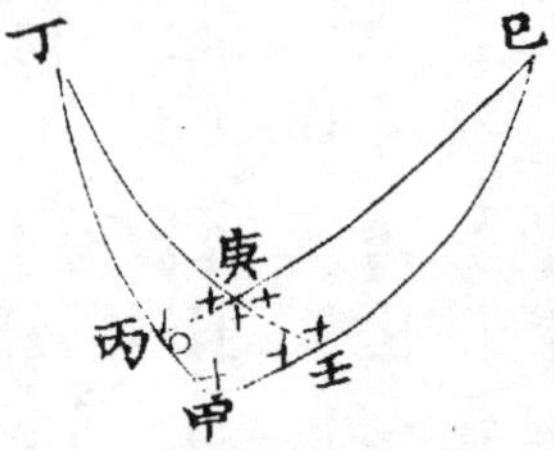

求己甲邊。法爲己角之餘弦。卽庚丁正弦。與丙角之正弦若己丙之餘弦。卽庚丙正弦。與己甲之餘弦。卽丁角正弦。其弧壬甲。

右三角求邊

又如有己甲己丙兩大邊求丙甲邊。法爲己甲餘弦。卽丁角正弦。與己丙餘弦。卽庚丙正弦。若半徑與丙甲餘弦。卽丁丙正弦。

或有己甲丙甲兩邊求己丙大邊。法爲半徑與丙甲餘弦。卽丁丙正弦。若己甲餘弦。卽丁角正弦。與己丙餘弦。卽庚丙正弦。得數減半周爲己丙。下同。

或有丙甲己丙二邊求己甲大邊　法爲丙甲餘弦與半徑若己丙餘弦與己甲餘弦（卽上法之反理）

右二邊求一邊

以上己丙甲形用次形之法本形有兩大邊一鈍角次形則邊小角銳而且以本形之邊易爲次形之角本形之角易爲次形之邊（後二形並同）是爲正弧三角次形第二用之第二支

三己丙戊形（戊正角己鈍角丙銳角己丙與戊丙並大邊）易爲丁丙庚次形

法曰以象限截己丙於庚其餘庚丙截戊丙於丁其餘丁丙爲次形之二邊作丁庚弧其度爲己角之餘（己鈍角與外銳角同以壬庚之度取正弦其餘丁庚爲己外角之餘亦卽爲己鈍角之餘）角易邊也次形又爲元形之截形同用

丙角又庚正角與戊角等而丁角即已戊邊之餘度。試引已戊至辛成象限。則戊辛等壬甲。皆丁角之度。而又爲已戊之餘。邊易角也。

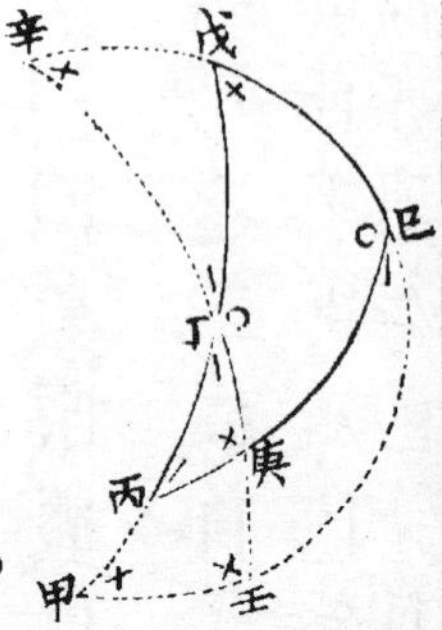

假如有丙鋭角已鈍角借戊正角求戊丙邊。法爲丙角正弦與已角餘弦。即庚丁正弦。若半徑與戊丙餘弦。即丁丙正弦。得數減半周爲戊丙。下同。

既得戊丙可求已丙。法爲半徑與丙角餘弦。若戊丙餘切。即丁丙正切。與已丙餘切。即庚丙正切。

求已戊邊。法爲戊丙餘弦即丁丙正弦。與半徑若已丙餘弦即庚丙正弦。與已戊餘弦。即丁角正弦。

以上三角求邊爲正弧三角次形第二用之第三支。

四乙丙戊形戊正角。乙丙並鈍角。戊乙戊丙並大邊。乙丙小邊。易爲丁丙庚次形。

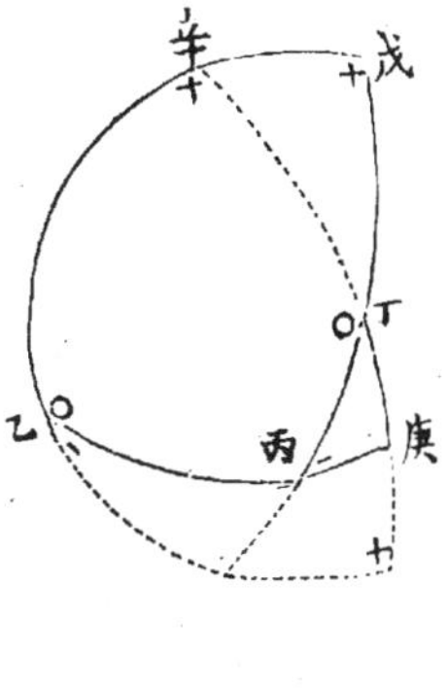

法曰：引乙丙邊至庚，滿象限，得次形丙庚邊。卽乙丙之餘。于丙戊截戊丁象限，得次形丁丙邊。卽乙丙爲戊丙之餘。而丁卽爲戊乙弧之極。戊正角至丁九十度，故知之。從丁作弧至庚，成次形。庚丁邊爲乙角之餘，是角易爲邊也。試引庚丁至辛，則辛丁亦象限。而辛爲正角。庚亦正角。乙庚、乙辛皆象限弧。是庚丁辛卽乙鈍角之弧度。丙截丁辛象限。而丁庚爲乙鈍角之餘度矣。又庚正角與戊等，丙爲外角，丁角爲乙戊邊之餘，是邊易爲角也。乙戊丙截乙辛象限，其餘戊辛卽丁交角之弧。

假如三角求邊，以丙角正弦爲一率，乙角餘弦爲二率，半徑爲三率，求得戊丙餘弦爲四率，以得數減半周，爲戊丙餘，並同前。

以上三角求邊，爲正弧三角次形第二用之第四支。

論曰曆書用次形止有乙甲丙形一例若正角形有鈍角及大邊者未之及也故特詳其法

又論曰依第一用法大邊可易爲小鈍角可易爲銳則第二三四支皆可用第一支之法而次形如又次形矣己丙甲形。己丙戊形。乙丙戊形。皆易爲乙甲丙形。而乙甲丙又易爲丁丙庚是又次形也。

正弧形弧角相易又法　用又次形

甲乙丙形

依前法引乙丙邊甲乙邊各滿象限至庚至己作庚己弧引長之至丁亦引甲丙會於丁亦各滿象限成丁丙庚次形

又引丙庚至辛引丙丁至戊亦滿象限作辛

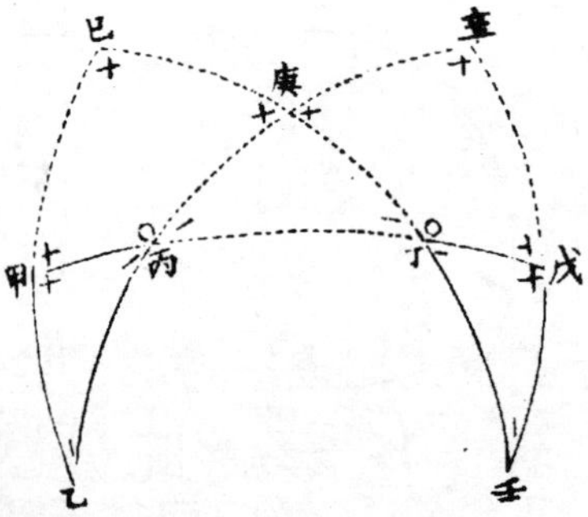

戊弧引之至壬亦引庚丁會於壬則辛壬庚壬亦皆象限戊丁戊壬又次形此形與甲乙丙形相當

論曰乙丙邊易爲壬角乙庚及丙辛皆象限內減同用之丙庚則辛庚即乙丙而辛庚即壬角之弧乙甲邊易爲丁角乙甲之餘度已甲即丁交角之弧是次形之兩角即元形之兩邊也乙角易爲丁壬邊丁已及庚壬俱象限內減同用之庚丁則丁壬即已庚而爲元形乙角之弧丙角易爲戊壬邊丙交角之弧辛戊其餘爲次形戊壬是次形之兩邊即元形之兩角而次形戊丁邊即元形丙甲次形戊角即元形甲角

若原形有三角則次形有戊直角有戊壬丁壬二邊可求乙甲邊　法爲乙角之正弦即丁壬正弦與半徑若丙角之餘弦即戊壬正弦與乙甲之餘弦即丁角正弦

求乙丙邊　法爲乙角之切綫即丁壬切綫與丙角之餘切即戊壬正切

若半徑與丙乙之餘弦即壬角餘弦既得兩邊可求餘邊

以上又次形三角求邊爲正弧三角第二用之又法

論曰用次形止一弧一角相易今用又次形則兩弧並易爲角兩角並易爲弧故於前四支並峙而爲又一法也

第三斜弧三角易大爲小　用次形　內分二支

一甲乙丙二等邊形　三角皆鈍

如法先引乙丙邊成全圜又引甲丙甲乙兩邊出圜周外會于丁又引兩邊各至圜周如戊如己成乙丁丙及戊甲己兩小形皆相似而等即各與元形相當而大形易爲小形

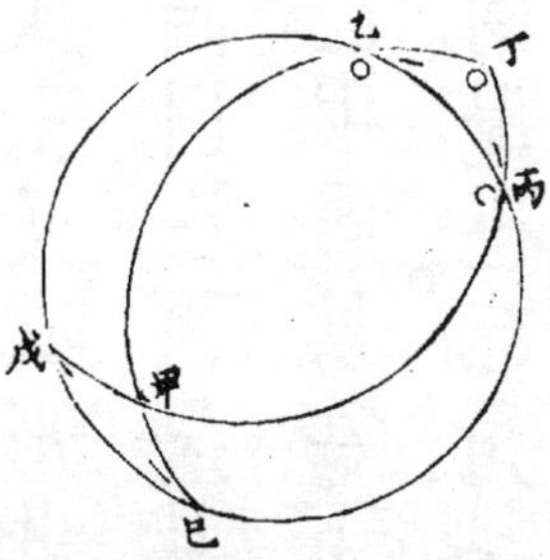

論曰次形甲戊甲己二邊爲元形邊減半周之餘則同一正弦次形

已戊二角爲元形之外角亦同一正弦甲乙戊爲甲乙丙外角而與次形已角等甲丙已爲甲丙乙外角亦與次形戊角等而次形甲角原與元形爲交角戊已邊又等乙丙邊戊乙丙及已戊乙並半周各減乙戊則戊已等乙丙故算小形與大形同法惟於得數後以減半周卽得大邊及鈍角之度置半周減戊甲得甲丙減已甲亦得甲乙又置半周減已鋭角得元形乙鈍角減戊鋭角亦得元形丙鈍角其交角甲及相等之戊已邊只得數便是并不用減

論曰凡兩大圈相交皆半周故丁丙與丁乙亦元形減半周之餘又同用乙丙而乙與丙皆外角丁爲對角故乙丁丙形與戊甲已次形等邊等角而並與元形甲乙丙相當

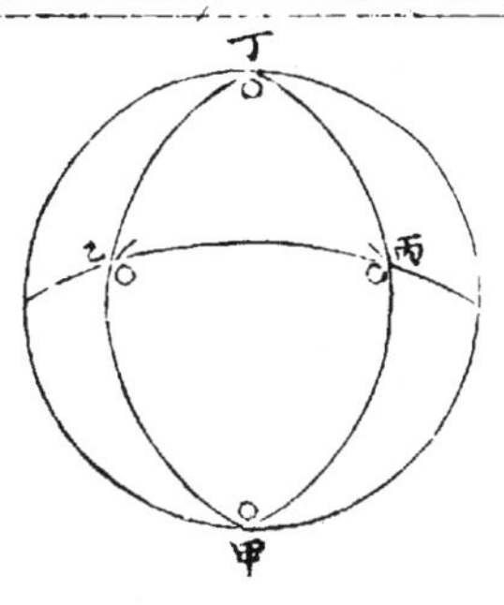

右二邊等形易大爲小爲斜弧次形第一用之第一支

二甲乙丙三邊不等形　角一鈍二鋭　如法引乙丙作圜又

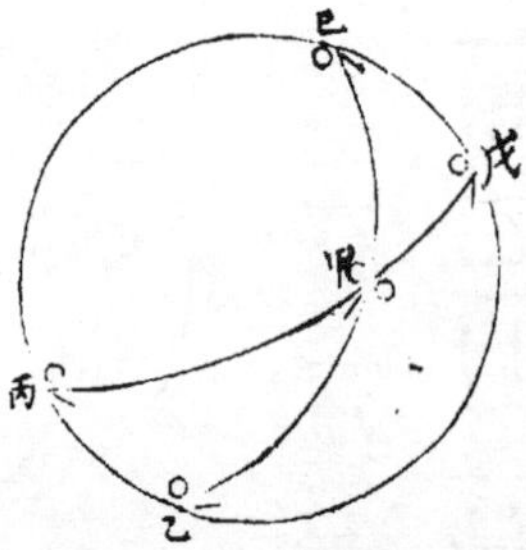

引餘二邊甲乙甲丙至圜周己戊。得相當次形己甲戊。算戊甲得甲丙。算己甲得甲乙。算己戊得乙丙。其角亦一鈍二銳。算戊鈍角得丙銳角。算己銳角得乙鈍角。而甲交角一算得之。

又戊甲乙形。角一鈍二銳。如法引戊乙作圜。又引乙甲至圜周己。成次形己甲戊與元形相當。算己甲得甲乙。算己戊得戊乙。又同用戊甲邊。故相當。算甲銳角得甲鈍角。算戊鈍角得戊銳角。算己角即乙角。

又甲己丙形。三角俱鈍。如上法引丙己作圜。又引丙甲至戊。成次形己甲戊與元形相當。元形甲丙與戊甲。元形己丙與己戊。並減半周之餘。又同用己甲。又丙鈍角即戊鈍角。甲己兩銳角並元形之外角。

右三邊不等形易大爲小爲斜弧次形第一用之第二支。

第四斜弧三角形弧角互易　用次形內分三支

一乙甲丙形三角俱鋭易爲丑癸寅形二鋭一鈍。法曰引乙甲作圜次引乙丙至酉引甲丙至未並半周次以甲爲心作丁辛癸寅弧乙爲心作戊丑癸壬弧丙爲心作丑子午寅弧三弧交處別成一丑癸寅形與元形相當而元形之角盡易爲邊邊盡易爲角

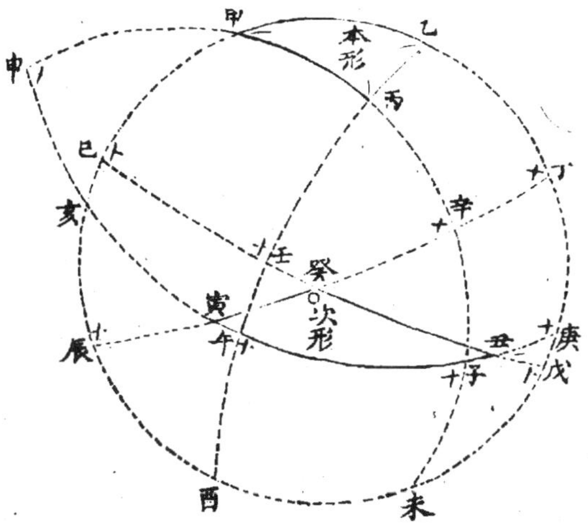

論曰甲角之弧丁辛與次形癸寅等則甲角易爲癸寅邊丁癸及辛寅皆象限減同用之辛癸則癸寅同丁辛。乙角之弧巳壬與次形丑癸等則乙角易爲丑癸邊癸巳及丑壬皆象限減同用之癸壬卽丑癸同壬巳。丙外角之弧午申引丑午寅至申取亥申與庚子等成午申。與次形寅丑等則丙外角易爲寅丑弧丑午及寅申皆象限各加同用

之午寅，卽午
申等丑寅。是元形有三角卽次形有三邊也。　又甲乙邊之
度易爲癸外角。乙己及甲辰皆象限，丙減同用之
甲己，則乙甲同己辰，爲癸外角弧。甲丙邊易爲
寅角。甲辛及丙子皆象限，丙減同用之
辛，則甲丙等辛子，而同爲寅角之弧。乙丙邊易爲丑角。乙
壬
及午丙皆象限，丙減同用之丙壬，
則乙丙等午壬，而同爲丑角之弧。是元形有三邊卽次形有三
角也。

又論曰：有此法，則三角可以求邊。既以三角易爲次形之三邊，
再用三邊求角法，求得次形
三角，卽反爲元形之三邊。
三邊求角法詳別卷。

又論曰：引丙甲出圜外至申，亦引庚亥弧出圜外，會於申，則庚
亥與子申並半周，內各減子亥，卽子庚同亥申，而子寅既象弧，
則寅申亦象弧矣。以寅申象弧加午寅，與以丑午象限午壬爲
丑角之
弧。故丑午
亦象限。加午寅必等，而申午者丙外角之度，丑寅者次形之

邊也故丙角能爲次形之邊也

又論曰凡引弧綫出圜外者其弧綫不離渾圓面冪因平視故爲周綫所掩稍轉其渾形卽可見之矣但其所引出之綫原爲半周之餘見此餘綫時卽當別用一圈爲外周而先見者反有所掩如見亥申卽不能見子庚故其度分恒必相當亦自然之理也

又論曰依第三用法之第二支丙未酉形及丙未乙形丙酉甲形並可易爲甲乙丙則又皆以癸丑寅爲又次形矣

右三角俱鋭形弧角相易爲斜弧次形第二用之第一支

二未丙酉形三角俱鈍易爲丑癸寅形一鈍二鋭

法曰引酉未弧作圜又引兩邊至圜周如乙如甲乃以未爲心作丁

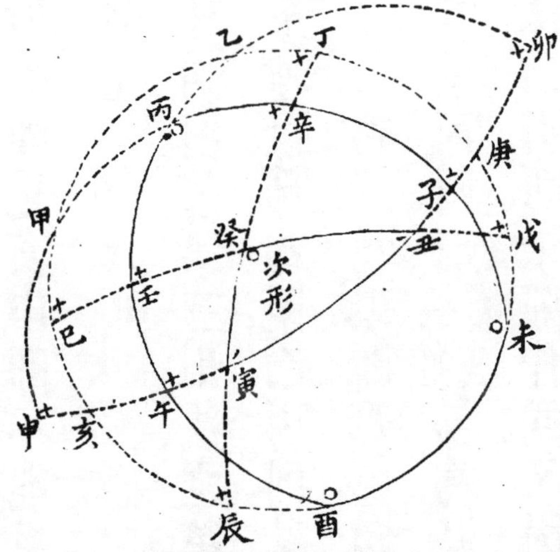

辛癸寅辰弧以酉爲心作戊丑癸壬巳弧以丙爲心作庚子丑寅午申弧亦引丙甲出圜外會於申三弧相交成丑癸寅形此形與元形相當而角盡易爲弧弧盡易爲角

論曰未外角之弧丁辛成次形癸寅弧癸丁及寅辛皆象限內減同用之癸辛則癸寅即丁辛。酉外角之弧壬巳成次形丑癸弧壬丑及癸巳皆象限各減癸壬則丑癸即壬巳。丙外角之弧申午成次形寅丑弧準前論庚亥及子申並半周則申亥等子庚而申寅爲象限與午丑象限各減午寅即寅丑同申午。是三角盡易爲邊也酉未邊成癸外角酉戊

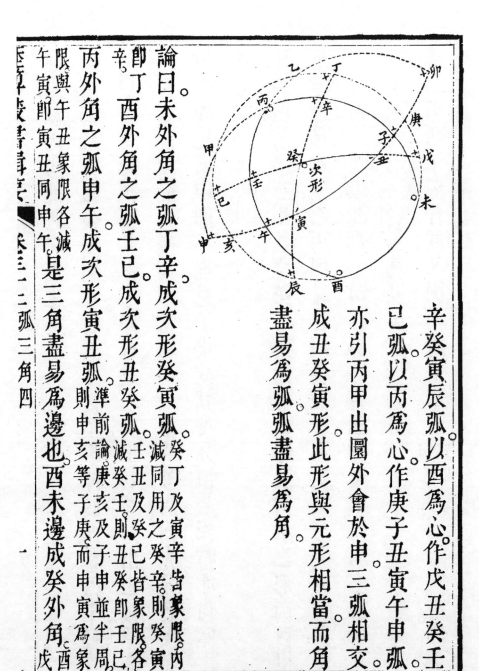

及未丁皆象限。各減未戊。則丁戊即酉未。而爲癸外角之弧。若以丁戊減戊乙巳半周。其餘丁乙巳過弧。亦即爲癸交角之弧。未丙邊減半周。其餘甲丙戌寅角。甲辛及子丙皆象限。各減辛丙。則辛子即甲丙。而爲寅角之弧。酉丙邊減半周。其餘乙丙戌丑角。午丙及壬乙皆象限。各減丙壬。則壬午即乙丙。而爲丑角之弧。是三邊盡易爲角也。寅角丑角並原邊減半周。則原邊即兩外角弧。與酉未戌癸外角等。故三角減半周得次形三邊。算得次形三角減半周得原設三邊。

右三角俱鈍形。弧角相易。爲斜弧次形第二用之第二支。

論曰。若所設爲乙未丙形。則未角易爲次形癸寅邊。徑用丁辛于形內以當癸寅。不須言外角。乙外角爲丑癸邊。亦以巳壬當丑癸。與用酉外角同理。丙角爲丑寅邊。徑以丙交角之弧申午當丑寅。不言外角。若所設爲甲酉丙形。則酉角易爲丑癸邊。巳壬徑當丑癸。不言外角。甲外角爲寅癸邊。用丁辛當癸寅。即甲外角。丙角爲丑寅邊。亦申午當丑寅。不言外角。

又論曰。此皆大邊徑易次形。不必復言又次。

三甲乙丙形一鈍角。兩銳角。易爲丑癸寅形

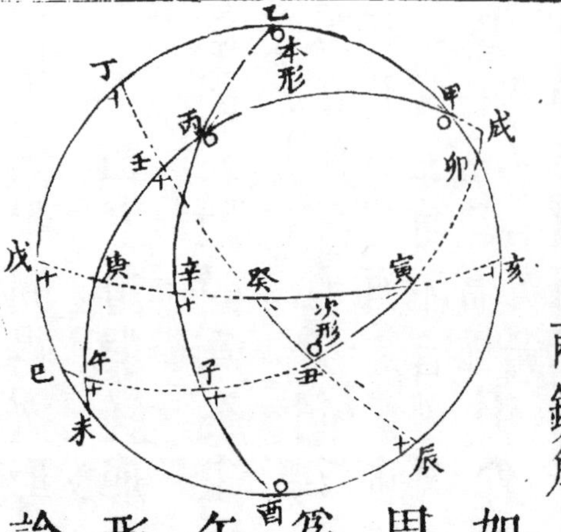

如法引甲乙邊作全圜。引餘二邊各滿半周。又以甲爲心。作丁壬癸丑辰半周。以乙爲心。作戊庚辛癸寅亥弧。以丙爲心作巳午子丑寅卯弧。三弧綫相交。成丑癸寅次形。與元形相當。而角爲弧。弧爲角。

論曰。易甲角爲次形丑癸邊。於癸丁象限減壬癸。成丁壬。爲甲角之弧。於丑壬象限。亦減壬癸。即成癸丑邊。其數相等。乙外角爲次形癸寅邊。於癸戊象限減癸辛。成辛戊。爲乙外角之弧。於寅辛象限。亦減癸辛。即成癸寅邊。其數相等。丙角爲次形丑寅邊。于丑午象限減丑子。成午子。爲丙角之弧。于寅子象限。亦減丑子。即成丑寅邊。其數相等。則角盡爲邊。又甲乙邊爲癸角。于甲丁象限。乙戊象限。各減乙丁。則戊丁等甲乙。而爲癸角之弧。乙丙邊成寅角。于乙辛及子丙兩象限各減丙辛。則辛子等乙丙。而爲寅角之弧。甲丙邊爲丑外角。于甲壬及午丙兩象限各減丙壬。則午壬等甲丙。而爲丑外角之弧。則邊盡爲角。

右一鈍角兩銳角形弧角相易爲斜弧次形第二用之第三支。

論曰若所設爲甲丙酉形。三角俱鈍而有兩大邊。則以甲外角爲次形丑癸邊。酉外角爲癸寅邊。丙外角爲丑寅邊。又以三邊爲次形三外角。並與第二支未丙酉形三鈍角同理。若所設爲丙未酉形。乙未丙形。並一鈍二銳而有兩大邊。皆依上法可徑易爲丑癸寅次形觀圖自明。

甲乙丙形。三邊並大。三角並鈍。易爲次形。

法以本形三外角之度爲次形三邊。午巳爲乙外角之度。而與癸壬等。丑辛爲甲外角之度。而與癸寅等。申亥爲丙外角之度而與寅壬等。以本形三邊減半周之餘爲次形三

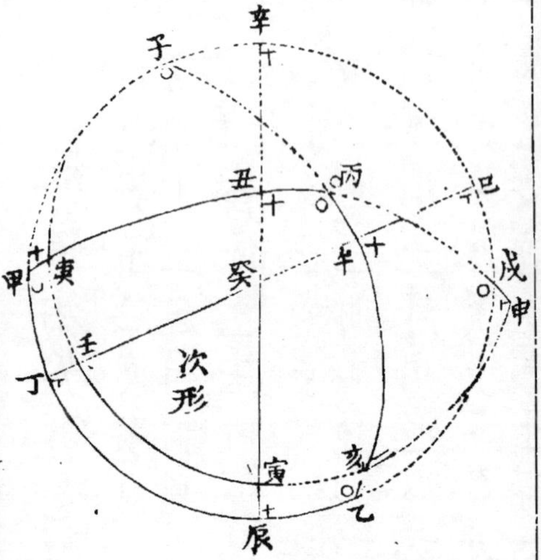

角。甲乙減半周。其餘戊乙或子甲。而並與辰丁等。卽癸角之度。甲丙減半周。其餘戊丙。而與丑庚等。卽寅角之度。乙丙減半周。其餘子丙。而與午亥等。卽壬角之度。並同前術。

論曰此卽曆學會通所謂別算一三角其邊爲此角一百八十度之餘者也。然惟三鈍角或兩鈍角則然。其餘則兼用本角之度。不皆外角。

右三角俱鈍形弧角相易同第二支。惟三邊俱大。

子戊丙形。一大邊二小邊。一鈍角二銳角。

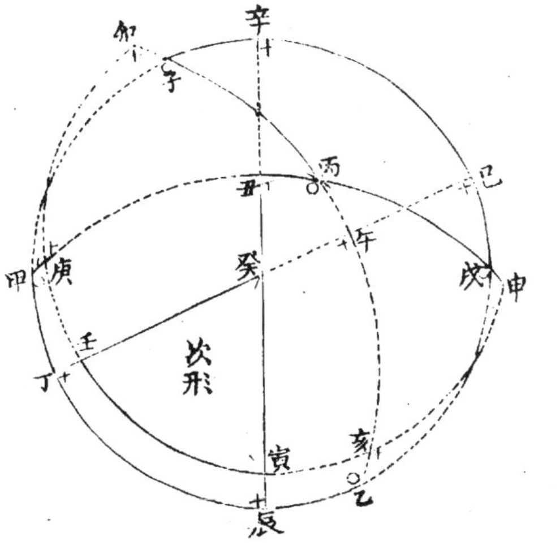

其法亦以次形癸壬癸寅二邊爲本形子戊二角之度寅壬邊爲丙外角之度次形寅壬二角爲本形二小邊之度癸角爲大邊減半周之度。論曰此所用次形與前同而用外角度者惟丙角其子角戊角只用本度爲次形之邊非一百八十度之減餘也。若設戊丙乙形子丙甲形並同戊丙乙形惟次形癸寅邊爲戊外角其餘癸壬邊之度爲乙角寅壬邊之度爲丙角則皆本度子丙甲形惟次形癸壬邊爲子外角其餘寅壬邊之度爲丙角癸寅邊之度爲甲角則皆本度。

右一鈍角二銳角與第三支同惟邊爲一大一小。

第五斜弧正弧以弧角互易丙分二支。

一甲乙丙形。甲乙邊適足九十度。餘二邊一大一小。角一鈍二鋭。易爲丑癸寅正弧形。癸正角。餘鋭。三邊並小。

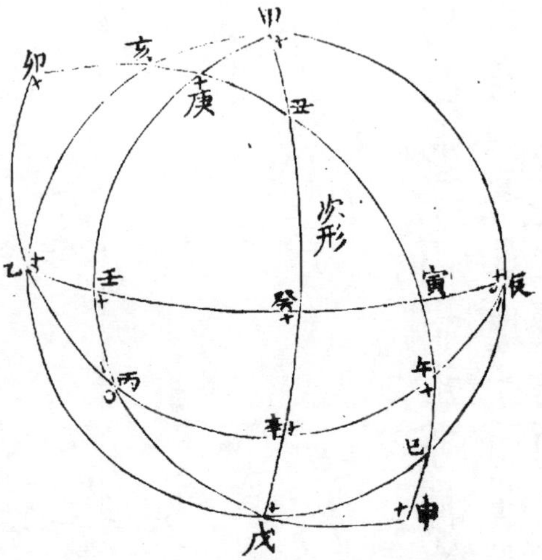

法曰。引乙丙小邊成半周。於乙引至卯。補成丙乙卯象限。又于丙引至午。成丙辛午象限。即成半周。作卯亥庚丑寅午以丙爲心之半周。截丙甲大邊于庚。使丙庚與丙乙卯等。乃作庚卯弧爲丙角之度。即庚與卯皆正角。依此引至午。亦得正角。而成半周。以丙爲心。作甲丑癸辛戌以乙爲心之半周。引甲乙象限至戌。成半周。于甲于戌各作正角聯之。即又成半周。而截乙辛戌象限與乙戌等。即辛戌爲乙外角度。而此半周以乙爲心。作乙壬癸寅弧。以甲爲心。甲戌半周折半于癸。成兩象限。從癸作十字正角弧。一端至寅。二端至乙。成癸乙象限。其所截甲壬亦象限。即乙壬爲甲角之弧。而甲爲其心。三弧綫相交成一

丑癸寅次形與本形弧角相易而有正角

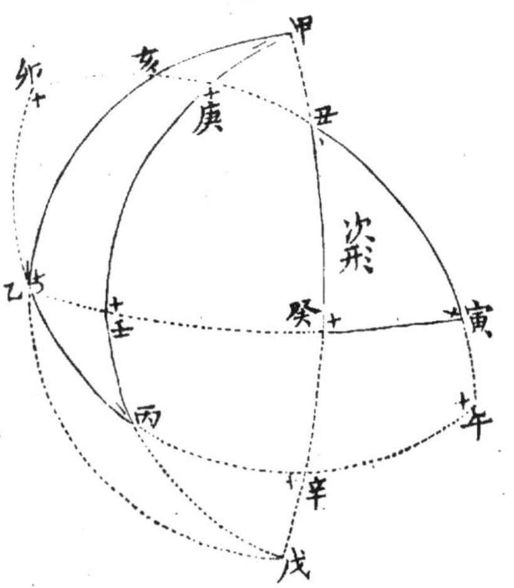

論曰。次形丑寅邊。即本形丙角之度。丑卯及寅庚皆象限。各減丑庚。則丑寅即庚卯。而爲丙角之弧。癸寅邊即甲角之度。寅壬及癸乙皆象限。各減癸壬。則癸寅即壬乙。而爲甲角之弧。丑癸邊即乙外角之度。丑辛及癸戊皆象限。各減癸辛。則丑癸即辛戊。而爲乙外角之弧。是角盡易邊也。又寅角爲甲丙邊所成。庚丙及壬戊皆象限。各減丙壬。則寅角之弧庚壬。與甲丙減半周之丙戊等。丑角爲乙丙邊所成。午丙及辛乙皆象限。各減辛丙。則丑角之弧午辛。與乙丙邊等。癸正角爲甲乙邊所成。癸正角內外並九十度。而甲乙象限。爲癸外角弧。若減半周。則乙戊象限。爲癸交角弧。

是邊盡爲角而有正角也

又辰戊丙形。辰戊邊象限。餘並同前。

乙丙戊形。乙戊邊足一象限。餘並小。易爲正易爲正弧形。並同前法。觀圖自明。

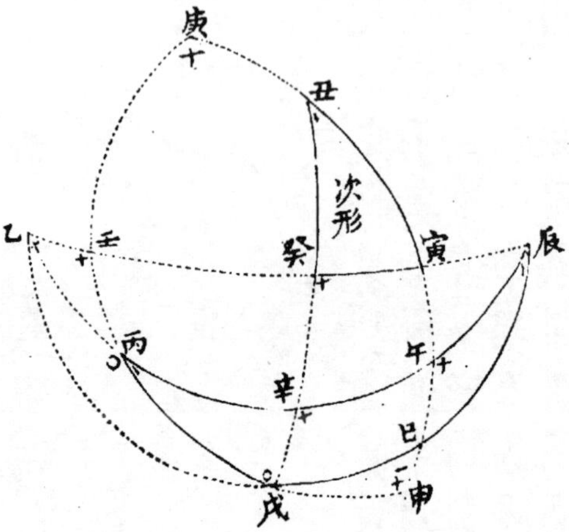

角形則丑寅度卽丙外角。丑癸度卽乙角。寅癸度卽戊角。是角爲邊也。又寅角生于丙戊。丑角生于乙丙。癸正角生于乙戊。是邊爲角而有正角也。

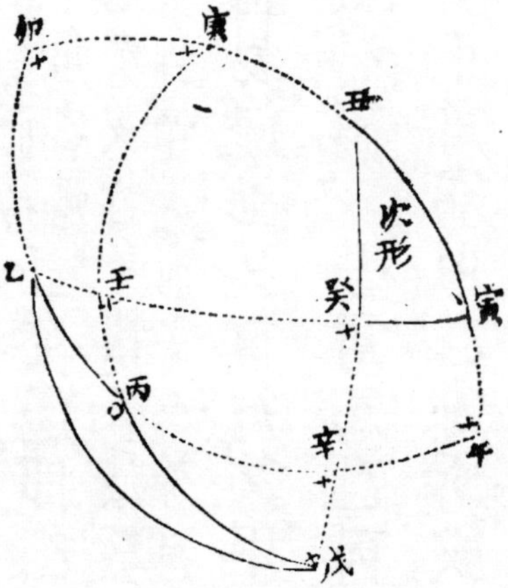

辰甲丙形。辰甲象弧。餘二邊大。三角並鈍。易爲正角形。則丑寅邊爲丙外角。丑

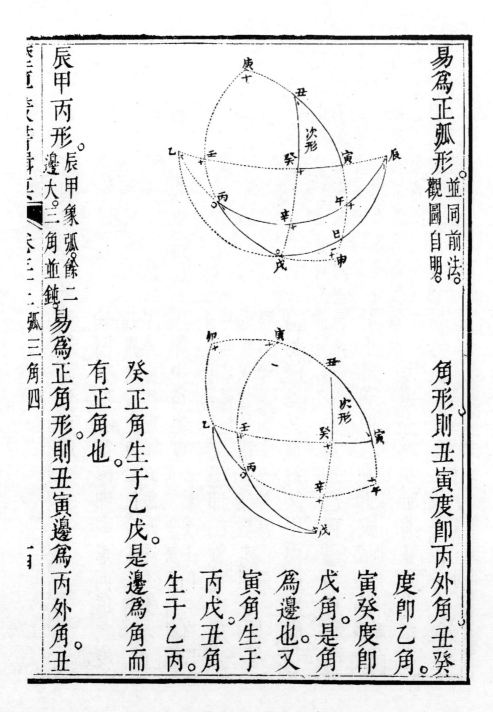

癸邊爲辰外角寅癸邊爲甲外角角爲邊也又寅角生于甲丙丑角生于辰丙而癸正角生于辰甲並準前條諸論推變是邊爲角而且有正角也

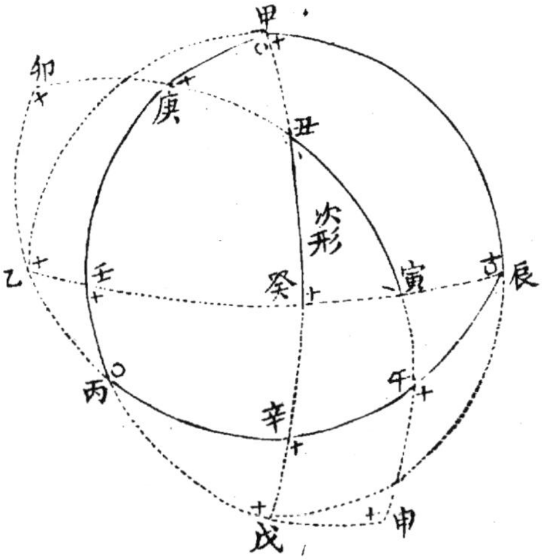

右本形有象限弧即次形有正角而斜弧變正弧爲弧角互易之第一支

丙乙甲形丙正角餘兩銳角相等邊三小相等者二易爲巳癸壬次形角一鈍二銳銳相等

法以甲爲心作寅巳丑半周則甲角之度子寅弧成次形一邊巳壬

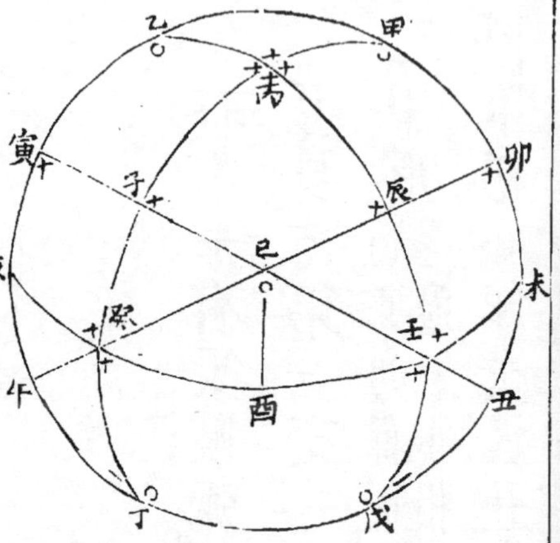

以乙爲心作卯己午半周則乙角之度卯辰弧成次形又一邊己癸此所成二邊相等以丙爲心作亥癸壬未半周則丙角之度癸壬象限即爲次形第三邊

依法平分次形以己壬酉形求壬角得原設甲丙邊壬角之度癸子與甲丙等乙丙邊壬癸兩鈍角原同度而癸角之度辰壬與乙丙等故一得兼得也求半己角倍之成己角以減半周得原設乙甲邊己外角之度午寅或丑卯並與乙甲等

論曰本形有正角次形無正角而有象限弧得次形之象限弧得本形之正角矣

若設丙戊丁形丙正角兩鈍角同度二大邊同度一邊小易爲己癸壬次形與上同

法惟丁戊用外角

若設甲丙戊形丙正角。餘一鋭一鈍。而鋭角鈍角合成半周。邊二大一小。而小邊與一大邊合成一半周。易爲已癸壬次形亦同上法惟甲用外角戊用本角而同度所得次形之邊亦同度甲外角之度子寅。成次形已壬邊。戊本角之度辰卯。成次形已癸邊。而四者皆同度。其轉求本形也用次形之壬角得甲丙以減半周即得丙戊或乙丙丁形亦同。

右本形有正角而次形無正角爲弧角互易之第二支

或三角形無相同之邊角而有正角其次形必有象限邊。或無正角而有相同之邊角其次形亦有等邊等角。準此論之

次形法補遺角一鋭二鈍。邊二大一小。

算例

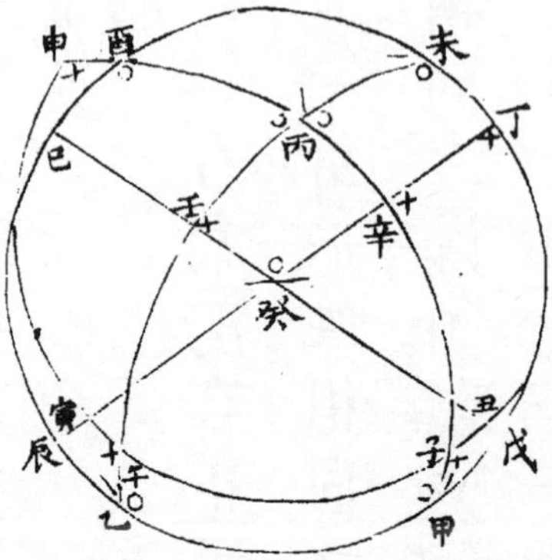

甲乙丙形（甲角一百二十度乙角一百一十度丙角八十五度爲一鋭二鈍）三角求邊

如法易爲丑寅癸次形（癸寅邊六十度當甲角丑癸邊七十度當乙角寅丑邊當丙角並以角度減半周得之）

求甲乙邊即次形癸外角法以甲乙兩角正弦相乘半徑除之得數（八一三八〇）爲一率半徑（一〇〇〇〇〇）爲二率甲乙兩角相較十度之矢與丙角減半周九十五度大矢相較得數（一〇七一九七）爲三率求得四率（一三一七二四）爲次形癸角大矢內減半徑成餘弦（三一七二四）

檢表得癸外角（七十一度三十分）爲甲乙邊（本宜求癸角以減半周得甲乙今用省法亦同）

論曰三角求邊而用次形實即三邊求角也故其求甲乙邊實求次形癸角得癸角得甲乙邊矣然則兩角正弦仍用本度者

何也。凡減半周之餘度與其本度同一正弦也。（甲角一百二十度之正弦八六六〇三。即次形癸寅邊六十度之正弦。乙角一百一十度之正弦九三九六九。即次形丑癸邊七十度正弦。）獨丙角用餘度大矢何也。正弦可同用而矢不可以同用也。（丙以外角易爲次形丑寅邊九十五度。其大矢一〇八七一六。而丙角本八十五度。是銳角。當用正矢。故不可以通用。）然則兩角較矢又何以仍用本度。曰兩餘度之較與本度同故也。（甲角乙角之較十度。所易次形之癸寅邊丑癸邊。其較亦十度。）所得四率爲大矢而甲乙邊小何也。曰餘度故也。（甲乙邊易爲癸外角。而四率所得者癸內角也。故爲甲乙減半周之餘度。）用餘度宜減半周命度矣。今何以不減。曰省算也。雖不減猶之減矣。（四率係大矢。必先得癸外角七十一度半。以減半周。得癸內角一百〇八度半。再以癸丙角減半周。仍得七十一度半爲甲乙邊。今徑以先得癸外角之度爲甲乙邊。其理無二。）

求甲丙邊。　如上法。以邊左右兩角正弦（甲八六六〇三。丙九九六一九。）相乘。

半徑除之得數八六二七三。為一率。半徑一○○○○○為二率。甲丙兩角相
較三十五度矢一八○八五。與乙外角七十度矢六五七九八。相較得數四七七一三
為三率。求得甲丙邊半周餘度之矢五五三四為四率。撿表得六十三度二
十七分。以減半周得甲丙邊一百一十六度三十三分。

論曰。此亦用次形三邊求寅角也。以甲角所易癸寅邊。丙角所易寅丑邊。為角旁二邊。以乙
角所易丑癸邊。為對角之邊。求得寅角之度辛子。與酉丙等。即甲丙減半周餘度。

求乙丙邊。如法。以邊左右兩角正弦丙九九六一九乙九三九六九。相乘半
徑除之得數九三六一二。為一率。半徑一○○○○○。為二率。丙乙兩角較二十
五度矢○九三六九。與甲外角六十度矢相較四○六三一。為三率。求得餘度
矢四三四○三。為四率。撿表得五十五度卅二分。以減半周。得乙丙邊一百廿四度廿八分。

論曰。此用次形三邊求丑角也。丙角易寅丑邊。乙角易丑癸邊。為角旁二邊。甲角易癸寅為對

邊。丑角度午壬。與未丙等。丙邊減半周餘度。又論曰此所用次形之三邊三角。皆本形減半周之餘度。甲乙同巳辰。即癸外角度。則次形癸角。為甲乙邊之半周餘度也。寅角之度子辛與酉丙等。甲丙邊之餘度也。丑角之度午壬與未丙等。乙丙邊之餘度也。是次形三角。皆本形三邊減半周。之餘度矣。其次形三邊爲本形三角減半周之餘。已詳前註。故所得四率爲角之大小矢者。皆必減半周然後可以命度。若他形則不盡然。必須詳審。

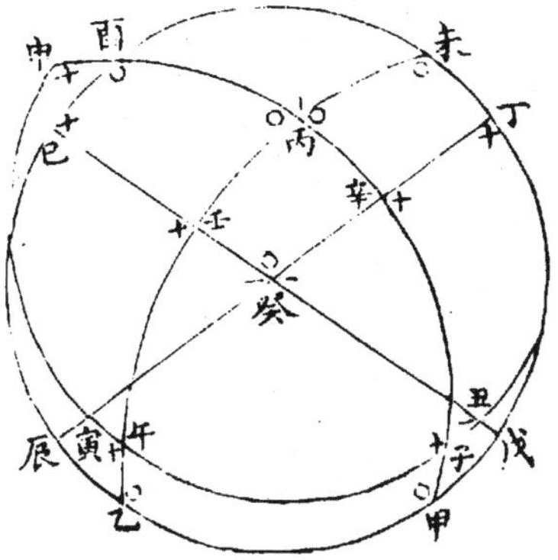

如甲未丙形。甲角六十度。丙角九十五。未角一百一十。易丑寅癸次形。則其角易爲邊用本度者二。甲角弧丁辛六十度。易次形癸寅邊。丙角弧申午九十五度。易次形寅丑邊。用餘度者一。未角弧壬戊。一百一十度。其半周餘度。巳壬七十度。易次形丑癸邊。而其邊易爲角用本度者二。未丙邊五十五度三十二分。與午壬等。成次形丑角。甲未邊餘度未酉七十一度三十分。與丁戊等。成癸外角。則次形癸角一百〇八度三十分。爲甲末邊本度。用餘度者一。甲丙邊一百十六度三十三分。其餘度酉丙六十三度二十七分。與辛子等。成次形寅角。若一槩用餘度算次形。豈不大謬。

又如乙丙酉形。乙角七〇。丙角九五。酉角八二。用癸寅丑次形前圖求丙酉邊。

如法以邊左右兩角正弦丙九九六一九酉八六六〇三相乘。去末五位。得數八六二七三爲一率。半徑一〇〇〇〇〇爲二率。以酉外角丙角相差三十五度矢一八〇八五與乙角矢六五七九八相較四七七一三爲三率。求得正矢五五三四爲四率。次形寅角之矢檢表得六十三度二十七分。爲丙酉邊。

論曰。此所用四率與前條求甲丙邊之數同。而邊之大小迥異。一爲餘度。一爲本度也。前條爲餘度之矢。故甲丙邊大。此條爲本度之矢。故丙酉邊小。又所用矢較亦以不同而成其同。前條以兩角相差。此則以酉外角與丙角相差。不同也。而相差卅五度則同。前條用乙外角之矢。此條用乙本角。又不同也。而矢數六五七九八則同。其理皆出次形也。

求酉乙邊。如法以兩角正弦乙九三九六九酉八六六〇三相乘去末五位得八一三八〇為一率。半徑為二率。酉外角乙角相差十度之矢與丙角九十五度之矢相較。得一〇六一九七為三率。求得大矢次形癸角之矢為四率。一三一七二四撿表。得一百〇八度三十分為酉乙邊。此與前條求甲乙邊參看即見次形用法不同之理。如前所論。

求乙丙邊。與前條同法。因丙乙兩內角之正弦及差度。並與兩外角同。而酉角又同甲角。故也。

論曰。三角求邊。必用次形。而次形之用數得數。並有用本度餘度之異。即此數條。可知其槩。

又論曰。在本形為三角求邊者。在次形為三邊求角。故此數條。即三邊求角之例也。餘詳環中黍尺。

垂弧捷法作垂弧而不用其數。故稱捷法。　亦為次形雙法用兩次形。故稱雙法。

設亥甲丁形。有甲亥邊。亥丁邊。亥角。在二邊之中求甲丁邊。對角之邊。

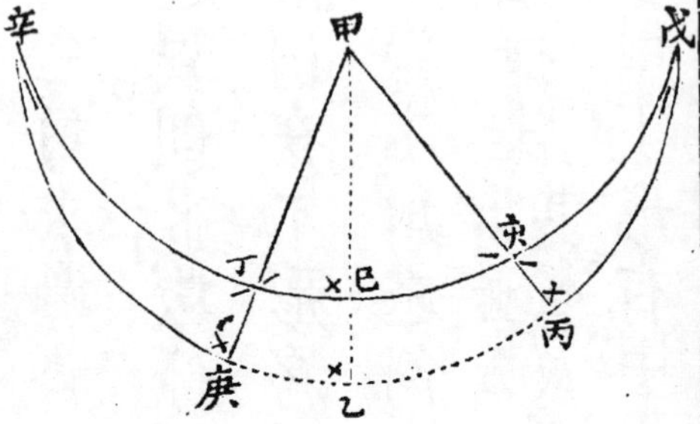

本法作垂弧分兩形。先求甲已邊。次求亥已邊。分丁已邊。再用丁已、甲已二邊。求甲丁邊。

今捷法不求甲已邊。但求亥已邊。分丁已邊。卽用兩分形之兩次形。以徑得甲丁。

一　亥已餘弦　卽次形亥戊正弦

二　亥甲餘弦　卽次形亥丙正弦

三　已丁餘弦　卽次形辛丁正弦

四　甲丁餘弦　卽次形庚丁正弦

法引甲亥邊至丙。引甲丁邊至庚。引甲已垂弧至乙。皆滿象限。

又引分形邊亥已至戊。引丁已至辛。亦滿象限。末作辛庚乙丙戊半周。與亥已遇于戊。與丁已遇于辛。成亥丙戊次形。與甲已亥分形相當。丁庚辛次形。與甲已丁分形相當。而此兩次形又自相當。戊角辛角同以已乙爲其度。則兩角等。丙與庚又同爲正角。則其正弦之比例皆等。

論曰。半徑與戊角之正弦。若戊亥之正弦。與亥丙之正弦。又半徑與辛角即戊角之正弦。若辛丁之正弦。與丁庚之正弦。合之則戊亥正弦與亥丙正弦。亦若辛丁正弦與丁庚正弦。

又論曰。辛丁已亥戊如黃道半周。辛庚乙丙戊如赤道半周。甲如北極。辛如春分。戊如秋分。已乙如黃赤大距。即夏至之緯。乃二分同用之角度。即戊角辛角之度。亥丙及丁庚皆赤緯。甲亥及甲丁皆距北極之度。即赤緯之餘。

一　戊亥正弦　黄經　　戊亥爲未到秋分之度。辛丁爲巳

二　亥丙正弦　赤緯　　過春分之度。似有不同。而二分之

三　辛丁正弦　黄經　　角度既同。故其比例等。

四　丁庚正弦　赤緯

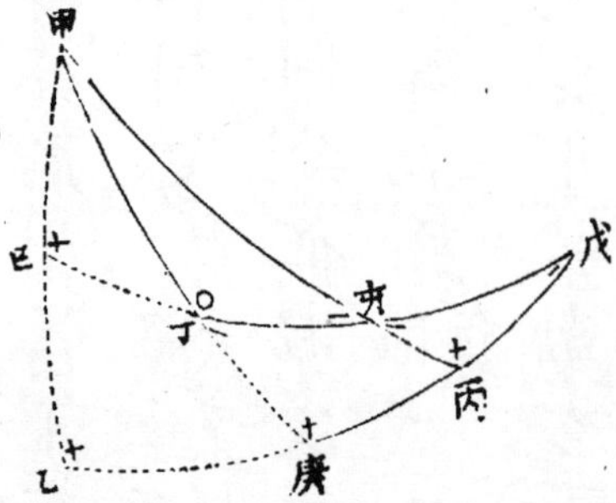

若丁爲鈍角。則如上圖。作甲巳綫于形外。

一　亥巳餘弦　卽亥戊正弦

二　亥甲餘弦　卽亥丙正弦

三　巳丁餘弦　卽戊丁正弦

四　甲丁餘弦　卽庚丁正弦

論曰。此理在前論中。蓋以同用戊角。故比例同也。

又論曰。乙庚丙戊如赤道。巳丁亥戊如黄道。皆象弧。戊角如秋

分其弧己乙如夏至距緯。此兩黃經。並在夏至後秋分前。其理易見。或先有者是丁鈍角甲丁丁亥二邊則先求丁己綫。亦用前圖。

一　丁己餘弦　卽戊丁正弦

二　甲丁餘弦　卽丁庚正弦

三　亥己餘弦　卽亥戊正弦

四　亥甲餘弦　卽亥丙正弦

又論曰。假如星在甲。求其黃赤經緯。則亥丁如兩極之距。亥角若爲黃經。則丁角爲赤經。而亥甲黃緯。丁甲赤緯也。若丁角爲黃經。則亥角爲赤經。而丁甲黃緯。亥甲赤緯也。弧三角之理。隨處可施。故舉此以發其例。

終

歷算叢書輯要卷三十三

弧三角舉要五

八綫相當法引

弧三角有以相當立法者何也。以四率皆八綫也。弧三角四率。何以皆八綫而不用他綫。（八綫但論度。他綫則有丈尺。）渾體故也。（弧三角皆在渾圓之面。）渾體異乎平。而御渾者必以平。是故八綫之數生於平圓。而八綫之用專於渾圓也。曷言乎專爲渾圓。曰平三角之角之邊皆直綫也。同在一平面。而可以相爲比例。故雖用八綫。而四率中必兼他綫焉。（以八綫例他綫。則用角可以求邊。以他綫例八綫。則用邊可以求角。皆兼用兩種綫。）弧三角之角之邊。皆弧度曲綫也。不同在平面。故非八綫不能爲比例。而四率中無他綫焉。既皆以八綫相比例。則同宗半徑。（有角之八綫。有邊之八綫。各角各邊俱非平面。而可以相求者。同一半徑也。相當互視之法所由以立也。錯舉似紛實則有條不紊故為論列使有倫次云。

八綫相當法詳衍

總曰相當。分之則有二。曰相當。曰互視。互視又分為二。曰本弧。曰兩弧。

但曰相當者。皆本弧也。又分為二。曰三率連比例者。以全數為中率也。其目有三。曰四率斷比例者。中有全數也。其目有六。凡相當之目九。

互視者。亦相當也。皆為斷比例而不用全數。若以四率之一與四相乘。二與三相乘。則皆與全數之自乘等也。　本弧之互視其目有三。兩弧之互視。其目有九。凡互視之目十二。

總名之皆曰相當其目共二十一內三率連比例三更之則六四率斷比例十有八更之反之錯而綜之則百四十有四共百有五十

相當共九

一曰正弦與全數若全數與餘割

二曰餘弦與全數若全數與正割

三曰正切與全數若全數與餘切

以上三法皆本弧皆三率連比例而以全數爲中率

四曰正弦與餘弦若全數與餘切

五曰餘弦與正弦若全數與正切

六曰正割與正切若全數與正弦

七曰餘割與餘切若全數與餘弦
八曰正割與餘割若全數與餘切
九曰餘割與正割若全數與正切
以上六法亦皆本弧而肯四率斷比例四率之內有一率爲全數
互視共十二
一曰正弦與正切若餘切與餘割
二曰餘弦與餘切若正切與正割
三曰正弦與餘弦若正割與餘割
以上三法亦皆本弧皆四率斷比例而不用全數然以四率之一與四二與三相乘則其兩矩內形皆各與全數自

乘之方形等

四曰。此弧之正弦。與他弧正弦。若他弧之餘割。與此弧餘割。

五曰。此弧之正弦。與他弧餘弦。若他弧之正割。與此弧餘割。

六曰。此弧之正弦。與他弧正切。若他弧之餘切。與此弧餘割。

七曰。此弧之餘弦。與他弧餘弦。若他弧之正割。與此弧正割。

八曰。此弧之餘弦。與他弧正弦。若他弧之餘割。與此弧正割。

九曰。此弧之餘弦。與他弧餘切。若他弧之正切。與此弧正割。

十曰。此弧之正切。與他弧正切。若他弧之餘切。與此弧餘切。

十一曰。此弧之正切。與他弧正弦。若他弧之餘割。與此弧餘切。

十二曰。此弧之正切。與他弧餘弦。若他弧之正割。與此弧餘切。

以上九法。皆兩弧相當率也。其爲四率斷比例。而不用全數則同若以四率之一與四二與三相乘其矩內形亦各與全數自乘之方形等。

相當法錯綜之理

	一法	更之	二法	更之	三法	更之
首率	正弦	餘割	餘弦	正割	正切	餘切
中率	全	全	全	全	全	全
末率	餘割	正弦	正割	餘弦	餘切	正切

此三率連比例也首率與中率之比例若中率與末率。故以首率末率相乘即與中率自乘之積等。

假如三十度之正弦〇五〇〇〇〇與全數一〇〇〇〇〇之比例若全數一〇〇〇〇〇與三十度之餘割。二〇〇〇〇〇其比例皆為加倍也更之則餘割二〇〇〇〇〇與全數一〇〇〇〇〇。若全數一〇〇〇〇〇與正弦〇五〇〇〇〇。其比例爲折半也。

又如三十度之餘弦〇八六六〇三與全數一〇〇〇〇〇。若全數一〇〇〇〇〇與三十度之正割一一五四七〇。更之則正割一一五四七〇與全數一〇〇〇〇〇。若全數一〇〇〇〇〇與餘弦〇八六六〇三也。

又如三十度之正切〇五七七三五與全數一〇〇〇〇〇。若全數一〇〇〇〇〇與三十度之餘切一七三二〇五。更之則餘切一七三二〇五與全數一〇〇〇〇〇。若全數一〇〇〇〇〇與正切〇五七七三五也。

凡三率連比例。有當用首率與中率者。改爲中率與末率。假如有四率。其一三十度正弦。其二全數。改用全數爲一率。三十度餘割爲二率。其比例同。

	一	二	三	四
四法	正弦	餘弦	全	餘切
更之		全	餘弦	
又更	餘切	全	餘弦	正弦
又更		餘弦	全	
反之	餘弦	餘切	正弦	全
更之		正弦	餘切	
又更	全	正弦	餘切	餘弦
又更		餘切	正弦	

凡四率之前後兩率矩內形。與中兩率矩形等。故一與四。二與三。可互居也。

	一	二	三	四
五法	餘弦	正弦	全	正切
更之		全	正弦	
又更	正切	全	正弦	餘弦
又更		正弦	全	
反之	正弦	正切	餘弦	全
更之		餘弦	正切	
又更	全	餘弦	正切	正弦
又更		正切	餘弦	

六法		更之	又更	又更	反之	更之	又更	又更
一	正割		正弦		正切		全	
二	正切	全	全	正切	正弦	正割	正割	正弦
三	全	正切	正切	全	正割	正弦	正弦	正割
四	正弦		正割		全		正切	
七法								
一	餘割		餘弦		餘切		全	
二	餘切	全	全	餘切	餘弦	餘割	餘割	餘弦
三	全	餘切	餘切	全	餘割	餘弦	餘弦	餘割
四	餘弦		餘割		全		餘切	
八法								

一	正割	餘切	餘割	全
二	餘割　全	全　餘割	餘切　正割	正割　餘切
三	全　餘割	餘割　全	正割　餘切	餘切　正割
四	餘切	正割	全	餘割

九法

一	餘割	正切	正割	全
二	正割　全	全　正割	正切　餘割	餘割　正切
三	全　正割	正割　全	餘割　正切	正切　餘割
四	正切	餘割	全	正割

右四率斷比例也。一率與二率之比例，若三率與四率。

假如三十度之正弦〇五〇〇〇〇與其餘弦〇八六六〇三。若全數一〇〇〇〇〇與其餘切。一七三二〇五。更之則餘切一七三二〇五與全數。一〇〇〇〇〇。若餘弦〇八六六〇三與正弦〇五〇〇〇〇也。第四法。

又如三十度之正割一一五四七與其正切。〇五七七三五若全數一〇〇〇〇〇與其正弦。〇五〇〇〇〇。更之則全數一〇〇〇〇〇與正割一一五四七〇若正弦〇五〇〇〇〇與正切〇五七七三五也。第六法。

又如三十度之餘割二〇〇〇〇〇與其正割。一一五四七〇若全數一〇〇〇〇〇與其正切〇五七七三五。更之則正切〇五七七三五與正割一一五四七〇若全數一〇〇〇〇〇與餘割二〇〇〇〇〇也。第九法。餘倣此。

凡四率斷比例。當用前兩率者。可以後兩率代之。假如有四率。其一率正弦。其二率餘弦。改用全數為一率。餘切為二率。其比例同。

互視

一法	一	二	三	四	二法	一	二	三	四
更之	正弦	正切 餘切	餘切 正切	餘割		餘弦	餘切 正切	正切 餘切	正割
又更 又更	餘割	餘切 正切	正切 餘切	正弦		正割	正切 餘切	餘切 正切	餘弦
反之 更之	正切	餘割 正弦	正弦 餘割	餘切		餘切	正割 餘弦	餘弦 正割	正切
又更 又更	餘切	正弦 餘割	餘割 正弦	正切		正切	餘弦 正割	正割 餘弦	餘切

三法	更之	又更	又更	反之	更之	又更	又更
一正弦		餘割		餘弦		正割	
二餘弦	正割	正割	餘弦	餘割	正弦	正弦	餘割
三正割	餘弦	餘弦	正割	正弦	餘割	餘割	正弦
四餘割		正弦		正割		餘弦	

此本弧中互相視之率也。其第一與第四相乘矩，第二與第三相乘矩，皆與全數自乘方等，故其邊爲互相視之邊而相與爲比例皆等。

假如三十度之正弦○五○○○與其餘割二○○○○相乘一○○○○○○○○。其餘弦八六六○與其正割一一五四七相乘一○○○○○○○○○弱，皆與全數自乘之方等。故以正弦爲一率，餘弦爲二率，正割爲三率，餘

割爲四率則正弦〇五〇〇〇與餘弦〇八六六〇若正割一一五四七與餘
割二〇〇〇〇也第三法
又如三十度之正切〇五七七三與其餘切一七三二〇相乘一〇〇〇〇〇〇〇〇弱亦與全數之方等故以正弦爲一率餘切爲二率正切爲三
率餘割爲四率則正弦〇五〇〇〇與正切〇五七七三若餘切一七三二〇
與餘割二〇〇〇〇也第一法
或以餘弦爲一率餘切爲二率正切爲三率正割爲四率則餘
弦〇八六六〇與餘切一七三二〇若正切〇五七七三與正割一一五四七也第二法
此亦四法斷比例故當用前兩率者可以後兩率代之假如有
四率當以正弦與正切爲一率二率者改用餘切爲一率餘割

爲二率以乘除之其比例亦同餘倣此

本弧諸線相當約法

其一爲弦與股之比例。　反之則如股與弦。

全　正割　餘切　餘割　全　餘弦　正切　正弦

正弦　正切　餘弦　全　餘割　餘切　正割　全

其二爲弦與勾之比例。　反之則如勾與弦。

全　餘割　正切　正割　全　正弦　餘切　餘弦

餘弦　餘切　正弦　全　正割　正切　餘割　全

其三爲勾與股之比例。　反之則如股與勾。

全　餘弦　餘割　餘切　全　正割　正弦　正切

正切　正弦　正割　全　餘切　餘割　餘弦　全

右括本弧七十八法

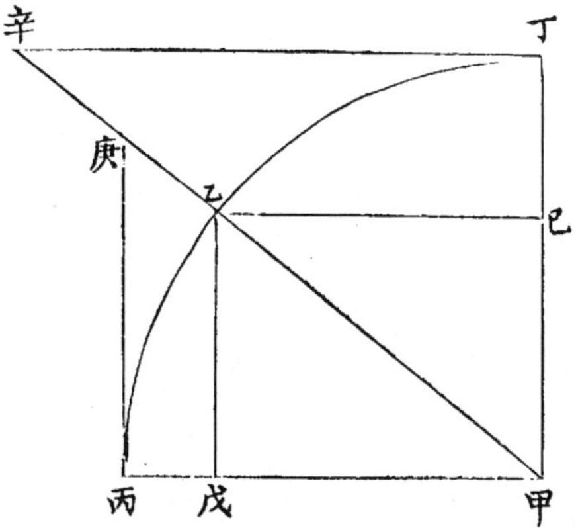

如圖。甲丙。甲乙。甲丁。皆半徑全數。乙丙爲正弧。乙丁爲餘弧。乙戊爲正弦。庚丙爲正切綫。庚甲爲正割綫。乙已爲餘弦。辛丁爲餘切綫。辛甲爲餘割綫。

甲乙全數　與　乙戊正弦

庚甲正割　與　庚丙正切

辛甲餘割　與　甲丁全數

皆如　弦　與　股

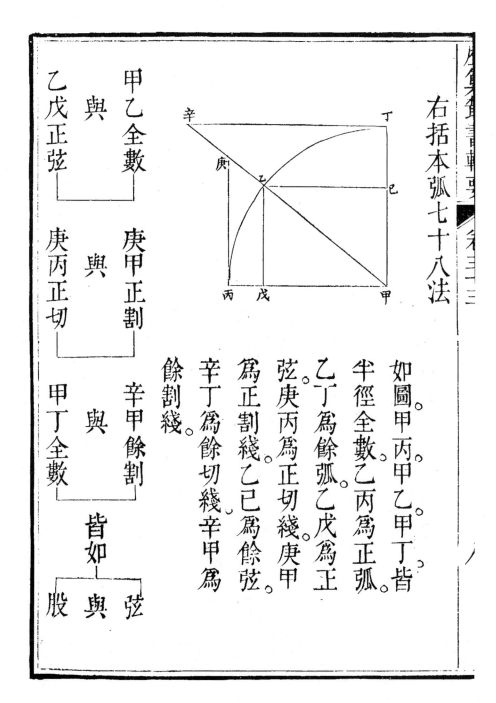

甲乙全數與乙已餘弦，辛甲餘割與辛丁餘切，庚甲正割與甲丙全數，皆如弦與句

甲丙全數與庚丙正切，甲戊餘弦與乙戊正弦，辛丁餘切與甲丁全數，皆如句與股

此皆一定比例觀圖自明

外有餘切餘弦非弦與股之比例則借第二比例更之

一　甲乙全數（即甲丁）　　辛丁餘切

二　乙已餘弦　　　　　　　乙已餘弦

三　辛甲餘割　　更之　　　辛甲餘割

四　辛丁餘切　　甲丁全數

全數與餘弦若餘割與餘切更之而餘切與餘弦若餘割與全數也餘割與全數既爲弦與股則餘切與餘弦亦如弦與股矣

正切正弦非弦與句之比例則借第一比例更之

一　甲乙全數即甲丙　　庚丙正切
二　乙戊正弦　　乙戊正弦
　　　　更之
三　庚甲正割　　庚甲正割
四　庚丙正切　　甲丙全數

全數與正弦若正割與正切更之而正切與正弦若正割與全數也正割與全數既爲弦與句則正切與正弦亦如

弦與句矣。

餘割正割非句與股之比例則仍借第一比例更之。

一　餘割辛甲　　餘割辛甲
二　全數甲丁即甲丙　　正割庚甲
三　正割庚甲　更之　全數甲丙
四　正切庚丙　　正切庚丙

餘割與全數若正割與正切更之而餘割與正割若全數與正切也全數與正切既爲句與股則餘割與正割亦如句與股矣。

互視自此而分。以前爲本弧所用。共大法三。更之則二十有四。合相當法。則七十有八。而總以三率連比例三大法爲根。

以後爲兩弧所用共大法九更之七十有二而仍以本弧之三率連比例爲根

	一	二	三	四
四法	正弦	他正弦	他餘割	餘割
更之		他餘割	他正弦	
又更	餘割	他餘割	他正弦	正弦
又更		他正弦	他餘割	
反之	他正弦	餘割	正弦	他餘割
更之		正弦	餘割	
又更	他餘割	正弦	餘割	他正弦
又更		餘割	正弦	

	一	二	三	四
五法	正弦	他餘弦	他正割	餘割
		他正割	他餘弦	
	餘割	他正割	他餘弦	正弦
		他餘弦	他正割	
	他餘弦	餘割	正弦	他正割
		正弦	餘割	
	他正割	正弦	餘割	他餘弦
		餘割	正弦	

六法	一	二	三	四
更之	正弦	他正切	他餘切	餘割
		他餘切	他正切	
又更	餘割	他餘切	他正切	正弦
又更		他正切	他餘切	
反之	他正切	餘割	正弦	他餘切
更之		正弦	餘割	
又更	他餘切	正弦	餘割	他正切
又更		餘割	正弦	

以上大法三。更之二十有四。是以本弧之正弦餘割。與他弧互視。

七法	一	二	三	四
	餘弦	他餘弦	他正割	正割
		他正割	他餘弦	
	正割	他正割	他餘弦	餘弦
		他餘弦	他正割	
	他餘弦	正割	餘弦	他正割
		餘弦	正割	
	他正割	餘弦	正割	他餘弦
		正割	餘弦	

八法	一	二	三	四
	餘弦	他正弦 他餘割	他餘割 他正弦	正割
	正割	他餘割 他正弦	他正弦 他餘割	餘弦
	他正弦	正割 餘弦	餘弦 正割	他餘割
	他餘割	餘弦 正割	正割 餘弦	他正弦

九法	一	二	三	四
	餘弦	他餘切 他正切	他正切 他餘切	正割
	正割	他正切 他餘切	他餘切 他正切	餘弦
	他餘切	正割 餘弦	餘弦 正割	他正切
	他正切	餘弦 正割	正割 餘弦	他餘切

以上大法三。更之二十有四。是以本弧之餘弦正割與他弧互視。

十法

	一	二	三	四
	正切	他正切	他餘切	餘切
更之		他餘切	他正切	
又更	餘切	他餘切	他正切	正切
又更		他正切	他餘切	
反之	他正切	餘切	正切	他餘切
更之		正切	餘切	
又更	他餘切	正切	餘切	他正切
又更		餘切	正切	

十一法

	一	二	三	四
	正切	他正弦	他餘割	餘切
更之		他餘割	他正弦	
又更	餘切	他餘割	他正弦	正切
又更		他正弦	他餘割	
反之	他正弦	餘切	正切	他餘割
更之		正切	餘切	
又更	他餘割	正切	餘切	他正弦
又更		餘切	正切	

十二法

一	二	三	四
正切	他餘弦 他正割	他正割 他餘弦	餘切
餘切	他正割 他餘弦	他餘弦 他正割	正切
他餘弦	餘切 正切	正切 餘切	他正割
他正割	正切 餘切	餘切 正切	他正弦

以上大法三。更之二十有四。是以本弧之正切餘切。與他弧互視。

此皆兩弧中互相視之率也。本弧有兩率相乘矩與全數之方等。他弧亦有兩率相乘矩與前數之方等。則此四率爲互相視之邊。互相視者。此有一率羸于彼之一率若干倍。則此之又一率必朒于彼之又一率亦若干倍。而其比例皆相等。故以此弧之兩率爲一與四。則以他弧之兩率爲二與三。

假如有角三十度。邊四十度。此兩弧也。角之正弦〇五〇〇〇與其餘割二〇〇〇〇相乘一〇〇〇〇〇〇〇〇與全數自乘等邊之正弦六四二七與其餘割一五五五七相乘一〇〇〇〇〇〇〇〇亦與全數自乘等則此四率爲互相視之邊互相視者言角之正弦五〇〇〇與邊之正弦六四二七若邊之餘割一五五五七與角之餘割二〇〇〇〇也。第四法。

又如有二邊大邊五十度小邊三十度大邊之正弦七六六〇餘割一三〇五四相乘與全數自乘等小邊之正切五七七三餘切一七三二〇相乘亦與全數自乘等則此四者互相視互相視者言大邊之正弦七六六〇與小邊之正切五七七三若小邊之餘切一七三二〇與大邊之餘割一三〇五也。第六法。

又如有兩角甲角三十度乙角五十度此亦兩弧也甲角之正切五七七三餘切一七三二〇相乘與全數自乘等乙角之正切一一九一

七。餘切〇八三九一。相乘亦與全數自乘等。則此四率爲互相視之邊互相視者言甲角之正切〇五七七三與乙角之正切一一九一七。若乙角之餘切〇八三九一。與甲角之餘切一七三二〇也。第十法。假如別有四率以五十度正弦爲第一。三十度正切爲第二。今改用三十度餘切第一。五十度餘割第二。其比例同。

兩弧相當約法括互視七十二法

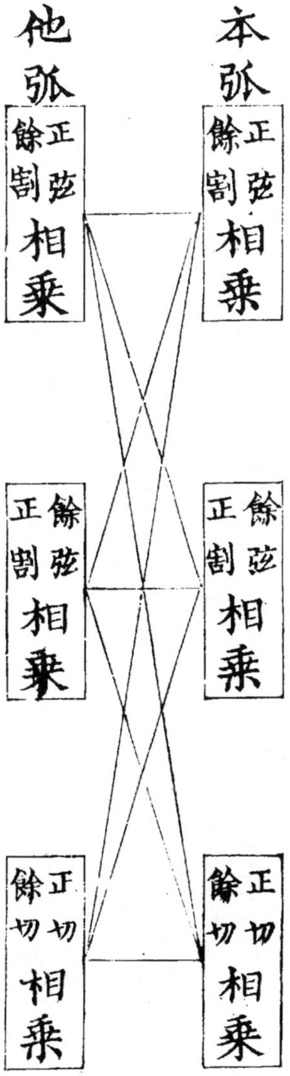

兩弧各綫相當圖一

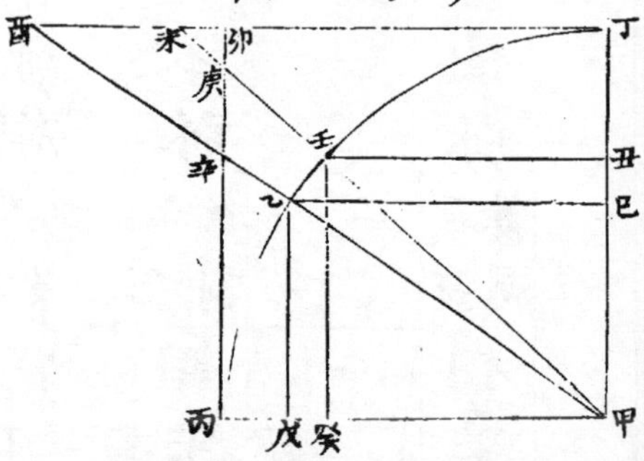

如圖。壬丙爲本弧。乙丙爲他弧。他弧小于本弧。而並在半象限以内。

本弧
正弦壬癸　餘割未甲
餘弦壬丑　正割庚甲
正切庚丙　餘切未丁

他弧
正弦乙戊　餘割酉甲
餘弦乙巳　正割辛甲
正切辛丙　餘切酉丁

論曰。甲丙甲丁皆半徑。乃本弧他弧所共也。半徑自乘之方冪爲甲丙卯丁。而本弧中以正弦乘餘割。以餘弦乘正割。以正切乘餘切。所作矩形。既各與半徑方冪等。則他弧亦然。故可以互相視而成相當之率。

圖二

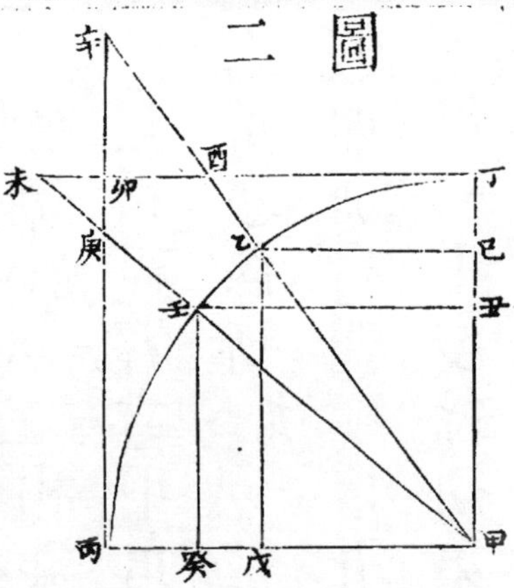

如上圖。壬丙本弧在半象限内。乙丙他弧在半象限外。亦同。

圖三

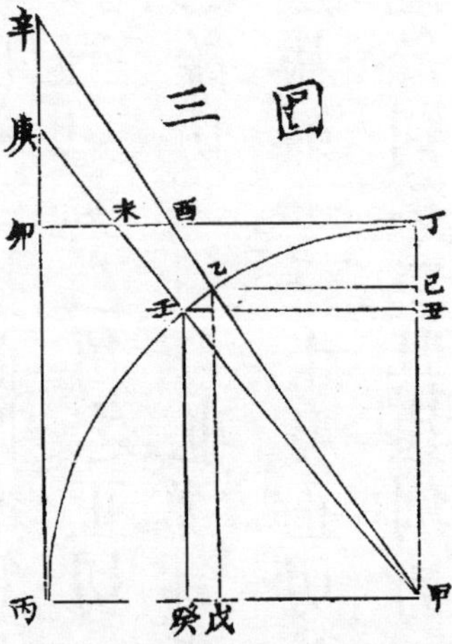

如上圖。壬丙本弧小于乙丙他弧。而並在半象限外。並同。

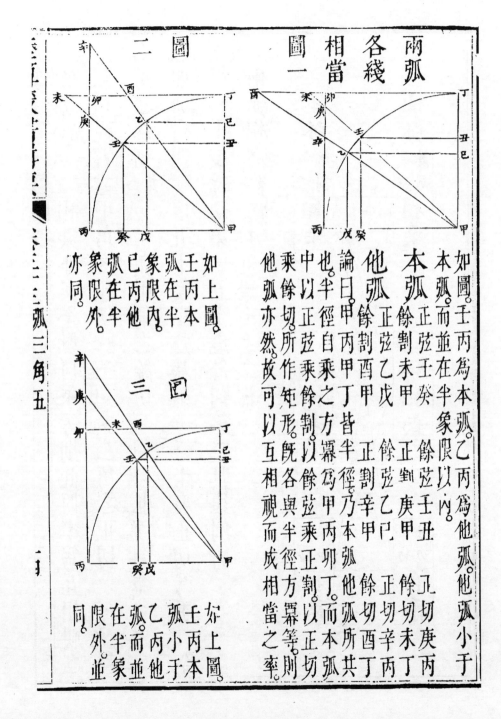

終

歷算叢書輯要卷三十四

小引

環中黍尺者所以明平儀弧角正形乃天外觀天之法而渾天之畫影也天圓而動無晷刻停而六合以內經緯歷然亘萬古而不變此卽常靜之體也人惟囿於其中不惟常動者不能得其端倪卽常靜之體所爲經緯歷然者亦無能擬諸形容惟置身天外以平觀大圜之立體則周天三百六十經緯之度擘劃分明皆能變渾體爲平面而寫諸片楮按度攷之若以頗黎水晶通明之質琢成渾象而陳之几案也又若有鏤空玲瓏之渾儀取影於燭而惟肖也故可以算法證儀亦可以量法代算可以獨喻可以衆曉平儀弧角之用斯其妙矣庚辰中秋鼎偶語

寒疾諸務屏絶展轉牀褥間斗室虚明心閒無寄秋光入戸秋夜彌長平時測算之緒來我胸臆積思所通引伸觸類乃知曆書中斜弧三角矢綫加减之圖特以推明算理故爲斜望之形其弧綫與平面相離聊足以彷彿意象啟人疑悟而不可以實度比量固不如平儀之經緯皆爲實度弧角悉歸正形可以算即可以量爲的確而簡易也病間錄枕上之所得輒成小帙然思之所引無方而筆之所追未能什一庶存大致竢同志之講求耳

康熙三十有九年重九前七日勿菴力疾書時年六十有八

環中黍尺目錄

甲數乙數法以加減代乘除

環中黍尺五　　卷之三十八

加減捷法

加減捷法補遺

加減又法解恒星曆指第四題

加減通法

環中黍尺凡例

一有垂弧及次形而斜弧可算乃若三邊求角則未有以處也。環中黍尺之法。則可以三邊求角。如有黃赤兩緯度。可求其經。可以徑求對角之邊。如有黃道經緯。可徑求赤道之緯。而取徑遙深非專書備論難諳厥故。癸書成于康熙庚辰非一時之筆。故與舉要各自爲首尾。

一測算必有圖而圖弧角者必以正形厥理斯顯。于是以測渾圜則衡縮欹衺。環應無窮。殆不翅纍黍定尺也。本書命名蓋取諸此。

一用八綫至弧度而奇。然理本平實。以八綫量弧度。至用矢而簡。然義益多通。要亦惟平儀正形與之相應。一卷之先數後數所爲直探其根以發其藏也。

一平儀以視法變渾爲平。而可算者亦可量。即視度皆實度矣。二卷之平儀論所以博其趣。而三極通幾其用法也。黍尺名書于茲益著。

一矢度之用已詳首卷。而餘弦之用亦可參觀。故又有三卷之初數次數也。初數次數本用乘除。亦可以加減代之。故有加減法以疏厥義。自三卷以後亦非一時所撰。今以類相附。而仍各爲之卷。

一四卷之甲乙數。卽初數次數之變也。而彼以乘除。此以加減。則繁簡殊矣。

一五卷之法亦加減也。而特爲省徑。故稱捷焉。用初數。不用次數。用矢度。不用餘弦。以視甲乙數。又省其半。然不可不知其變。故又有補遺之術也。

一恒星歷指之法。別成規式。而以加減法相提而論。固異名而同實。是以命之又法也。

以上環中黍尺之法。約之有六。用乘除者二。其一先數後數。其一初數次數也。用加減者四。初數次數也。甲乙數也。捷法也。又法也。本書中具此六術。然而加減捷法。其尤爲善之善者歟。

一外有不係三邊求角之正用。並可通之以加減之法者。是爲加減通法。蓋術之約者其理必精。數之確者爲用斯博。茲附數則于五卷之末。以發其例。

歷算叢書輯要卷三十四

宣城梅文鼎定九甫著
受業安溪李鍾倫世得學
孫　瑴成玉汝　重較錄
玕成肩琳
釴用和
曾孫　鈖二如　同較字
鏐繼美

環中黍尺一

總論

弧三角用平儀正形之理

作圖之法有二。一爲借象。一爲正形。以平寫渾。不得已而爲側晛遥望之形以曲狀其變然多借象而非正形兹一準平儀法度實二極于上下而從旁平視之。如置身大圜之表以觀大圜。則渾球上凸面之經緯弧角一一可寫于平面而悉爲正形于是測望之法步算之源皆不煩箋疏而解。

平儀用實度之理

斜視之圖

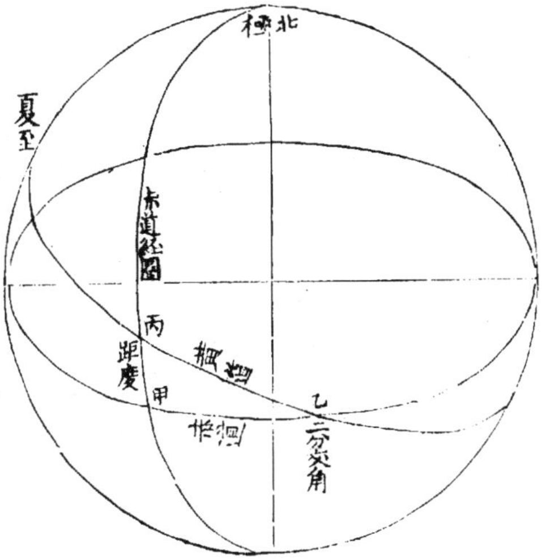

平儀正形

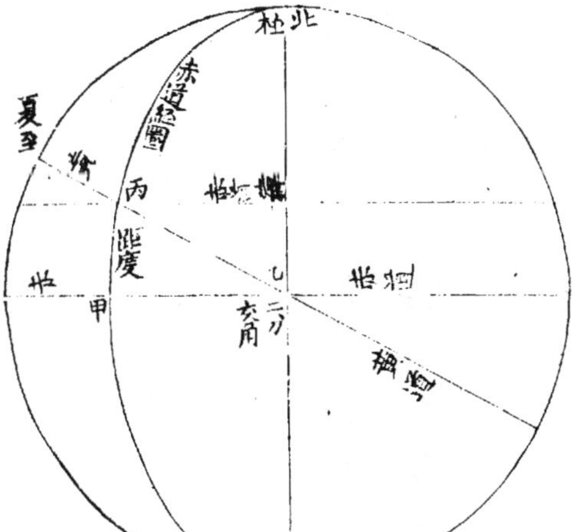

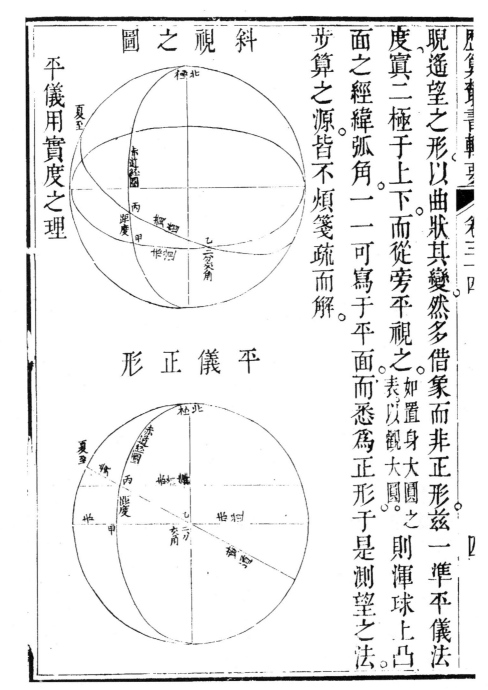

斜視之圖無實度可紀。弧角之形，聊足相擬。其實度非算不知。茲者平儀既歸正形，則度皆實度，循圖可得，即量法與算法通爲一術。以横徑查角度，以距緯查弧度。並詳二卷。

平儀用矢綫之理

八綫中有矢，他用甚稀，乃若三邊求角，則矢綫之用爲多，而又特爲簡易。信古人以弧矢測渾圓，其法不易，然亦惟平儀正形能著其理。下文詳之。

矢綫之用有二

一矢綫爲角度之限。　鈍角用大矢。　銳角用小矢。小矢即正矢也。從半徑言之爲正矢，從全徑言之爲小矢。法曰：置角度于平儀之周，則平圓全徑爲角綫所分而一爲小矢，一爲大矢。平儀横徑即渾圓之腰圍，故大矢即鈍角度，小矢即銳角度。

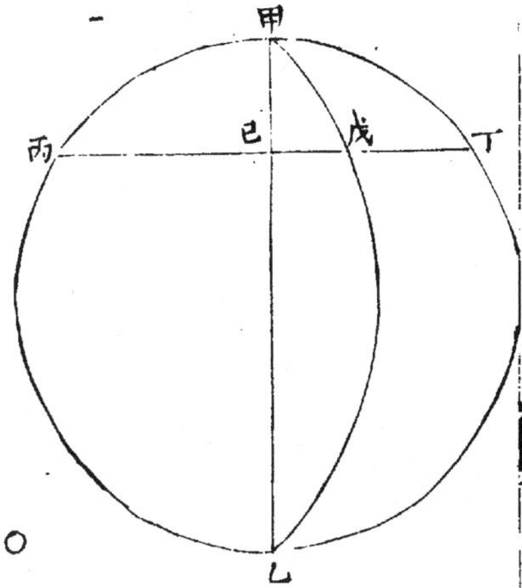

如圖渾球上甲戊甲丁甲丙三小弧與甲己同度故同用甲己爲正矢。丁乙戊乙丙乙三過弧與己乙同度故同用己乙爲大矢。

一矢較爲弧度之差。大弧用大矢（弧度過象限爲大弧故大矢亦大于半徑）小弧用小矢（弧度不及象限爲小弧故正矢小于半徑）較弧與對弧並同　法曰置較弧對弧于圓周（角旁兩弧之較爲較弧亦曰存弧對角之弧爲對弧亦曰底弧）則各有矢綫而同軸可得其差謂之兩矢較也　較弧對弧並小則爲兩正矢之較（兩弧俱象限以下故俱用正矢）較弧小對弧大爲正矢大矢之較（較弧在象限以下用正矢對弧過象限用大矢）較弧對弧並大爲兩大矢之較（兩弧俱過象限故俱用大矢）

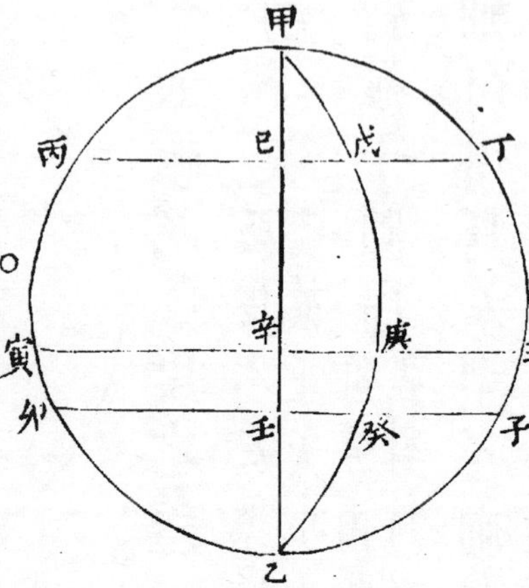

凡較弧必小于對弧，則較弧矢亦小于對弧矢，故無以較弧大矢較對弧正矢之事，法所以恒用加也。若較弧用大矢，則對弧必更大。

如圖丑乙弧之正矢辛乙，庚乙、寅乙二弧同用。子乙弧之正矢壬乙，癸乙、卯乙同用。則辛壬爲兩矢之較，即爲癸乙、寅乙兩弧度之較也。或丑乙與子乙，或庚乙與癸乙，或寅乙與卯乙並同。又如戊乙弧之大矢己乙，與丑乙弧之正矢辛乙相較，得較己辛；或子乙弧之正矢壬乙，與丙乙弧之大矢己乙相較，得較己壬，皆大矢與正矢較也。又如甲丑弧之大矢辛甲，與甲卯弧之大矢壬甲相較，得較辛壬，則兩大矢較也。

約法

凡求對角之弧，並以角之矢爲比例（鈍角用大矢，銳角用正矢。）求得兩矢較（半徑方一率。正弦矩二率。角之矢三率。兩矢較四率。）以加較弧之矢（較弧大用大矢，較弧小用正矢。）得對弧矢。加滿半徑以上爲大矢，其對弧大（過象限。）加不滿半徑爲小矢，其對弧小（不過象限。）此不論角之銳鈍、邊之同異，通爲一法。

凡三邊求角，並以兩矢較爲比例，求角之矢（半徑方一率。餘割矩二率。兩矢較三率。角之矢四率。）得數大於半徑爲大矢，其角則鈍；得數小於半徑爲正矢，其角則銳。亦不論邊之同異，通爲一法。

問：用矢用餘弦異乎？曰：矢、餘弦相待而成者也。可以矢算者，亦可用餘弦算，但加減尚須詳審。若矢，幾則一例用加，尤爲簡妙。

先數後數法

此以平儀弧角正形解渾球上斜弧三角用矢度矢較爲比例之根也。

先得數者。正弦上距等圈矢也。與角之矢相比。後得數者。兩矢較也。與較弧矢相加。

設丙乙丁斜三角形　有乙鋭角。　有丙乙弧小于象限。丁乙弧大于象限。是爲角旁之兩弧不同類。　求丁丙爲對角之弧。　用較弧角旁兩弧相減及對弧兩正矢之較爲加差。

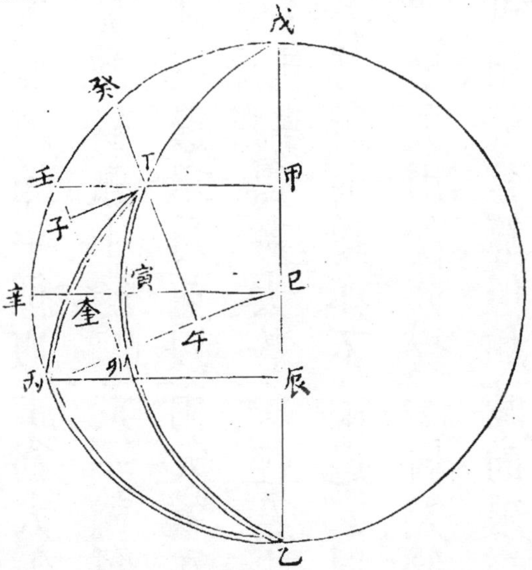

法以大小兩邊各引長之滿半周遇于戊。作戊甲乙圜徑。　又于圜徑折半處。巳命爲渾圜心。　又自巳心作横半徑。如巳寅辛則寅辛即乙角之弧。亦即爲乙角之矢。平視之爲矢度。實即角度之弧蹟縮而成。而寅巳即乙角之餘弧。亦即爲乙角餘弦。因視法。能令餘弧蹟縮成餘弦。　又自丁作横半徑已辛之平行綫。如壬丁甲此平行綫即乙丁大邊之正弦。因平視故乙丁小于乙壬。其實乙丁弧之度與乙壬同大。今壬甲既爲戊壬及乙壬之正弦。亦即爲乙丁之正弦矣。而此正弦壬甲。又即爲距等圈之半徑也。想戊己乙爲半渾圜之中剖圜面側立形。乃自壬丁甲橫切之。則壬甲爲其橫切之半徑。則其丁壬分綫。亦爲距等圈上丁壬弧之矢綫矣。有距等圈半徑。即有其弧。而此大小兩矢綫各與其半徑之比例皆等。已辛大圜之半徑大。故寅辛矢亦大。甲壬距等圈之半徑小。故壬丁矢亦小。然其度皆乙角。故比例一也。距等雖用戊角。而戊角即乙角。有兩弧綫限之故也。法爲已辛與甲壬。若寅辛與壬丁。

次從丙向已心作丙已半徑。此綫爲加減之主綫。以較弧對弧。俱用爲半徑。而生矢度。又從壬作壬卯爲壬丙較弧之正弦。壬乙既同丁乙。則丁乙弧之大于丙乙。其較爲壬丙。又從丁作癸丁午綫。爲丁丙對弧之正弦。因平視故丁丙弧小于癸丙。其實丁丙弧與癸丙同大。癸午既爲癸丙正弦。亦即丁丙之正弦矣。因兩正弦平行又同抵已丙半徑爲十字正方角，故比例生焉，此立算之根本。又從丁作丁子線與午卯平行而等，以有對弧較弧兩正弦爲之限也。成壬丁子句股形。又從丙作丙辰綫爲乙丙小邊之正弦，成巳丙辰句股形。此大小兩句股形相似，巳丙辰與卯巳奎小形相似，則亦與壬丁子形相似，等角等勢故也。

法爲丙巳與辰丙若壬丁與丁子

省算法用合理。因上兩四率內各有先得數，而一爲三率，一爲四率，故對去不用。

一	半徑巳辛
二	大弧弦壬甲
三	乙角矢寅辛
四	先得數壬丁

數同省乘

一	半徑丙巳
二	小弧弦辰丙
三	先得數壬丁
四	後得數丁子

合之

一	半徑上方（卽兩首率相乘。）
二	兩正弦矩（兩二率相乘。）
三	乙角矢寅辛（先得數對去不乘，故俱用本數。）
四	後得數丁子（卽較弧對弧兩矢之較午卯。）

乃以後得數爲矢較，加較弧矢（卯丙也。以午卯加）成對弧矢（午丙），末以對

弧矢午丙減半徑已丙成對弧餘弦午已撿表得對弧丁丙之度。

又法以後得數減較弧餘弦。以午卯減卯已成對弧餘弦午已撿表得對弧丙丁度。亦同。兩正矢之較。即兩餘弦較也。故加之得矢者。減之即得餘弦。

若先有三邊而求乙鈍角則反用其率。因前四率反之。以首率為次率三率為四率。

一	半徑上方
二	兩正弦矩
三	乙角矢寅辛
四	兩矢較午卯

一	兩正弦矩
二	半徑上方
三	兩矢較卯午
四	乙角矢寅辛

半徑上方　兩餘割綫相乘矩

以乙角矢寅辛減半徑辛已得餘弦寅已撿表得乙角之度。

右鈍角以二邊求對邊及三邊求角並以兩矢較為加差。以差加較弧矢。得對弧矢。三邊求角則為三率。亦為兩餘弦較。依又法。以差減較弧餘弦爲對弧餘弦。三邊求角則兩餘弧相減爲三率。角旁弧異類對邊小。

設亥乙丁斜弧三角形。有乙鈍角。有亥乙小弧丁乙大弧。

求亥丁。對角弧。用較弧正矢與對弧大矢之較爲加差。

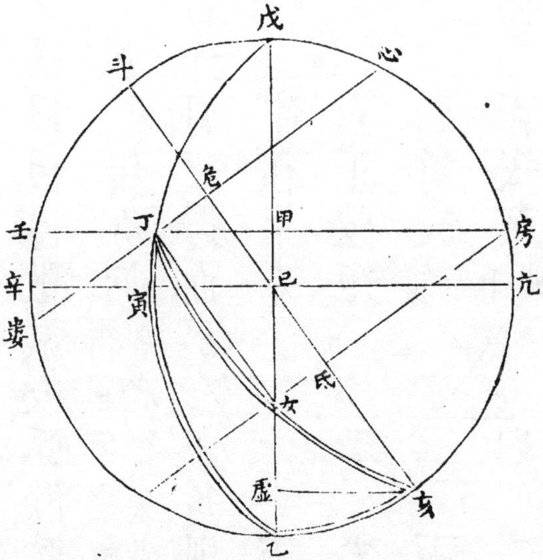

戊乙徑。爲取角度之根。亢寅角度及房甲與亥虛兩正弦。皆依之以立。大矢即鈍角之弧度。小矢即銳角之弧度。亥斗徑爲加減之根。房氐及危心兩正弦。依之以立。有兩正弦。即有兩餘弦及大小矢。而加減之用生焉。

法以大小兩邊各引長之滿半周。遇于戊。又依小邊半周。乙亥戊補其餘半周乙戊辛成全圓。又從戊至乙作圓徑。又作亢辛橫徑。兩徑相交于巳即圓心。則寅辛為乙角之小矢而寅亢為乙角之大矢。寅巳亢即乙鈍角之弧度。平視之成大矢。若自寅點作直綫與戊乙平行。取距戊乙之度加象限即角度。又從丁作房丁壬橫綫與亢辛橫徑平行。此綫即丁乙大邊正弦之倍數。房丁壬與亢辛平行。則房乙即丁乙也。因平視故丁乙小于房乙耳。而房甲既為房乙之正弦。亦即丁乙正弦也。房甲既為正弦。房壬則倍正弦矣。倍正弦即通弦。而此房壬倍正弦又即為距等圈之全徑。想全體渾圓從壬丁房橫切之。成距等圈。而房壬其全徑。則房丁分綫亦即為距等圈上丁甲房弧之大矢。有距等圈全徑。即有其全圜。而房甲丁其切弧。而此兩大矢綫各與其全徑之比例皆等。亢辛全徑大。故寅亢大矢亦大。房壬距等圈之全徑小。故房丁大矢亦小。然其度皆乙角之度。在乙丁戊及乙房戊兩弧線之中。故各與其全圜之比例等。而其大矢亦各與其全徑之比例等。即各與其半徑之比例亦等。若以甲爲心。壬爲界。作半圓于房壬綫上。則距等之弧度見矣。法爲亢辛全徑與房壬距等全徑即倍正弦。若寅亢鈍角大矢與房丁先得數。亦距等大矢。而亢巳半徑與房甲乙丁正弦。亦距等半徑。亦若寅亢與房丁。

次從亥過巳心作亥巳斗全徑爲加減主綫。較弧對弧之弦。俱過此全徑。而生大小矢。又從房作房氐綫爲房亥較弧之正弦。准前論。房乙同丁乙。則丁乙之大于亥乙。其較房亥。又從丁作心丁婁綫與房氐正弦平行而交亥斗徑于危。如十字。則此綫爲亥丁對弧之倍正弦。因視法。心亥弧大于亥丁。其實即亥丁也。亥丁爲平視蹐縮之形。心亥爲正形。而心危者心亥弧之正弦也。是即亥丁弧之正弦。而心丁婁其倍弦矣。又從丁作丁女綫與斗亥徑平行。亦引房氐較弧之正弦爲通弦。而與丁女綫遇于女。成丁女房句股形。　又從亥作亥虛綫與亢辛橫徑及大邊之正弦房甲俱平行。成亥虛巳句股形。　此大小兩句股形相似。亥巳即徑綫。與丁女平行。亥虛與房甲丁平行。則大形之丁角與小形之亥角等。而女與虛並正角。則為等角而相似。法為巳亥半徑。與亥虛小邊正弦。若房丁先得數。即距等大矢。與丁女。後得數。亦即氐危。為較弧正矢氐亥及對弧大矢危亥之較。

乃以省算法平之

一	亢巳半徑
二	房甲大邊正弦
三	寅亢鈍角大矢
四	房丁先得數

數同省乘

一	巳亥半徑
二	亥虛小邊正弦
三	房丁先得數
四	丁女後得數即氐危

合之	
一	半徑自乘方
二	正弦相乘矩
三	鈍角大矢
四	後得數即較弧正矢與對弧大矢之較

乃以後得數加較弧正矢。以氐危加氐亥。成危亥。為對弧大矢內減半徑。得對弧餘弦。檢表得度。以減半周。為對弧之度。

又法。于後得數內減去較弧餘弦。成對弧餘弦。于氐危內減氐巳。其餘危巳。即對弧餘弦。乃以餘弦檢表得度。以減半周。爲對弧之度。大矢與小矢之較。即兩餘弦倂也。內減去一餘弦。即得一餘弦矣。觀圖自明。前用鋭角是于較弧餘弦內減得數爲對弧餘弦。此用鈍角是于得數內減較弧餘弦爲對弧餘弦。

若有三邊而求角度者。則反用其率法。爲兩正弦矩與半徑。若兩餘弦并氏危即較弧正矢與對弧大矢之較。與鈍角大矢寅亢。乃于所得大矢內減去半徑成餘弦。以餘弦檢表得度。用減半周。爲鈍角之度。

右鈍角求對邊。及三邊求鈍角。並用兩矢之較爲加差。以差加較弧正矢。得對弧大矢。又爲三邊求角之三率。得對弧餘弦。三邊求角即并兩餘弦爲三率。對弧大亦爲兩餘弦并。依又法。減較弧餘弦。其鈍角旁兩弧異類。對弧大

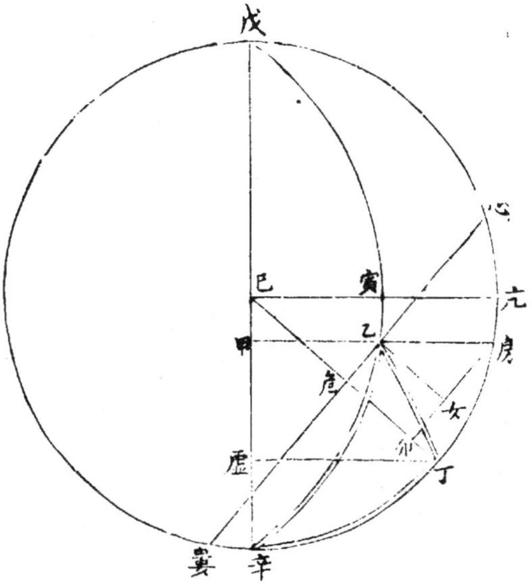

設丁辛乙斜弧三角形。有辛丁邊。五十度一十分。丁乙對角邊。十六度。辛乙邊。八十度。三邊並小。求辛銳角。

法先為戊亢辛全員。作戊辛員徑。又作亢巳橫員徑。兩徑十字相交于巳心。此綫上有角度。次于戊辛徑左右任取自辛數至丁如所設角旁小邊五十度一十分之數截丁辛為小邊。又從丁過巳作徑綫。此綫上有加減度。為較弧對角弧兩正弦所依。仍自辛過丁數至房如所設大邊八十度之數截房丁為大小兩邊之較弧。又自丁過房數至心如所

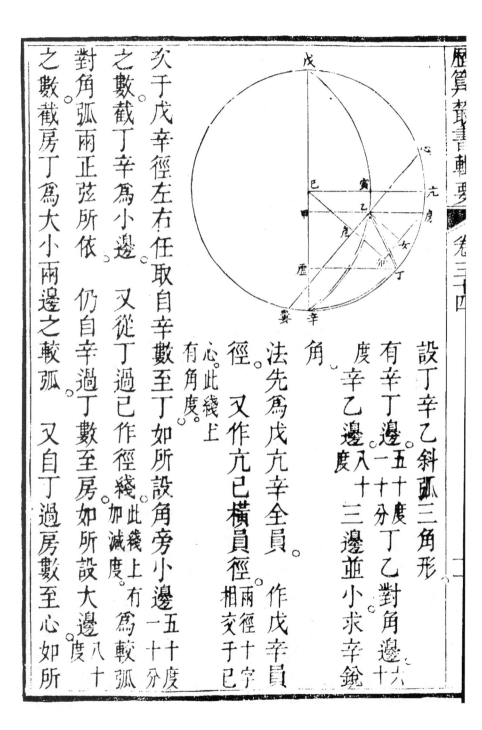

設對邊六十度之數截心丁與乙丁等。仍自丁過辛截婁丁度如心丁。乃作婁心直綫聯之為心丁對弧之倍正弦。又從房作房甲橫綫與亢巳橫徑平行此為乙辛大邊之正弦。因視法。房辛即乙辛。詳後。次視婁心倍弦與房甲正弦兩綫相遇于乙命為斜弧形之角。乃從乙角向辛作乙辛弧與房辛同大。此弧亦八十度。是所設角旁之大邊。理在平儀視法。房辛是真度。乙辛是視凸為平蹟縮之形。想平儀原係渾體。從房乙甲橫切之。則自房至甲為距等圈之九十度。從此綫上度度作弧至辛極並八十度。不惟乙辛與房辛同大。即甲辛亦與房辛同大也。他倣此。又從乙向丁作乙丁弧與心丁同大。此弧亦六十度。是所設對角之邊。切渾員以心婁距等圈。而以丁為極。則危丁亦六十度。與心丁同大矣。乙丁同大。不言可知。遂成乙辛丁斜弧三角在球上之形與所設等。又從乙引乙辛弧綫至戊成辛乙戊半周側立形。此綫截亢巳半徑于寅。則亢寅為辛角矢度。

而寅巳其餘弦　次從丁作丁虛橫綫與房甲正弦平行是爲辛丁小邊之正弦。又從房作房卯綫與心危婁平行則此綫爲房丁較弧之正弦。其心危則乙丁對弧之正弦。又從乙作乙女綫與卯危平行而等。綫在兩正弦平行綫之中。而亦平行。不得不等。是爲較弧與對弧兩正矢之較。房卯爲較弧正弦。則卯巳爲餘弦。而卯丁其矢。又心危爲對弧正弦。則危巳爲餘弦。而危丁其矢。此兩正矢之較爲危卯。而乙女與之等。則乙女亦兩矢之較矣。

法曰巳丁虛句股形與房乙女句股形相似。房乙與丁虛平行。乙女與巳丁平行。則所作之大形丁角小形乙角必等。而大形之虛。小形之女。並正角。則兩形相似。故丁虛小邊正弦與丁巳半徑若乙女即卯危較弧餘弦與對弧餘弦之較。與乙房數。先得

又房甲正弦之分爲乙房猶亢巳之分爲寅亢其全與分之比例皆相似。從房甲綫切渾員。成距等圈。而房甲爲其半徑。猶渾員之有亢巳爲半徑也。兩半徑同爲戊寅辛弧綫所

分。則乙房為距等圈半徑之矢度。猶寅亢為大員半徑之矢度也。其比例俱相似。故房甲大邊正弦。即距等圈半徑。與亢巳大員之半徑。若乙房先得數。即距等圈之矢。與寅亢後得數。即角之矢綫。

以省算法平之。即異乘同乘異除同除。

一 小邊正弦丁虛	一 大邊正弦房甲	合	一 兩正弦相乘矩
二 半徑丁巳	二 半徑亢巳		二 兩半徑自乘方
三 兩矢較乙女	三 先得數乙房	之	三 兩矢較乙女
四 先得數乙房（數同省用）	四 辛角之矢寅亢		四 辛角之矢寅亢

半徑方　兩餘割相乘矩

大邊八十度　一〇一五四三

小邊五十度一十分　餘割一三〇二二三　相乘一三二二三二三四〇八九

較弧二十九度五十分　餘弦八六七四八　正矢一三二五二

對弧六十度　餘弦五〇〇〇〇〇　正矢五〇〇〇〇　其較三六七四八

一半徑方一〇〇〇〇〇〇〇〇〇〇

二餘割矩一三二二三二三四〇八九

三兩矢較　三六七四八

四銳角矢　四八五九二

首率除。宜去十尾位。先于二率去五位。故得數只去五位。即如共去十位也。

用減半徑。得辛角餘弦五一四〇八。

檢表得五十九度四分。為辛角之度。此與曆書所算五十八度五十三分。只差十一分。

又法徑求餘弦。法曰房甲之分為乙房。而其餘乙甲猶亢巳之分為亢寅。而其餘寅巳也。故其全與分餘之比例亦相似。法為房甲正弦與亢巳半徑。若乙甲正弦分綫之餘與寅巳半徑截矢之餘。即角之餘弦。

準前論小邊之正弦虛丁句與半徑丁巳弦若較弧對弧兩矢之較乙女小句與大邊正弦之分綫乙房小弦也。先求乙房為先得數以轉減大邊正弦房甲。得分餘綫乙甲。

一　小邊五十度一〇正弦　丁虚　七六七九一

二　半徑　丁巳一〇〇〇〇〇

三　較弧卅九度五〇對弧六十度〇〇兩正矢較乙女　三六七四八

四　先得數大邊正弦之分綫　乙房　四七八五四

以先得數減大邊八十度正弦房甲　九八四八一

得大邊正弦內乙房分綫之餘乙甲　五〇六二七

末以分餘綫爲三率

一　大邊正弦　房甲　九八四四一

二　半徑　亢巳一〇〇〇〇〇

三　分餘綫　乙甲　五〇六二七

四　角之餘弦　寅巳　五一四〇七檢表得五十九度〇四分。與先算合。

設角之一邊適足九十度。一邊大。用鋭角。餘角一鈍一鋭。

法爲半徑與大邊之正弦若角之矢與兩矢較也亦若角之餘弦與對弧之餘弦。

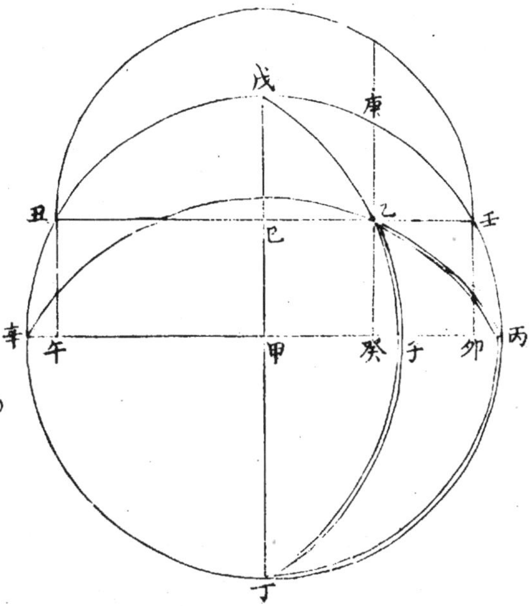

乙丁丙斜三角形。丙丁邊適足九十度。乙丁邊大于九十度。丁鋭角。求對邊丙乙

法先作平圓分十字從丁數丁壬及丁丑並如乙丁度作距等綫聯之。壬丑 又于壬丑綫上取乙點。法以壬己爲度。己爲心作半圓。分匀度。而自壬取角度。得乙點。作庚乙癸直綫爲對弧之正弦。又取壬丙爲較弧作壬

卯正弦較弧之矢卯丙對弧之矢癸丙其較卯癸與壬乙等壬己正弦又即距等圈半徑而爲丁乙戊弧所分則壬乙如矢乙巳如餘弦與角之丙子矢子甲餘弦同比例

一　半徑丙甲　　一　半徑丙甲

二　大邊正弦壬己　　二　大邊正弦壬己

三　角之矢子丙　　三　角之餘弦子甲

四　兩矢較壬乙即卯癸　　四　對弧餘弦乙巳即甲癸

若丁爲鈍角　用大矢

法爲半徑與大邊之正弦若角之大矢與兩矢較也亦若鈍角之餘弦與對弧之餘弦

借前圖作乙辛爲對角之弧成乙丁辛三角形三角俱鈍作丑午爲

較弧丑辛正弦。以丑丁同乙丁故。其庚癸為對弧乙辛之正弦。以庚辛即乙辛故。較弧之正矢午辛。對弧之大矢癸辛。其較癸午與丑乙等。依前論壬乙為距等圈小矢。則乙丑為大矢壬丑為距等圈全徑。與其大矢乙丑之比。例若丙辛全徑與鈍角之大矢子辛。則已丑為距等半徑。與其大矢丑乙。亦若甲辛半徑與鈍角之大矢子辛也。而丑已原為乙丁大邊之正弦。丑乙原與癸午等。故法為半徑甲辛與鈍角之大矢子辛若大邊之正弦已丑與兩矢較丑乙或癸午也

一　半徑甲辛
二　大邊正弦丑已
三　鈍角大矢子辛
四　兩矢較癸午

一　半徑甲辛
二　大邊正弦丑已
三　鈍角餘弦子甲
四　對邊餘弦乙已

用餘弦入表得度以減半周得對邊之度

一系　距等圈上弧度所分之矢與餘弦與大矢與其半徑或全徑並與大圈上諸數比例俱等

又按前法亦可以算一邊小于象限之三角

於前圖取乙戊丙斜弧三角形用戊銳角（餘角一鈍一銳）有丙戊大邊足九十度有乙戊邊小于九十度　求對戊角之乙丙邊

法從乙點作壬巳線爲小邊乙戊之正弦（以壬戊即乙戊故）　又取壬丙爲較弧作壬卯爲其正弦　又從乙點作庚癸爲對弧乙丙之正弦（以庚丙即乙丙故）　于是較弧之矢爲卯丙　對弧之矢爲癸丙而得兩矢之較爲癸卯　則又引戊乙小邊之弧過半徑于子而合大圈于丁分子丙爲戊角之矢子甲爲角之餘弦

法曰丙甲（半徑）與壬巳（小邊弦）若子丙（戊角之矢）與乙壬（兩矢較）也得乙壬

即得癸卯。

捷法。不用較弧。但作壬巳爲小弧乙戊之正弦。作庚癸爲乙丙對弧之正弦。其餘弦癸甲。　又引小邊戊乙分半徑于子。得子甲爲戊角之餘弦。

法曰。丙甲半徑與壬巳小邊正弦。若子甲戊角餘弦與乙巳對邊餘弦。得乙巳。得癸甲矣。

又于前圖。取辛戊乙三角形。用戊鈍角餘角並銳有戊辛大邊九十度。有戊乙邊小于九十度。　求對戊鈍角之辛乙邊。

用捷法。　于乙點作壬丑爲乙戊小邊之通弦。　作庚癸爲乙辛對弧之正弦。　其餘弦甲癸。　又引戊乙小邊割丙辛全徑於子。分子辛爲鈍角大矢。子甲爲鈍角餘弦。

法爲甲辛與丑已若子甲與乙已得乙已卽得癸甲

若先有三邊而求角則反用其率法爲小邊正弦與半徑若對邊餘弦與角之餘弦。

一系凡斜弧三角形有一邊足九十度其餘一邊不拘小大通爲一法皆以半徑與正弦若角之矢與兩矢較也亦若角之餘弦與對邊之餘弦

若置大小邊于員周其算亦同

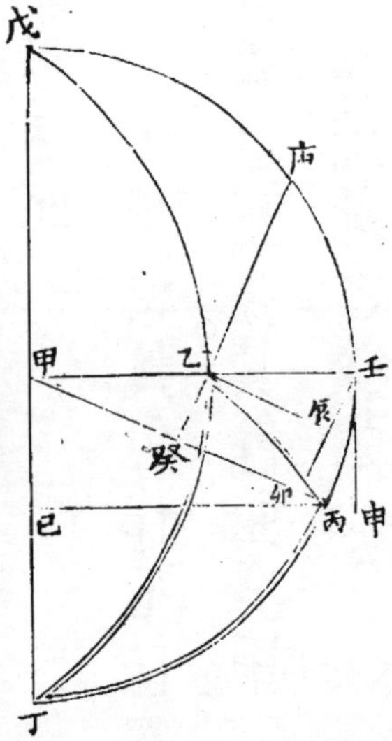

乙丁丙斜弧三角形乙丁邊適足九十度丁丙邊小于九十度有丁鋭角求對邊丙乙

法于平員邊取丙丁度作丙已爲小邊之正弦　又自丙作丙甲過心綫　又作壬卯綫爲丙壬較弧之正弦　又作庚乙癸綫爲對弧

乙丙之正弦（庚丙即乙丙故）乙壬為丁角之矢　乙甲為丁角之餘弦　癸丙為對弧之矢　癸甲為餘弦　卯丙為較弧之矢　卯甲為餘弦　對弧較弧兩矢之較卯癸（亦即乙辰）

法曰甲丙巳壬乙辰乙甲癸三句股相似故甲丙（半徑）與丙巳（小邊正弦）若壬乙（角之矢）與乙辰（兩矢較）亦若乙甲（角之餘弦）與甲癸（對弧餘弦）

三邊求角法為半徑（壬甲即甲丙）與小邊餘割（申甲）若對弧餘弦（癸甲）與角之餘弦（乙甲）

又于前圖取乙戊丙三角形　用戊鋭角（餘角一鈍一鋭）　有乙戊邊九十度　有戊丙大邊　求對戊角之丙乙邊

用捷法自丙作丙巳為丙戊大邊之正弦即從丙作丙甲半徑乃于乙點作庚癸為丙乙對弧之正弦其餘弦癸甲而戊乙弧

原分乙甲爲戊角之餘弦。

法曰甲丙巳句股與乙甲癸相似。故甲丙半徑與丙巳大邊之弦。若乙甲角之餘弦與甲癸對邊餘弦。

若丁爲鈍角餘角並銳。用大矢。

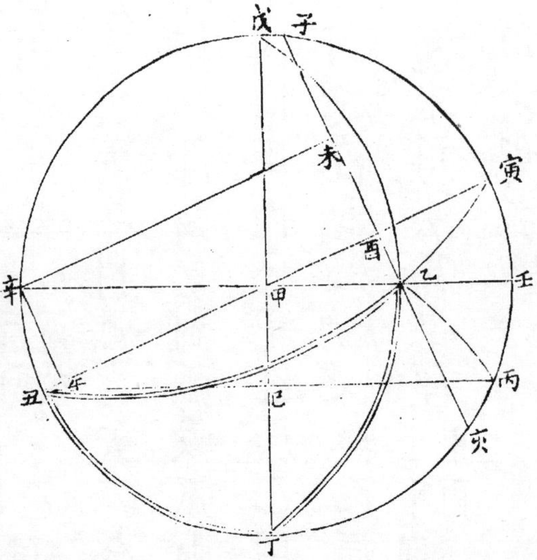

如上圖。作丑乙爲對角之弧。成丑丁乙三角。丁爲鈍角作丑甲寅徑。又作辛丑較弧之正弦辛午。以辛丁同丁乙故。作丑乙對弧之正弦子酉引過乙至亥成通弦。又作辛未綫與酉午平行而等。較弧之正矢午丑。對弧之大矢酉丑相較

得酉午亦即未辛乙辛爲丁鈍角大矢　乙甲爲鈍角餘弦

法曰甲丑巳乙辛未乙甲酉三句股相似故甲丑半徑與丑巳小邊正弦若乙辛角大矢與未辛兩矢較亦若乙甲角之餘弦與甲酉對弧餘弦

又于前圖取乙戊丑形　用戊鈍角三角俱鈍有乙戊邊九十度

有丑戊大邊　求對鈍角之丑乙邊

用捷法自丑作丑巳爲丑戊大邊之正弦又自丑作丑甲寅全徑又自乙作亥酉爲對邊丑乙之正弦以亥丑即乙丑故其餘弦酉甲

而乙甲原爲戊鈍角之餘弦

法曰甲丑巳句股形與乙甲酉相似故甲丑半徑與丑巳大邊正弦

若乙甲鈍角餘弦與甲酉對邊餘弦

又設丙乙丁三角形　乙爲銳角餘一鈍一銳

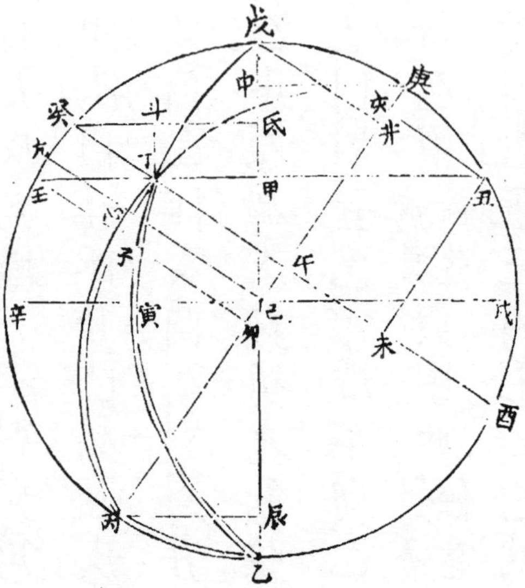

乙丙邊小。丁乙邊大。對弧丁丙大于象限。較弧壬丙小于象限。所得爲對弧大矢與較弧小矢之較。其正弦比例仍用小矢以乙鋭角故。

一	半徑己辛
二	大邊弦甲壬
三	角之矢寅辛
四	先得數丁壬

一	半徑己丙
二	小邊弦辰丙
三	先得數丁壬
四	兩餘弦并丁子

合之

一	半徑方
二	正弦矩
三	角之矢寅辛
四	兩餘弦并丁子即午卯

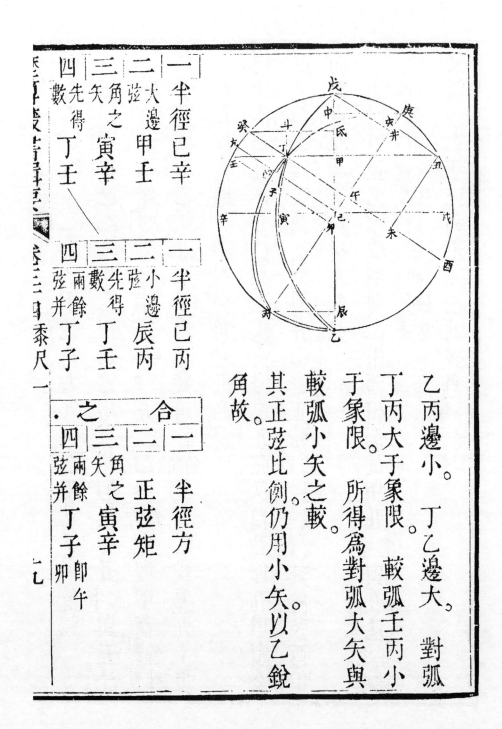

兩餘弦并即大矢與小矢之較也。

法以得數午卯加較弧之正矢卯丙戌午丙爲對弧之大矢午丙內減去半徑巳丙得午巳餘弦乃以餘弦檢表得度以減半周得對弧丁丙之度。

若于得數內減較弧餘弦卯巳亦即得午巳餘弦餘如上。

又于前圖取丁乙庚三角形。乙爲鈍角三角俱鈍。角旁兩邊俱大于象限惟對邊小故用兩正矢較其正弦比例仍用大矢以鈍角故。乙丁弧之通弦丑壬爲乙丁弧所割戌丑丁亦割其戌辛全徑于寅戌寅戌爲鈍角大矢而比例等。又丑庚爲較弧其正弦丑亥其矢亥庚。對弧庚丁之通弦酉癸其矢午庚兩矢之較爲亥午。

一　半徑己戊
二　丁乙正弦甲丑
三　角大矢戊寅
四　先得數丑丁

一　半徑己庚弦
二　庚乙正弦申庚句　合
三　先得數丑丁弦
四　兩矢較丑未句　之

一　半徑方
二　正弦矩
三　角大矢戊寅
四　兩矢較丑未即亥午

仍于前圖取丁戊庚三角形　戊鈍角餘並銳。三邊俱小于象限。戊丁弧之通弦丑壬正弦甲壬。又引戊丁弧過全徑于寅會于乙。則寅戊爲戊鈍角之大矢。亦割丑壬通弦于丁。則丑丁與通弦若寅戊大矢與全徑也。又戊庚弧之正弦庚申爲句。則已庚半徑爲其弦。其比例若丑未爲句而丑丁爲弦也。又丑庚爲較弧。其正弦丑亥。其餘弦亥已。其矢亥庚。對弧庚丁之通弦酉癸。正弦癸午。餘弦午已。其矢午庚。兩矢之較爲亥午。對弧小。故用兩小矢之較。戊鈍角。故以角之大矢爲比例。並同上條。

一	半徑　戊己
二	丁戊正弦　丑甲
三	角大矢　戊寅
四	先得數　丑丁

一	半徑　庚己　弦
二	戊庚正弦　庚申　句
三	先得數　丑丁　弦
四	兩矢較　未丑　句

合之

一	半徑方
二	正弦矩
三	角大矢　戊寅
四	兩矢較　未丑　即亥午

兩法並用鈍角。其度同。所求之庚丁弧又同。故其法並同。即此可明三角之理。

仍于前圖取丁丙戊三角形。　有丁丙及戊丙二大邊。　有丙鈍角。餘一鈍一鋭。　求丁戊對邊。　法引丁丙及戊丙二弧會于庚。作庚丙徑。　作巳亢及巳戊兩半徑。　作癸午爲丁丙邊正弦。而丁丙弧割癸午正弦于丁。亦割亢巳半徑于心。則亢巳之分爲心亢猶癸午之分癸丁也。又作戊井爲戊丙弧之正弦成戊己井句股形。又從丁作壬甲爲對弧戊丁之正弦其矢甲戊。又取癸戊爲較弧以癸丙同丁丙故。作癸氐爲較弧正弦其矢氐戊兩矢之較爲氐甲。又從丁作斗丁與氐甲平行而等成丁斗癸小句股形與戊己井形相似則己戊弦與井戊句若癸丁弦與斗丁句也。此因對弧小故所得爲小矢之較。而用丙鈍角故只用角之正矢爲比例。又此因用丙角求戊丁邊故另爲比例若用戊角求丁丙弧則與第一條之法同矣。

一	半徑己亢
二	丁丙正弦 午癸
三	角之矢 心亢
四	先得數 丁癸

一	半徑己戊 弦
二	戊丙正弦 井戊 句
三	先得數 丁癸 弦
四	兩矢較 斗丁 句

合之

一	半徑方
二	正弦矩
三	角之矢 心亢
四	兩矢較 斗丁 卽甲氐

以甲氐加較弧之矢氐戊成甲戊爲對弧之矢如法取其度得丁戊。

右例以一圖而成四種三角形皆可以入算而諸綫錯綜有條不紊可見理之真者如取影于燈宛折惟肖也。又丁丙戊三角形。亦可以戊角立算餘三角並然。丁乙丙形。可用丙角。庚戊丁形。庚乙丁形。俱可用庚角。

論曰先得數何以能爲句股比例也曰先得數即距等圈徑之分綫也其勢既與全徑平行又其綫爲弧綫所分其分之一端必與對弧相會蓋對弧亦從此分也。其又一端必與較弧相會是此分綫恒在較弧對弧兩正弦平行綫之中斜交兩綫作角而爲弦則兩正弦距綫必爲此綫之句矣而兩矢之較即從兩正弦之距而生故不論大矢小矢其義一也。

然則正弦上所作句股何以能與先得數之句股相似邪曰兩全徑相交于圓心則成角各正弦又皆爲各全徑之十字横綫則其相交亦必成角而横綫所作之角必與其徑綫輳心之角等角等則比例等矣　大邊小邊之正弦皆全徑之十字横綫也較弧對弧之正弦皆又一全徑之十字横綫也此兩十字之各綫相交而成種種句股其角皆等

一係　凡三角形以一邊就全圓則此一邊之兩端皆可作綫過心爲全圓之徑而一爲主綫一爲加減綫皆視其所用之角

凡所用角在徑綫之端則此徑爲主綫餘一徑爲加減綫

凡用鋭角則主綫在形外用鈍角則主綫在形内

凡角旁兩弧綫引長之各成半周必復相會而作角其角必與原角等

凡主綫皆連于所用角之鋭端或在形内或在形外並同其引長之對角亦必連于主綫之又一端也若主綫在形内破鈍角端者其引長之鈍角亦然

一係　凡兩徑綫必與兩弧相應如角旁弧引長成半周其首尾皆至主綫之端是主綫即爲此弧之徑也如對角弧引長成半周首尾皆至加減綫之端是加減綫即爲對弧之徑也主綫既爲引長角旁一弧之徑又原爲全圓之徑而角旁又一弧之引長綫即全圓也故角旁兩弧皆以主綫爲之徑

加減綫既爲對弧之徑而較弧在圓周其端亦與加減綫相

連又加減綫原爲全圓徑故較弧對弧皆以加減綫爲徑

一係凡全徑必有其十字過心之横徑而正弦皆與之平行

皆以十字交于全徑引之即成通弦

主綫既爲角旁兩弧之徑故角旁兩弧之正弦通弦皆以十字交于主綫之上而其餘弦其矢皆在主綫

加減綫既爲對弧較弧之徑故對弧較弧之正弦皆以十字交于加減綫而其餘弦其矢皆在加減綫

一係凡角旁之弧引長之必過横徑分爲角之矢角之餘弦

若鈍角則分大矢

角旁引長之弧過横徑者亦過正弦通弦故其全與分之比例皆與角之大小矢及餘弦之比例等

終

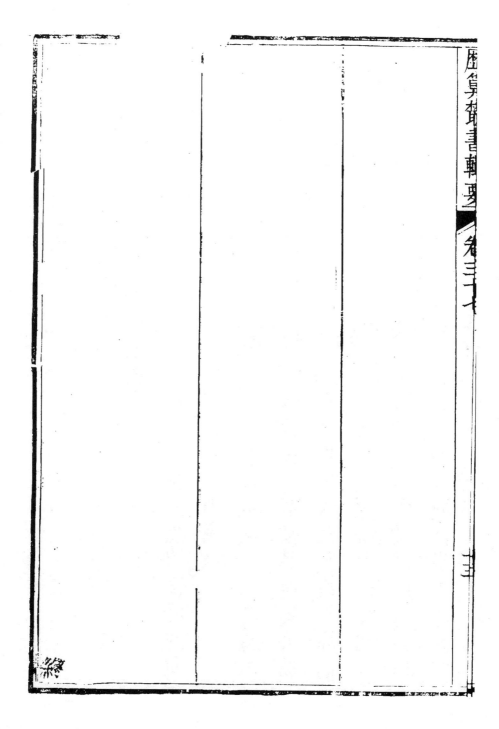

歷算叢書輯要卷三十五

環中黍尺二

平儀論　論以量代算之理

平儀應外周度圖

以横綫截弧度。以直綫取角度。並與外周相應。

如艮巳。弧距極三十度。為申未横綫所截。故其度與外周未巳相應。坎乙應戌乙亦同。

又乾乙弧距極六十度。為丑卯横綫所截。故其度與外周丑乙相應。巽巳應午巳亦同。

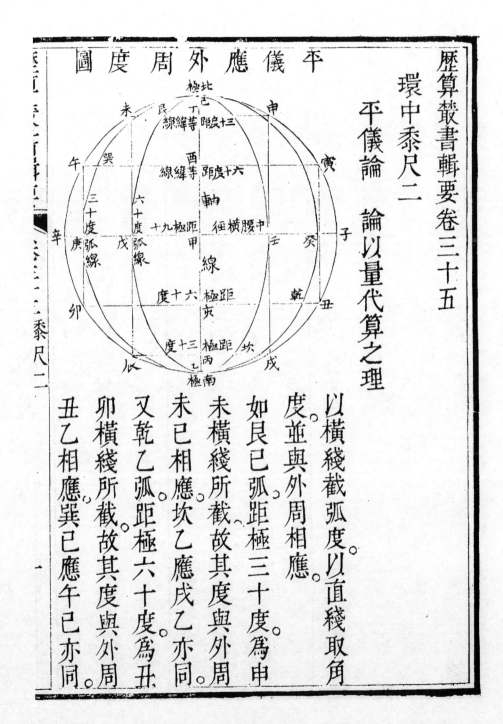

又如戊巳辛角有未戊辰直綫爲之限知其爲六十度角以與外周未午辛之度相應也癸乙子三十度角應子丑度亦然又庚巳子鈍角有午庚卯直綫爲之限知其爲百五十度角以與外周午未巳申寅子弧度相應也壬乙辛百二十度角應戌乙辰卯辛弧亦然

論曰平儀有實度有視度有直綫有弧綫直綫在平面皆實度也弧綫在平面則惟外周爲實度其餘皆視度也實度有正形故可以量視度無正形故不可以量然而亦可量者以有外周之實度與之相應也何以言之曰平儀者渾體之畫影也置渾球于案自其頂視之則惟外周三百六十度無攺觀也其近內之弧度漸以側立而其綫漸縮而短離邊愈遠其側立之勢益

高其躋縮愈甚至于正中且變爲直綫而與圓徑齊觀矣此躋縮之狀隨度之高下而遷其數無紀故曰不可以量也然而以法量之則有不得而遁者以有距等圈之緯度爲之限也試橫置渾球于案任依一緯度直切之則成側立之距等圈矣此距等圈與中腰之大圈平行其相距之緯度等故曰距等也其距既等則其圈雖小於大圈而爲三百六十度者不殊也從此距等圈上逐度作經度弧其距極亦皆等特以側立之故各度之視度躋縮不同而皆小于邊之眞度其實與邊度並同無小大也特外周則眂體而內綫立體耳故曰不可量而可量者以有外周之度與之相應也此量弧度之法也弧度者緯度也量法詳後然則其量角度也奈何曰角度者乃經度也經度之數皆在腰

圜之大圈。此大圈者在平儀則變爲直綫。不可以量。然而亦可以量者。亦以外周之度與之相應也。試于平儀內任作一弧角。

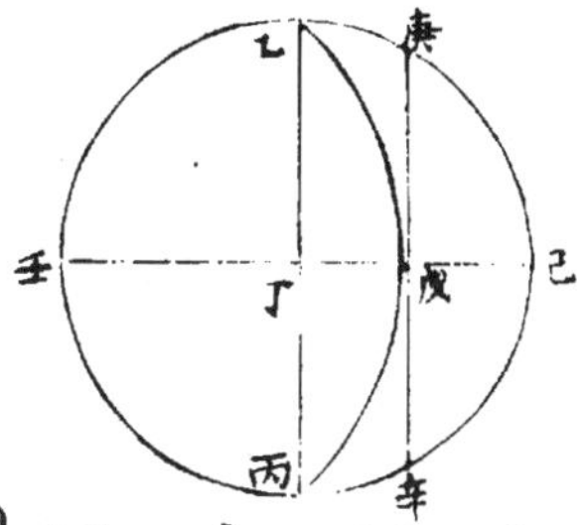

如乙己丙平員內作己丙戊角。欲知其度。則引此弧綫過橫徑于戊。而會于乙。則己戊弧卽丙銳角之度。戊壬弧卽丙鈍角之度也。然己戊與戊壬兩弧皆以視法變爲平綫。又何以量其度。法于戊點作庚辛直綫。與乙丙直徑平行。則己庚弧之度卽戊己弧之度。亦卽丙銳角之度矣。其餘庚乙壬之度。卽戊丁壬弧之度。亦卽丙鈍角之度矣。故曰不可量而實可量者。以有外周之度與之相應也。

然此法惟角旁弧度適足九十度。如戊丙。則其數明晰。若角旁弧或不足九十度又何以量之曰凡言弧角者必有三邊如上所疏既以一邊就外周眞度其餘二邊必與此一邊之兩端相遇于外周而成角此相遇之兩點即餘兩弧起處法即從此起數借外周以求其度而各循其度作距等横綫乃視兩距等綫交處而得餘一角之所在遂補作餘兩弧而弧三角之形宛在平面再以法量之則所求之角可得其度矣此量角度之法也

今設乙丁丙弧三角形丁丙邊五十○度乙丙邊五十五度乙丁邊六十○度而未知其角

法先作戊己庚丙平圓又作己丙及戊庚縱横兩徑任以丁丙邊之度自直綫之左從丙量至丁得五十○度爲丁丙邊又自丙左右各數五十五度如辛丙及子丙皆如乙丙之度乃作辛

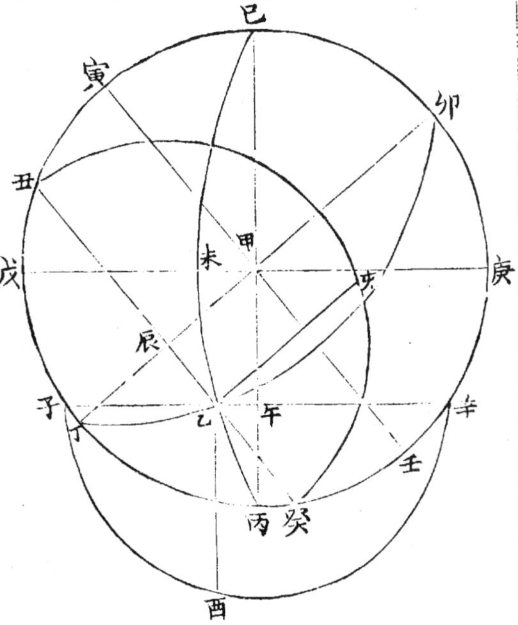

子綫聯之爲五十五度之距等圈。又自丁作卯丁徑綫自丁左右各數六十。度爲癸丁及丑丁皆如乙丁之數亦作丑癸綫聯之爲六十。度之距等圈

此兩距等綫相交于乙則乙點卽爲乙丙及乙丁兩邊相遇之處而又爲一角也。乃自乙角作乙丙及乙丁兩弧則乙丙丁三角弧形宛然平面矣再以法量之則丁丙兩角亦俱可知

欲知丙角卽用辛子距等綫以半綫午子爲度以午爲心作子酉辛半圓匀分一百八十度此辛子徑上距等圈之眞形也

乃自乙點作直綫與午丙徑平行。截半圓于酉。乃從酉數至子。得酉子若干度。此即乙丙丁鋭角之度。以減半周。得酉辛若干度。亦即乙丙辛鈍角之度也。欲知丁角。亦即用丑癸距等綫。以半綫辰癸爲度。辰爲心。作丑亥癸半圓。分一百八十度。此亦丑癸徑上距等圈之正形也。乃自乙點作直綫與辰卯徑平行。截半圓于亥。即從亥數至癸。得亥癸若干度。此即乙丁丙鋭角之度。以減半周。得亥丑若干度。又即乙丁丑鈍角之度也。

量得丙角七十八度稍弱。以算攷之。得七十七度五十五分。丁角六十七度三分度之二。以算攷之。得六十七度三十九分。

右量角度以圖代算。欲得零分。須再以算法考之。即知無誤。

又設乙丙丁弧三角形。有六十度丙角。有乙丙邊一百。

度。有丁丙邊一百二十〇度。求丁乙邊。對角之邊。

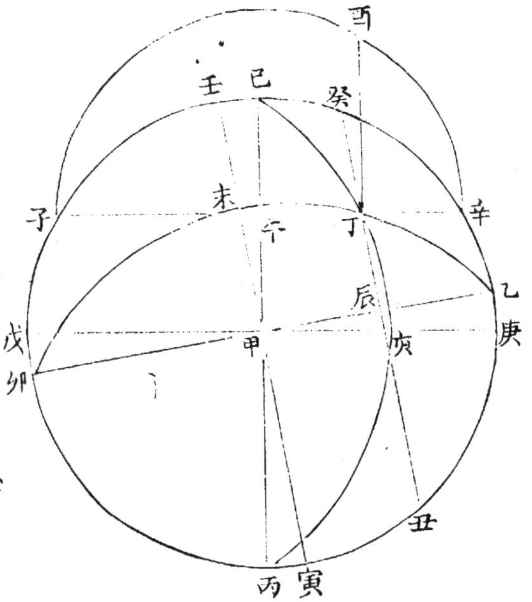

法先爲巳戊丙庚大圈。作巳丙及庚戊十字徑。乃自丙數至辛。如所設丁丙邊一百二十〇度。自丙至子亦如之。作辛午子綫爲一百二十〇度之距等圈。　又以距等之半綫辛午爲度。午爲心。作辛酉子半圈。勻分一百八十度。乃自辛數至酉。如所設丙角六十度。而自酉作酉丁直綫。與巳甲徑平行至丁。遂如法作丁丙邊。又自丙數至乙。如所設乙丙邊一百〇〇度。又從乙過甲心至則作大圈徑亦作寅壬橫徑乃補作丁乙邊乙丙丁三角弧形宛然在目。又自丁作丑丁癸距等綫與寅壬平行末自乙數至癸得若干度即乙丁之度。

量得丁乙綫五十九度強以算攷之得五十九度〇七分。

右量弧度以圖代算。若用規尺可免逐圈勻分之度有例在後條。

又若先有乙丁對角邊丁丙角旁邊有丙角而求乙丙角旁之邊。仍用前圖。

法先作巳戊丙圓及十字徑綫。又以丁丙邊之度取丙辛及丙子作辛子距等線。又作子酉辛半圓取辛酉角度作酉丁直綫。遂從丁作丁丙邊皆如前。

次以所設丁乙邊五十九度倍之作一百十八度少于本圓周取其通弦。即距等綫癸丑之度。乃以通弦綫就丁點遷就游移使合于外周而不離丁點成丑丁癸綫即有所乘丑乙癸弧乃以弧度折半于乙則乙丙外周之度即所求乙丙邊于是補作乙丁綫成三角之象

又法以丁乙倍度之通弦丑癸半之于辰乃從辰作卯甲辰過心徑綫即割大圓周于乙而乙癸及乙丑之弧度以平分而等皆如乙丁度亦遂得乙丙度餘如上

又若先有乙丙兩角及乙丙邊在兩角之中亦仍用前圖

法先作巳戊丙圓及十字徑綫皆如前乃自丙數至乙截乙丙爲所設之邊　次作丙角法于戊庚橫徑如前法求庚亥如所設丙角之度遂從亥點作弧如丙亥巳則丙角成矣　次作乙角法于乙點作乙甲卯徑亦作壬寅橫徑乃自寅至未如前法求寅

未如所設乙角之度遂從未點作弧如卯未乙則乙鈍角亦成矣兩弧綫交于丁角乃補作丑癸及辛子兩距等綫則弧度皆得

案此兩弧綫必以雞子形作之方準若丁點離兩横徑不遠則所差亦不多也

凡平儀上弧綫皆經度而直綫皆緯度

惟外周經度亦可當緯度又最中長徑緯度亦爲經度

平儀上弧綫皆在渾面而直綫皆在平面

試以渾球從兩極中半闊處直切之如用極至交圈爲度以剖渾儀則成平面矣以此平面覆置于案而從中腰横切之如赤道半圈則成横徑于平面矣如赤道之徑又以此横徑爲主離其上下作平行綫而横切之則皆成距等圈之徑綫于平面矣大横徑各距極九十度遂度皆可作距等圈即皆有距等徑綫在平面故曰皆緯度也此

綫既爲距等圈之徑。則其徑上所乘之距等圈。距極皆等。卽任指一點作弧度。其去極度皆等。故以爲緯度之限也。若又別指一處爲極。如赤道極。黃道極。又如天頂亦爲極。則其對度亦一極也。亦可如前橫切作橫徑。如黃道之徑。于平面其橫徑上下亦皆有九十度之距等圈與其徑綫矣。如黃道亦有緯度。故直綫有相交之用也。準此觀之。渾球之外圈隨處可指爲極。卽有對度之極。兩極相對。則皆有直綫爲之軸。軸上作橫徑。橫徑上下。卽皆有九十度之距等徑綫而相交相錯。其象千變。而句股之形成。此側之用生。加減之法出矣。如黃赤兩極外。又有天頂地心之極。而天頂地心隨北極之高下而變。又此所用外周。特渾球上經圈之一耳。若準上法。于球上各經圈皆平切之。皆爲大圈。則亦可隨處爲極。以生諸距等緯綫而相交相錯之用乃不可以億計矣。如天頂地心。既隨極出地度而異其南北。亦可因各地經度而異其東西。由是推之。渾球上無一處不可爲極。故所求之點即極也。何以言之。凡于球上任指一點。于此點作十字直綫。即能會于所對之點。而十字所分之角皆九十度。即逐度可作綫以會于對點。而他綫之極。此點上綫皆能與之會。故曰所求之點即極也。

凡平儀上弧綫皆經度也。而弧有長短者則緯度也。是故弧綫爲經度。而即能載緯度。蓋載緯度者必以經度也。若無經度則亦無緯度矣。

平儀上直綫皆緯度也。而綫有大小者則經度也。是故直綫爲緯度。而即能載經度。蓋載經度者必以緯度也。若無緯度則亦無經度矣。所云直綫。指橫徑及其上下之距等徑而言。

弧綫能載緯度即又能分緯度之大小直綫能載經度即又能分經度之長短

假如平面作一弧引長之其兩端皆至外周則分此外周爲兩半圓而各得百八十度即所作之弧亦百八十度矣此百八十者皆緯度故曰能載緯度也而此平面上所乘之半渾圓其經度亦百八十而皆紀于腰圍之緯圈若于腰圍緯圈上任指一經度作弧綫必會于兩極而因此弧綫割緯圈以成角度故又曰能分緯度也不但此也若從此弧綫之百八十度上任取一度作平行距等緯圈其距等圈上所分之緯必小于腰圍之緯圈而其所載距等圈之經度皆與角度等即近極最小之緯圈亦然何以能然曰緯圈小則其度從之而小而爲兩弧綫所限

角度不變也故緯圈之大小弧度分之也然弧綫之長短又皆以緯圈截之而成而緯圈必有徑在平面上與圈相應故曰直綫能載經度即又能分經度之長短也

平儀上直綫弧綫皆正形也問前論直綫有正形弧綫躋縮無正形茲何以云皆正形曰躋縮者球上度也然其在平面則亦正形矣有中剖之半渾球于此覆而觀之任于其緯度直切至平面則皆直綫也而其切處則皆距等圈之半圓即皆載有經度一百八十也從此半圓上任指一經度作直綫下垂至平面直立如縣針則距等圈度之正弦也若引此經度作弧以會于兩極則此弧度上所載之緯度一百八十每度皆可作距等圈即每度皆可作距等圈之正弦矣由是觀之此弧上一百八十

緯度旣各帶有距等圈之正弦。卽皆能正立于平面而平面上亦有弧形矣。夫以弧之在球面言之。則以側立之故而視爲蹐縮而平面上弧形非蹐縮也。故曰皆正形也。惟其爲正形。故可以量法御之也。

問平儀經緯之度。近心闊而近邊狹何也。曰渾圜之形從其外而觀之。則成中凸之形。其中心隆起處近目而見大。四周遠目而見小。此視法一理也。又中心之經緯度平鋪而其度舒。故見大。四周之經緯側立而其度㬪疊。故見小。此又視法一理也。若以量法言之。則近內之經緯。無均平之數。數皆紀之于外周。外周之度皆以距等綫爲限。而近中綫之距等綫以兩旁所用之弧度皆直過與横直綫所差少。故其間闊。近兩極之距等綫則其兩旁之弧度皆斜過與横直綫縣殊故其間窄此量法之理也固不能強而齊一之矣夫惟不能強而齊故正弦之數以生八綫由斯以出尺算比例之法由斯可以量代算而測算之用遂可以坐天之內觀天之外已

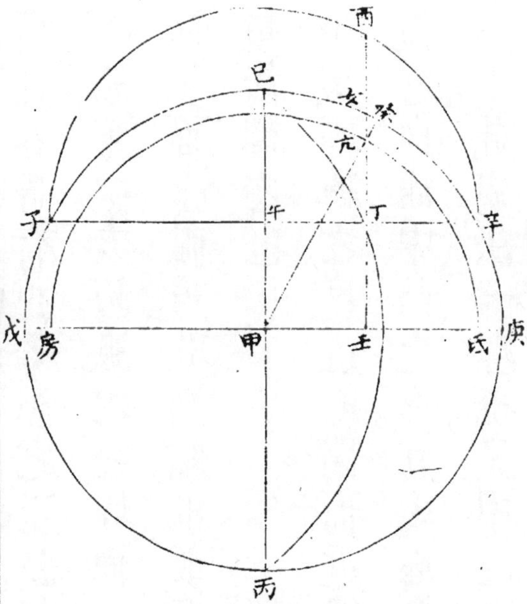

取角度又法

設巳戊丙庚圓有子辛距等緯綫有所分丁辛小緯綫求其所載經度以命所求之角

本法取距等半徑午辛作子酉辛半圓從丁作酉丁綫乃紀酉辛之度為丁辛之度

今用捷法徑于丁點作女丁壬綫與已甲徑平行再用距等半徑(辛午)爲度從甲心作虛半圓截女壬綫于亢即從此引甲亢綫至癸則數大圈庚癸之度爲丁辛角度(即丙角也)

解曰試作氐亢房半圓其亢甲半徑旣與午辛等則氐亢房半圓與辛酉子等而氐亢房半圓又與大圓同甲心則庚癸之度與氐亢等即亦與酉辛等矣

又如先有丙角之度及辛子距等綫而求丁點所在以作丙丁弧

法從大圈庚數至癸令庚癸如丙角之度即從癸向甲心作癸甲綫(半徑)　次以距等之半徑辛午爲度從甲心作半圓截癸甲(半徑)于亢乃自亢作亢丁壬綫截辛午于丁即得丁點

用規尺法

設如乙丁辛弧三角形。有乙丁邊六十度。有丁辛邊五十度一十分。有乙辛邊八十度。求辛鋭角。

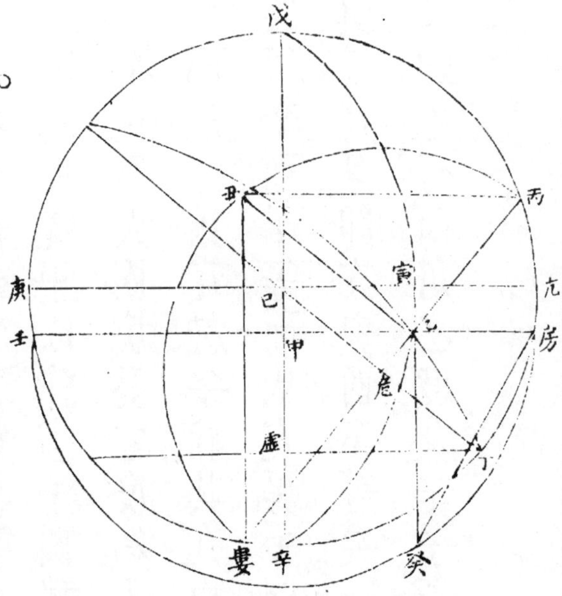

如法依三邊各作圖。法以十字剖平圜。自主綫端辛。數所設丁辛五十度奇至丁。乃自丁作徑綫過巳心。又依所設丁乙六十度。自丁左數至婁。右數至丙。皆六十度。作丙婁綫爲距等圈之徑。又自辛依所設辛乙八十度至房。亦左至壬作房壬距等徑綫。此兩距等綫交于乙。乃作乙丁及辛乙兩綫。則三角形宛然在目。

今以量法求辛角

法曰。房甲距等半徑與乙甲分綫。若亢巳半徑與辛角之餘弦。

寅己

法以比例尺正弦綫用規器取圖中房甲之度于半徑九十度定尺再取乙甲度于本綫求正弦等度得角之餘度乃以所得餘度轉減象限命為辛角之度

依法得餘弦三十一度弱即得辛角為五十九度強

又法以房甲為度甲為心作房癸壬距等半圈又作乙癸正弦與己辛平行如前以房甲度于正弦九十度定尺再以乙癸度取正弦度命為辛角度

又法作房癸綫用分圓綫取房甲度于六十度定尺再取房癸綫于分圓綫求等度得數命為辛角之度更捷

論曰既以房甲為半徑則乙癸即正弦乙甲即餘弦房癸即分

圓皆距等圈上比例也。其取角度與分半周度而數房癸之度並同，然量法較捷。

又求丁鈍角法：以丙危爲度，危爲心，作婁丑丙半圓，又作丑乙綫當角之正弦，則乙危當餘弦。

乃取距等半徑丙危度于正弦綫九十度定尺，再取乙危度求得正弦綫等度，命爲鈍角餘弦，以所得加九十度爲丁鈍角度。

依法得餘弦十二度太，即得丁鈍角一百〇二度太。

或取丑乙綫求正弦綫上度，命爲鈍角之正弦，以所得減半周度，餘爲丁鈍角度。兩法互用相考更確。

又法：作婁丑分圓綫，取丙危半徑于分圓綫六十度定尺，而求婁丑分圓之度分爲丁鈍角。亦可與正弦法參考。

論曰兼用正弦兩法分圓綫一法以相考理明數確然比半周度之工尚爲省力是故量捷于算而尺更捷矣若兼作丙丑分圓以所得度減半周亦同如此則分圓綫亦有兩法合之正弦成四法矣

又論曰此條三邊求角前條有二邊一角求弧可互明也故用圖亦可以求角用尺亦可以求弧智者通之可也

三極通機

平圓則有心渾圓則有極如赤道以北辰爲極而黃道亦有黃極人所居又以天頂爲極故曰三極也極云者經緯度之所宗如赤道經緯悉宗北極而黃道經緯自宗黃極地平上經緯又宗天頂亦如屋之有極爲楹桷宇梠榮梲之所宗也既有三極

卽有三種之經緯。于是有相交相割而成角度。角之銳端卽兩綫相交之點。任指一點而皆有三種經緯之度與之相應焉。故可以黃道之經緯求赤道之經緯。亦可以赤道之經緯求地平上之經緯。以地平求赤道。以赤道求黃道。亦然。舉例如後。

以黃道經緯求赤道經緯。

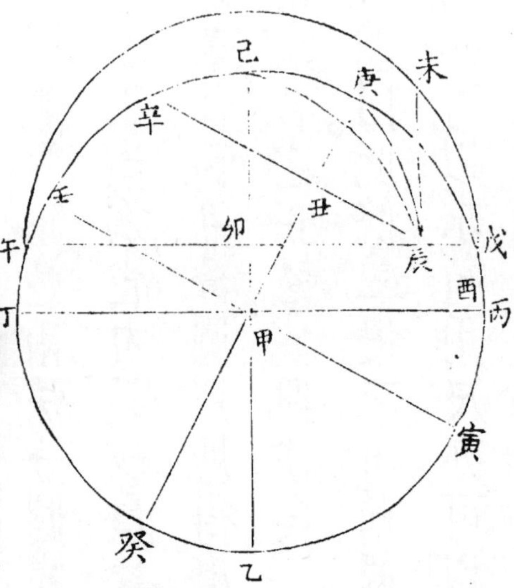

己辰庚斜弧三角形。

己丁乙丙爲極至交圈。己爲北極。丙甲丁爲赤道。庚爲黃極。壬甲寅爲黃道。星在辰。辰庚爲黃極距星之緯。辰庚酉角爲黃道經度。今求赤道經緯。

法自辰作黃道距等緯圈酉辛。又自

辰作赤道距等緯圈。戊午即知此星辰在赤道之北其距緯戊丙。或午丁

次以赤道距等半徑戊卯為度卯為心作午未戊半圓。又作未辰直綫與己甲平行。則未戊弧即為赤道經度。即戊己辰角。

若先有赤道經緯而求黃道經緯亦同。

以赤道經緯求地平經緯。

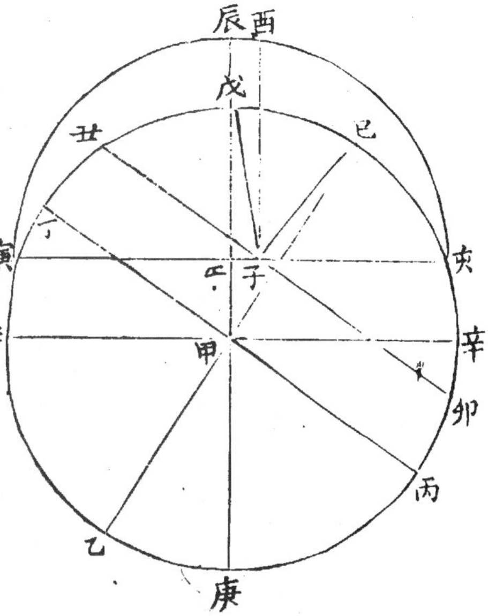

己子戊三角形。三角皆銳

戊壬庚辛為子午規。壬辛為地平。戊為天頂。己為北極。丁丙為赤道。星在子。子己為星距北極。己角為星距午規經度即緯圈上丑子之距。求地平上經緯。

法自子作寅亥綫與辛壬地平平

行即知地平上星之高度亥辛或壬寅。次作寅酉亥半圓以亥寅半綫亥午為度。午為心。又從子作酉子直綫與戊甲天頂垂綫平行即子寅為星距午方之度為子戊寅角數酉至寅之弧即得星在午左或午右之方位是為地平上之經度。按此圖為星在卯酉綫之北。數酉辰若干度。即卯其星距卯酉綫若干度也。

若先得地平上經緯。高度為緯。方位為經。而求赤道經緯星距赤道為緯。距午綫時刻為經。其理亦同。

以兩緯度求經度。巳子戊三角形。

假如北極高三十度。巳辛戊寅壬為午規。太陽在子距赤道北十度。其距丑丁或卯丙緯度。子丑為太陽距午加時經度。即子巳丑角。寅壬為太高度亥辛

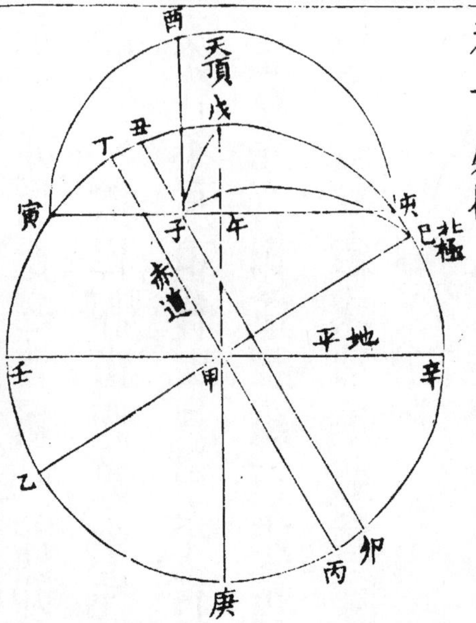

求太陽所在之方法以太陽高度。亥辛作亥寅高度緯綫。又以太陽距赤道緯。丑丁卯丙作丑卯赤道北緯綫兩綫交于子乃以亥午爲度。午爲心作亥酉寅半圓。分百八十度。又自子作酉子綫與戊甲平行截半圓于酉則酉至寅之度即太陽所到方位離午正度。卽子戊寅外角。

若求加時以北極赤緯綫準此求之用子巳戊角。

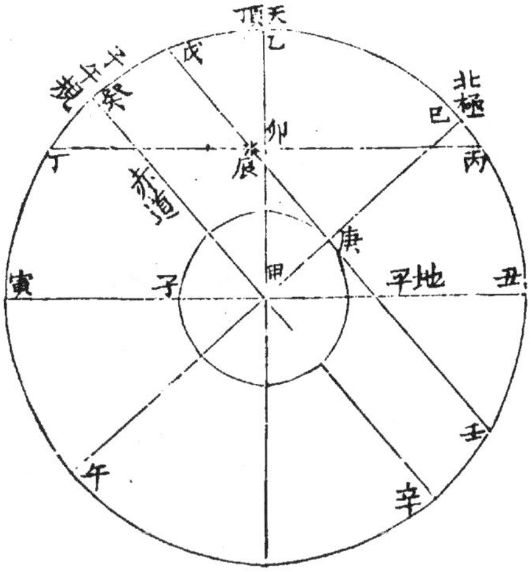

求北極出地簡法。可以出洋。知其國土所當經緯。西北廣野亦然。與地度弧角可以參用。

不拘何日何時刻但有地平眞高度及眞方位即可得之。

法曰先以所測高度及方位如法作圖取作平儀上太陽所在之點。卽地平經緯交。次查本日太陽在赤道南北緯度，用作半徑，于儀心作一處。小圓末自太陽所在點作横綫，切小圓而過，引長之至邊，此即赤緯通弦也。乃平分通弦作十字，全徑過儀心，即兩極之軸，數其度得出地度。

假如測得太陽在辰，高三十四度，方位在正卯南三度強，而不知本地極高，但知本日太陽赤緯十九度，今求北極度。

如法作圖，安太陽于辰。文詳下。先作丙丁綫爲地平高度，次用法自正東卯數正弦度至辰，得近南三度，爲地平經度。或以丙卯爲半徑作半規，取直應度分亦同。次依本日太陽赤緯十九度，以圓半徑取庚甲十九度正弦，爲小圓半徑，作子庚小圓。末自太陽辰作横綫戊壬，切小圓于庚。乃自庚向甲心作大圓徑綫巳午，則巳即北極。數巳丑之度，爲極出地度。依

法求得本地極高四十度○

論曰此法最簡最眞○然必得正方案之法○以測地平經度如無錯誤○

終